# 機械裝置
## 的創意性設計

Creative Design of Mechanical Devices

顏鴻森　著
Hong-Sen YAN

謝龍昌　徐孟輝　瞿嘉駿　黃馨慧　譯

劉俊佑　校

東華書局

國家圖書館出版品預行編目資料

機械裝置的創意性設計 = Creative design of mechanical devices / 顏鴻森著；謝龍昌等譯. -- 初版. -- 臺北市：臺灣東華，民95

288 面 ; 17x23 公分

含參考書目及索引

ISBN 978-957-483-362-7(平裝)

1. 機械 - 設計

446.19　　　　　　　　　　　　　95001911

## 機械裝置的創意性設計

| 著　　者 | 顏鴻森 |
| --- | --- |
| 譯　　者 | 謝龍昌等譯 |
| 發 行 人 | 陳錦煌 |
| 出 版 者 | 臺灣東華書局股份有限公司 |
| 地　　址 | 臺北市重慶南路一段一四七號三樓 |
| 電　　話 | (02) 2311-4027 |
| 傳　　眞 | (02) 2311-6615 |
| 劃撥帳號 | 00064813 |
| 網　　址 | www.tunghua.com.tw |
| 讀者服務 | service@tunghua.com.tw |
| 門　　市 | 臺北市重慶南路一段一四七號一樓 |
| 電　　話 | (02) 2371-9320 |

2026 25 24 23 22　JF　13 12 11 10 9

ISBN　978-957-483-362-7

版權所有 · 翻印必究

## 譯　序

　　機械工程科技學習之最終目的是設計具創新性最佳化之機械裝置，以替代人力創造更多的經濟利益。在邁入 21 世紀，整個社會進入智慧經濟的時代，無創造力，即無競爭力，尤其現今國際上各先進工業國家，皆努力於提升該國大學教育之水準，以擠進國際卓越大學之行列，卓越的機械工程教育，必須有培育創意設計方法論的教材，在機械工程核心課程中，機構學和機械運動學是機械設計中最基礎最重要必讀之學科，我國極需有一般本有系統的講述如何尋找創意性設計的規律性、模型化和程序化，並啟發設計者形成創新性設計之方法論和實例。

　　顏鴻森教授於 1980 年學成返國，回母校國立成功大學機械工程學系任教已二十多年，一直從事有關機構與機械創新設計之教學與研究。回憶在顏教授剛回國講授機構學和機械運動學時，就以他所首創的機構特殊化鏈和拓樸構造矩陣的概念，並結合電腦的輔助教學，使學生對傳統講授機構學和機械運動學之繁雜冗長的印象，注入新的活力和思維，掀起了我國大學機械工程學系研究機械運動學和機械設計之風潮。

　　顏教授專注於創意性機構與機械設計方法之教學與研究，尤其對於古中國失傳機械和古鎖之研究聞名國際學術界，二十多年來發表有關研究成果刊於國內外著名學術期刊 200 多篇，獲得專利 40 多件，是位在機構與機械設計工程領域國際知名之傑出學者。顏教授於 1998 年將其豐富的資料和獨特的思維，以英文撰寫成「Creative Design of Mechanical Devices」一書，由 Springer 出版，內容著重於探索創造力的本質和形成創造力的規律性、模型性與邏輯性，並以其創見之機構殊化鏈圖譜和拓樸構造矩陣法為主幹，由淺入深，逐步詳細舉例解釋如何拓展和創造設計新的機械裝置，是一本機械工程學系學生和機械設計從業工程師必讀的優異論著。本書並於 2002 年，由北京的機械工業出版社發行簡體字版「機械裝置的創造性設計」專書。此外，顏教授及其團隊獲得國家科學委員會之補助 (NSC 94-2524-S-006-002)，正執行「創意性機構設計課程數位學習系統」數位學習國家型科技研究計畫，將本書的內容發展成為數位學習系統，相當有助於課程的講授。本人深信，本書之中文版 (繁體字) 的在台出版，將積極推動我國機構和機械創意性設計和設計自動化科技的研究和教學工作，對培育我國機構和機械設計科技的創造力具有極大的助力與貢獻。

陳朝光

國家講座教授
國立成功大學機械工程學系
2005 年 10 月

# 原 序

　　本書乃是根據著者二十多年來在教學、研究、及工業界服務的經驗撰寫而成，致力於介紹工程創意技法，並提出一套新的創意性設計方法以系統化地產生機械裝置之所有可能的設計構形。本書可提供機械工程相關科系教師充實的資料來講授創意設計，可幫助學生有效地發展其創意潛能，也可作為設計工程師的有力工具，藉以產生新的設計概念來滿足新的設計要求與限制，以及避免既有產品的專利保護。

　　本書的規劃與編排，可用於教學，也可用於自學。第一章介紹設計、設計程序、及創意性設計的基本概念。第二章說明機械裝置的組成，包括機件、接頭、自由度、及拓撲構造。第三章論及工程創造力，包括定義、創意過程、及創造力的特質。第四章提供解決問題的理性方法，包括分析既有設計、資料檢索、及檢核表方法。第五章中介紹創意技法，包括屬性列舉法、型態表分析法、及腦力激盪術。在第六章中，基於一般化與特殊化的概念，提出機械裝置的創意性設計方法。第七章說明一般化過程，包括一般化原則、一般化準則、及演示例題。第八章與第九章分別介紹機械裝置的一般化鏈與一般化運動鏈圖譜之合成程序。第十章提供特殊化程序，以獲得所研究機械裝置之所有可能的拓撲構造。第十一章、第十二章、第十三章、及第十四章則提供設計範例，並按步驟解釋第六章所提出之創意性設計方法的應用。每章的習題均經過精心的準備與規劃，以幫助學生領會和理解書中的內容。

本書適合大學部的工程設計或大四的專題設計課程，也可作為機械工程研究所的高等機器設計、高等機構運動學、或特殊專題等課程講授創意設計之用。

本書之成，承著者在 Purdue University 博士班指導教授 Allen S. Hall, Jr. 博士的激發與鼓勵，在此深表感恩之情。張堅浚先生與著者在過去多年來的交往，對促成本書助益甚多，亦在此表達謝意。著者還要感謝已畢業的研究生，尤其是陳照忠博士、黃文敏博士、許正和博士、黃以文博士、謝龍昌博士、及陳福成博士，以其碩士與博士論文對本書所作的貢獻。此外，簡雅卿小姐、廖玲薰小姐、劉秋燕小姐、陳維玲小姐、及黃馨慧小姐在過去十年來，曾參與本書的撰寫與繪圖工作，亦並此致謝。

著者相信，本書將可滿足學術教育與工業應用中，對於系統化地構思與產生有關機械裝置之創新設計概念的需求。

本書雖經數次校閱，但恐仍有疏漏之處，尚祈各界讀者賜予指教，俾得於再版時補正以臻完善。

顏 鴻 森

Hong-Sen YAN

國立成功大學機械工程學系

1998 年 2 月于台灣台南

# 著者介紹

　　顏鴻森博士於 1951 年生於臺灣彰化，自 1980 年起在國立成功大學機械工程學系任職迄今，教學與研究專長為創意性設計、機構與機器設計、失傳古機械系統化復原、及古中國掛鎖蒐集與研究。

　　顏教授先後獲得國立成功大學機械工程學士、美國 University of Kentucky 碩士、以及美國 Purdue University 博士，歷任中國技術服務社（中技社）機械工程師、成功大學機械系副教授、美國 General Motors Research Laboratories 資深研究工程師、美國 State University of New York at Stony Brook 機械系副教授、成功大學機械系教授、以及國立科學工藝博物館館長，曾兼任成功大學機械系所主任與所長、國科會工程科技推展中心主任、機構與機器原理學會理事長、成功大學中華古機械研究中心主任、教育部顧問室主任、以及國科會科教處工程教育學門召集人。

　　顏教授曾獲得多項國內外學術獎勵與榮譽，包括美國機械工程師學會 ASME Mechanisms Conference 最佳論文獎、國科會傑出研究獎及傑出特約研究人員獎、美國 Applied Mechanisms and Robotics Conference 指南車獎、傑出人才發展基金會傑出人才講座、東元科技文教基金會東元科技獎、成功大學講座、以及教育部學術獎。曾受聘為天津大學客座教授、上海交通大學客座教授、以及北方（北京）交通大學兼職教授。目前擔任 Mechanism and Machine Theory 國際期刊 Associate Editor、機械設計與研究期刊（上海）名譽編輯、以及 International Federation for the Promotion of Mechanism and Machine Science (IFToMM) 國際學術組織之 History of Machines and Mechanisms 永久委員會的 Chair。

顏教授計發表學術論文二百多篇，出版專書三本，獲得四十多件國內外專利。

# 目 錄

譯　序　III
原　序　V
著者介紹　VII

## 基礎專題

**第一章　緒　言　　　　1**
　　1.1　設計 ................................................................1
　　1.2　設計程序 ........................................................9
　　1.3　創意設計 ......................................................11
　　1.4　本書範疇 ......................................................13
　　1.5　小結 ..............................................................14
　　習　題　15
　　參考文獻 ..............................................................15

**第二章　機械裝置　　　　17**
　　2.1　機件 ..............................................................17
　　2.2　接頭 ..............................................................21
　　2.3　鏈、機構、結構 ..........................................24
　　2.4　拘束運動 ......................................................26
　　　　2.4.1　平面裝置 ............................................27
　　　　2.4.2　空間裝置 ............................................28

2.5 拓樸構造 .................................................... 30
2.6 小結 ........................................................ 32
習題 ............................................................ 32
參考文獻 ........................................................ 33

## 創意性解題技法

### 第三章　工程創造力　　37

3.1 定義 ........................................................ 37
3.2 創意過程 .................................................... 38
 3.2.1 準備期 ............................................... 39
 3.2.2 醞釀期 ............................................... 39
 3.2.3 豁朗期 ............................................... 40
 3.2.4 執行期 ............................................... 41
3.3 創造力特質 .................................................. 43
 3.3.1 有創意的人 ........................................... 43
 3.3.2 阻礙創意的因素 ....................................... 44
 3.3.3 創造力的增強 ......................................... 48
3.4 小結 ........................................................ 50
習題 ............................................................ 50
參考文獻 ........................................................ 51

### 第四章　理性的問題解決方法　　53

4.1 分析現有設計 ................................................ 53
 4.1.1 數學分析 ............................................. 54
 4.1.2 實驗測試與測量 ....................................... 56
4.2 資料檢索 .................................................... 59
 4.2.1 文獻檢索 ............................................. 59
 4.2.2 專利檢索 ............................................. 59
 4.2.3 專家檔案 ............................................. 60
4.3 檢核表法 .................................................... 61
 4.3.1 檢核表法問題 ......................................... 61
 4.3.2 檢核表法轉換 ......................................... 62
4.4 小結 ........................................................ 68
習題 ............................................................ 69

參考文獻 .................................................................................. 69

# 第五章　創意技法　　　　　　　71

5.1　引言 ................................................................................ 71
5.2　屬性列舉法 .................................................................... 73
　　5.2.1 屬性列舉法的程序 ............................................... 73
　　5.2.2 範例 ....................................................................... 73
5.3　型態表分析法 ................................................................ 75
　　5.3.1 型態表分析法的特性 ........................................... 75
　　5.3.2 型態表分析法的程序 ........................................... 76
　　5.3.3 範例 ....................................................................... 77
5.4　腦力激盪術 .................................................................... 79
　　5.4.1 腦力激盪術的特性 ............................................... 80
　　5.4.2 腦力激盪術的程序 ............................................... 81
　　5.4.3 腦力激盪小組 ....................................................... 82
　　5.4.4 腦力激盪會議 ....................................................... 83
　　5.4.5 腦力激盪規則 ....................................................... 84
　　5.4.6 腦力激盪評估 ....................................................... 86
　　5.4.7 腦力激盪報告 ....................................................... 87
　　5.4.8　範例 .................................................................... 87
5.5　小結 ................................................................................ 90
習題 ........................................................................................... 91
參考文獻 ................................................................................... 92

## 創意性設計方法

# 第六章　創意性設計方法　　　　97

6.1　引言 ................................................................................ 97
6.2　設計程序 ........................................................................ 98
6.3　現有設計 ........................................................................ 99
6.4　一般化 .......................................................................... 101
6.5　數目合成 ...................................................................... 102
6.6　特殊化 .......................................................................... 102
6.7　具體化 .......................................................................... 104
6.8　新設計圖譜 .................................................................. 105

習題 ..................................................................................... 106
參考文獻 ............................................................................. 106

# 第七章　一般化　109

7.1　一般化接頭與連桿 ......................................................... 109
7.2　一般化原則 ..................................................................... 111
7.3　一般化規則 ..................................................................... 111
7.4　一般化 (運動) 鏈 ............................................................ 118
7.5　範例 ................................................................................. 121
7.6　小結 ................................................................................. 128
習題 ..................................................................................... 128
參考文獻 ............................................................................. 129

# 第八章　一般化鏈　131

8.1　一般化鏈 ......................................................................... 131
8.2　連桿類配 ......................................................................... 134
8.3　圖畫與鏈 ......................................................................... 138
8.4　一般化鏈數目 ................................................................. 141
8.5　一般化鏈圖譜 ................................................................. 143
8.6　小結 ................................................................................. 150
習題 ..................................................................................... 151
參考文獻 ............................................................................. 151

# 第九章　運動鏈　153

9.1　運動鏈 ............................................................................. 153
9.2　呆鏈 ................................................................................. 154
9.3　運動矩陣 ......................................................................... 155
9.4　排列群 ............................................................................. 158
9.5　列舉演算法 ..................................................................... 163
　　9.5.1　步驟一　輸入桿數與自由度數 ........................ 164
　　9.5.2　步驟二　找出連桿類配 .................................... 165
　　9.5.3　步驟三　找出縮桿類配 .................................... 165
　　9.5.4　步驟四　找出附隨接頭序列 ............................ 166
　　9.5.5　步驟五　建構 $M_{ul}$ 矩陣 ............................ 167
　　9.5.6　步驟六　建構矩陣 $M_{ur}$ ............................ 171
　　9.5.7　步驟七　建構矩陣 $M_{CLA}$ ........................ 174

　　　　9.5.8 步驟八　轉換矩陣 $M_{CLA}$ 為運動鏈 ..................174
　9.6　運動鏈圖譜 ..................175
　9.7　小結 ..................179
　習題 ..................180
　參考文獻 ..................180

## 第十章　特殊化　　183

　10.1　特殊化鏈 ..................183
　10.2　特殊化演算法 ..................184
　10.3　特殊化裝置數目 ..................189
　10.4　小結 ..................193
　習題 ..................193
　參考文獻 ..................194

### 設計範例

## 第十一章　夾緊裝置　　197

　11.1　現有設計 ..................197
　11.2　一般化 ..................198
　11.3　數目合成 ..................199
　11.4　特殊化 ..................199
　11.5　具體化 ..................206
　11.6　新型夾緊裝置圖譜 ..................207
　11.7　討論 ..................207
　習題 ..................208
　參考文獻 ..................208

## 第十二章　越野摩托車懸吊機構　　211

　12.1　現有設計 ..................211
　12.2　一般化 ..................213
　12.3　數目合成 ..................214
　12.4　特殊化 ..................214
　12.5　具體化 ..................219
　12.6　新型越野摩托車懸吊機構圖譜 ..................221

## XIV 目　錄

　　12.7　討論 ..................................................................221
　　習題 ........................................................................221
　　參考文獻 ................................................................222

## 第十三章　無限變速器　　223

　　13.1　現有設計 ........................................................223
　　13.2　一般化 ............................................................226
　　13.3　數目合成 ........................................................227
　　13.4　設計需求與限制 ............................................228
　　13.5　特殊化 ............................................................230
　　　　13.5.1　五桿行星齒輪系 ..................................231
　　　　13.5.2　六桿行星齒輪系 ..................................232
　　13.6　具體化 ............................................................235
　　13.7　新型無限變速器的圖譜 ................................236
　　13.8　討論 ................................................................237
　　習題 ........................................................................237
　　參考文獻 ................................................................238

## 第十四章　綜合加工機構形　　239

　　14.1　現有設計 ........................................................241
　　14.2　樹圖表示 ........................................................243
　　14.3　一般化樹圖 ....................................................245
　　14.4　樹圖的圖譜 ....................................................246
　　14.5　特殊化樹圖 ....................................................246
　　14.6　綜合加工機圖譜 ............................................251
　　14.7　討論 ................................................................258
　　習題 ........................................................................258
　　參考文獻 ................................................................259

**中文索引　　261**

**英文索引　　268**

基礎專題

# 第一章 INTRODUCTION 緒言

設計就是解決問題，它存在於日常生活中，也出現在各種專業領域的問題當中。本章首先敘述設計的定義，接著介紹工程設計、機械設計、機器設計、及機構設計等的設計步驟，然後說明創意設計的本質，最後介紹本書的應用範圍。

## 1.1 設計 Design

設計 (Design) 是由拉丁文 "*designare*" 一字衍生出來的，其意思為實現人類需求的一種創造性決策過程，這也是工程的基本目的。

在韋伯斯特新大學詞典 (Webster's New Collegiate Dictionary) 中，**工程** (Engineering) 的定義為 "應用科學與數學，將自然界中的物質特性與能量來源，作成有益於人類的結構、機器、產品、系統、或程序。" 因此，**工程設計** (Engineering design) 可定義為 "應用科學與技術知識，將自然資源轉化成為可以為人類所使用的裝置、產品、系統、或程序的一種具創意之決策過程。"

工程設計是一種創造過程，是所有新的裝置、產品、系統、或程序之根源。它探討以不同方式去滿足相同需求的各種過程；而且，有大部分的時間是用於協調與滿足多種、甚至互相衝突之設計需求與限制條件所造成的問題癥結。工程設計者必須有能力確認實際的需求、創造初始的構想、提供可以製造與維護的可行設計，在設計過程當中也必須考慮到環境的影響，並且以合理的成本去完成具備預期性能且可靠度高的裝置、產品、系統、或程序。

機械工程是工程的重要領域之一。**機械工程設計** (Mechanical engineering design) 簡稱為**機械設計** (Mechanical design)，是去設計具機械本質的裝置、產品、系統、或程序。

**機器設計** (Machine design) 的重點在於設計一部由可運動的機件及支撐運動機件的機架所組成之機器，用以傳遞運動與力量；機器必須包含能量輸入、適當的控制系統、及有效的動力輸出等三部份。**機構設計** (Mechanism design) 主要是產生或選擇一種特定類型的機構，包含決定機件與接頭的數目和種類，推導機件和接頭之間的幾何尺寸，用以滿足特定的運動需求。圖 1.1 說明機構與機器之間的組成關係。

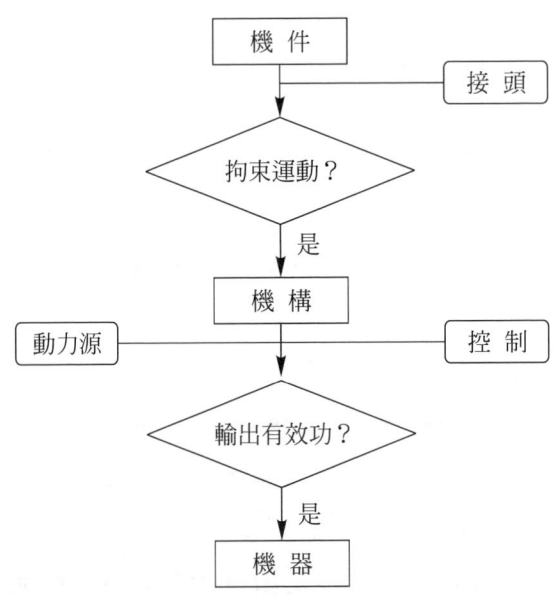

圖 1.1　機構與機器的組成關係

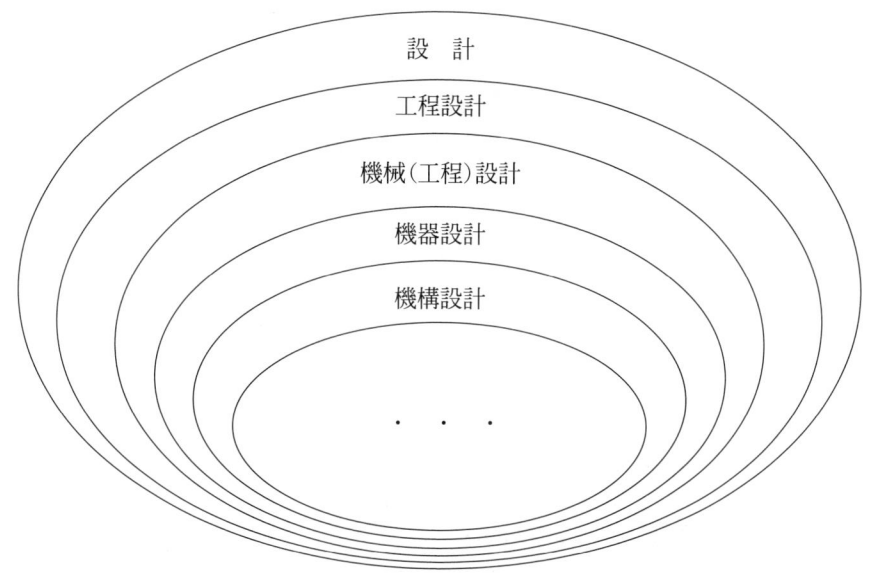

圖 1.2　設計的類型

　　圖 1.2 解釋**設計** (Design)、**工程設計** (Engineering design)、**機械工程設計** (Mechanical engineering design)、**機器設計** (Machine design)、及**機構設計** (Mechanism design) 之間的關係。圖 1.3 所示為一臺立式綜合加工機,它是由一群不同背景之工程師進行工程設計的結果。圖 1.4 所示為一個具有換刀臂的自動換刀系統,它是由機械工程師進行機械設計所獲得的終端產品。圖 1.5 所示為一個雙凸輪換刀裝置雛型機的組合圖,它是為在主軸與刀庫之間交換刀具而進行機器設計的結果。圖 1.6 所示則是換刀裝置構想的示意圖,用於表現機構中各個機件的相對位置。

　　工程設計領域的問題可分成合成屬性與分析屬性兩類。**合成** (Synthesis) 是一個系統化的程序,它不需要疊代步驟,而是以適當的方式將不同的元素組合成設計構想,以產生符合設計要求與限制條件的解決方案。當一個問題有多個可接受的解決方案時,這個問題就是

6　機械裝置的創意性設計

圖 1.3　綜合加工機 — 工程設計

圖 1.4　自動換刀系統 — 機械設計

第一章 緒 言 7

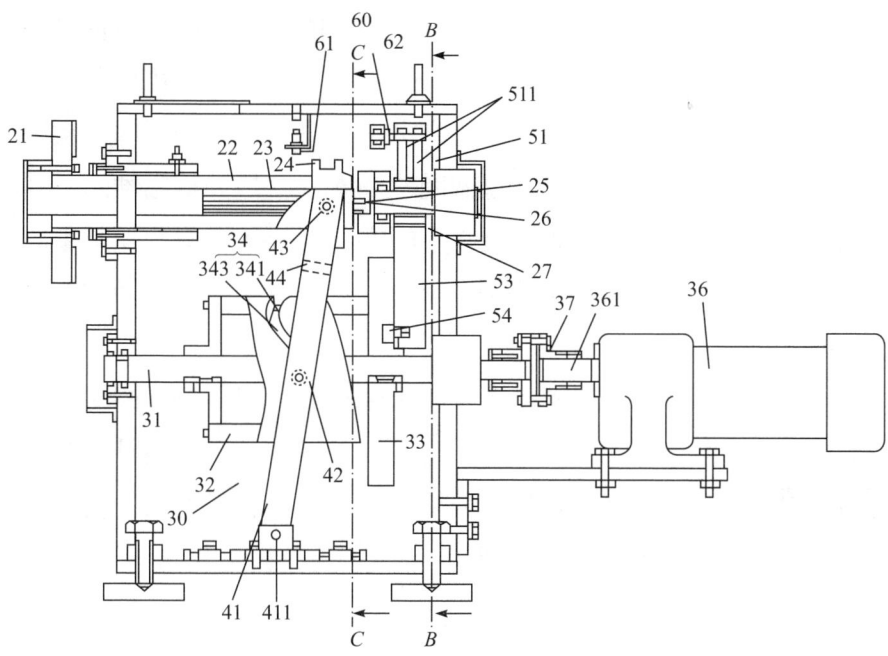

圖 1.5 換刀裝置 — 機器設計 (美國專利第 5,129,140 號)

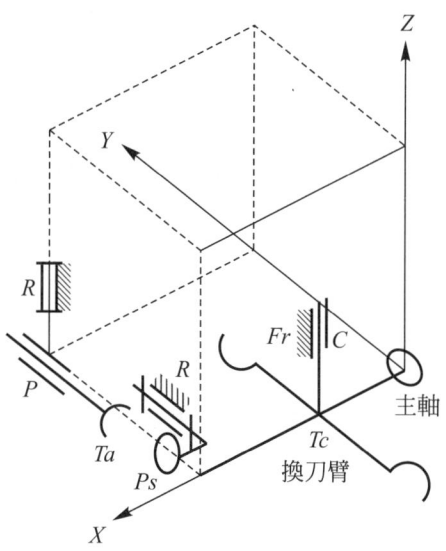

圖 1.6 換刀機構 — 機構設計

合成屬性的。工程問題基本上都是合成屬性的，例如四連桿機構的尺寸合成 (剛體導引、輸入與輸出運動的協調、函數產生、及軌跡產生)。**分析** (Analysis) 則是驗證現有解決方案是否符合需求的過程。當問題只有一個正確的解決方案時，這個問題基本上就是分析屬性的。到目前為止，分析是解決工程問題最常用的方法，很多工程問題都屬於此種類型，例如，四連桿機構的運動分析 (位置、速度、及加速度分析) 即屬分析性問題。

對於大多數的工程問題而言，直接由合成來獲得可行的解決方案通常是不存在的。對於此類問題，應先提出一個現有的設計或暫時性的解決方案；接著，可藉由數值分析與最佳化的疊代方法，找出可以接受的解決方案。圖 1.7 說明設計、合成、及分析之間的關係。

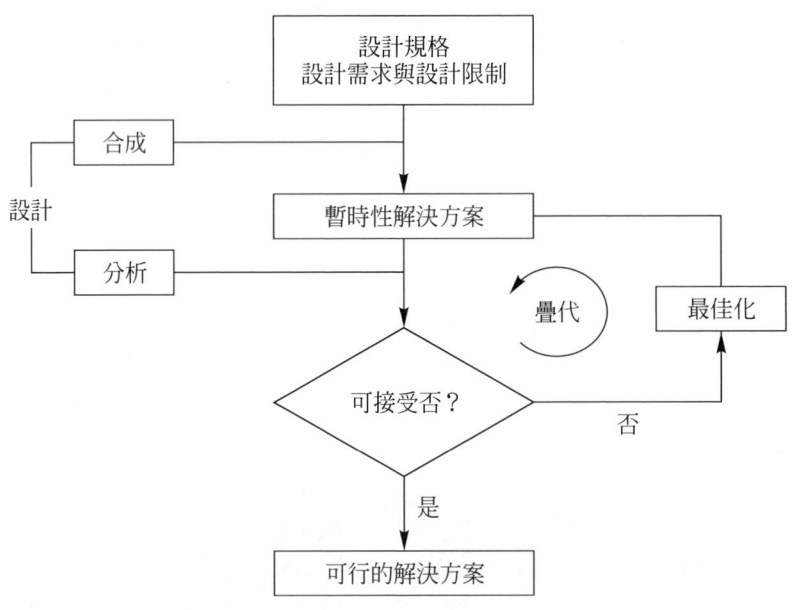

圖 1.7　設計、合成、及分析之間的關係

## 1.2　設計程序 Design Process

在工程設計中，必須有一套可供遵循的邏輯順序，以保證可以成功地創造出有用的裝置、產品、系統、或程序，此邏輯順序過程稱為**設計程序** (Design process)。

傳統上，經由經驗的累積可學到如何設計。雖然要找出一個統一的設計程序是很困難的。然而有經驗的工程師指出，在設計各種裝置、產品、系統、或程序時，總是存在一些共同的邏輯順序過程。因此，總可以找出一個並非可萬用的設計程序，讓設計者在執行不同的工程計畫時參考。

有關各種類型問題之設計程序的介紹散見於各種文獻中，其內容大多是大同小異。圖 1.8 所示為典型的工程設計程序，包含：需求確

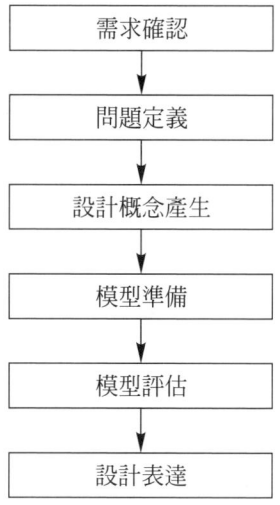

圖 1.8　工程設計的程序

10　機械裝置的創意性設計

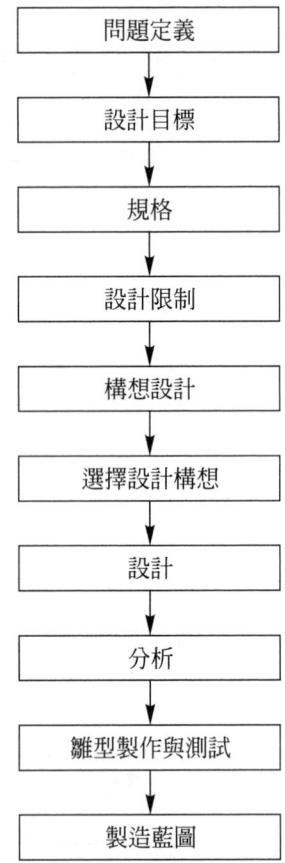

圖 1.9　機械設計的程序

認、問題定義、設計概念產生、模型準備、模型評估、及設計表達等步驟。圖 1.9 所示是典型的機械工程設計程序，以問題定義開始，最後以製造藍圖來表達設計結果。圖 1.10 所示則為機構設計與機器設計的程序。

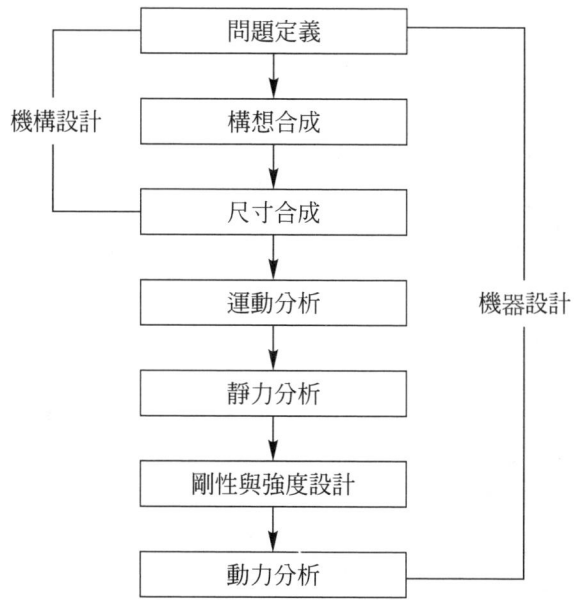

圖 1.10　機構與機器設計的程序

在設計程序中，假如任何一個步驟所得到之結果無法滿足設計上的功能需求，則必須反覆至前面的步驟來修正設計結果。

## 1.3　**創意設計** Creative Design

**創造** (Creation) 是獲得新事物的過程。

在工程設計的"設計概念產生"步驟中，設計者必須做出適當的判斷、產出可行的構想，作為"模型準備"步驟的基本設計構形。

**構想** (Concept) 是一種抽象的想法，是執行任務解決特定設計問題的基本方法。**構想設計** (Conceptual design) 是一種過程，用以產出大量可行的構想，並從中找出最有希望的構想，它是一個創造的過程，是設計程序中最困難、最不容易理解的步驟。

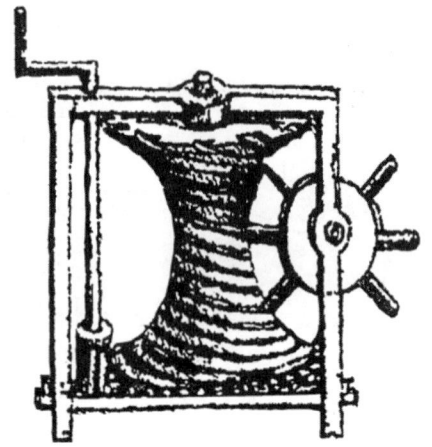

圖 1.11　汲水陶瓶　　　　　　圖 1.12　達文西的連續運轉螺旋

在人類文明的漫長歷史中，發明出許多精巧的設計。然而，當我們企圖追溯其發明的根源時，卻常常會陷入其神秘世界而百思不得其解。圖 1.11 所示為西元前 4000 年左右古中國的汲水陶瓶 (Ancient Chinese water container)，將它斜放在水面時，可利用當時尚不為人知的浮力與重心原理，讓水自動流入裝滿並立起。多年以來，人類在技術上的進步日新月異，然而在創意性思考方面卻步履蹣跚；迄今，並不存在任何方法，能夠直接精確地導引設計者去發明裝置、產品、系統、或程序。

傳統上，設計者是根據自己所知的知識、經驗、想像、天賦、靈感、或者直覺來獲得設計構想。例如，圖 1.12 所示的"連續運轉螺旋 (Endless screw)"是達文西 (Leonardo da Vinci) 在十五世紀發明的，它應是今天在工具機產業中應用廣泛之"滾齒凸輪 (Roller gear cam)"(圖 1.13) 的原始構想。

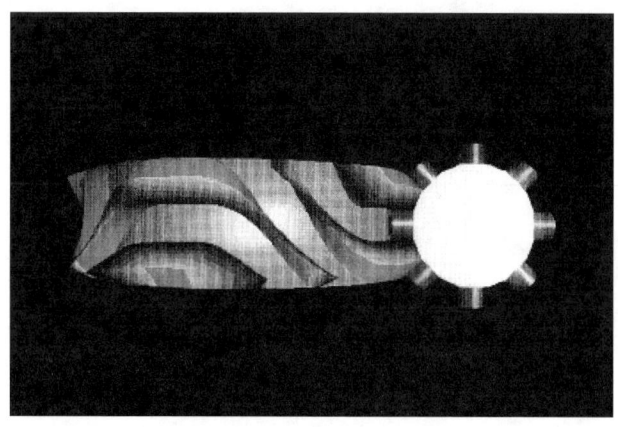

圖 1.13　滾齒凸輪

## 1.4　本書範疇 Scope of the Text

　　設計構想可藉由激勵技法的催化與幫助來產出，許多解決問題的方法，例如，分析現有設計、資料收集、檢核表法、屬性列舉法、型態表分析法、腦力激盪術、…等，都有助於在構想設計階段產生構想。在第三章至第五章中，將介紹一些有創意的解決問題的技法。但是，這些規則化的技法通常不是系統化的，也不保證一定能夠找到期望的解決方案。

　　由經驗顯示，工程設計者通常需要花比預期更多的時間去找出第一個設計構想。若有更具組織性的創意性設計程序，便能系統化、甚至自動化地去創造發明出更多的創新設計。

　　產出機械裝置的設計構想方式可以分為兩種類型，如圖 1.14 所示：第一種類型是創造出一些或全部以前從未有過的可能設計構想，第二種類型是創造出與現有設計具有相同 (或要求) 拓撲特性之更多或全部可能的設計構想。發明是創造出全新的事物，既是一種快樂的體驗，也是設計過程中最困難與最刺激的階段。然而，對於大多數機

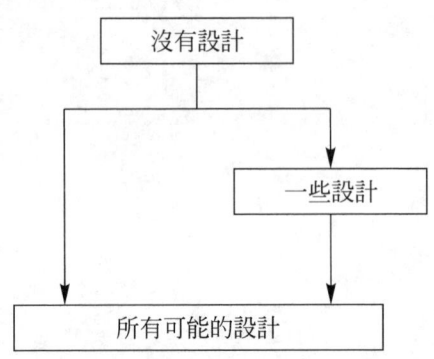

圖 1.14　機械裝置創意性設計的類型

械裝置的設計而言，並不需要去發明全新的設計，而是要修正現有的設計，以適應新的設計要求與限制、或避免專利侵權、或者用以交換專利授權。產品使用者所要求的通常是改善既有的設計、而不是要全新的設計。因此，對現有的物品進行修改是設計活動的一個重要特點，也是大多數創意思考實際發展的方向。

在第二章中，將解釋何謂機械裝置。在第六章中，將介紹一個創意性的設計方法，以可行的既有設計為基礎，有系統且確切地產出與既有設計具有相同 (或要求) 任務之全部可能的設計構想。第七章至第十章將詳細描述該創意性設計方法的主要步驟。第十一章至第十四章則提供設計範例。

## 1.5　小結　Summary

創造是產出新事物的過程。設計是滿足人類需要的創意性決策過程。工程設計是運用科學知識與技術，將自然資源轉化成工程產品的過程。機械設計是指機械產品的設計。機器設計則是著重在用於傳遞運動與力量之機器的設計。機構設計主要在考慮設計機構的拓撲構造與機件的幾何尺寸，以產出拘束運動。

　　一般的工程問題是合成屬性的，直接由合成方法得到解決方案通常並不可行。

　　設計程序是一個事件發展的邏輯順序過程，用於確保成功地設計出裝置、產品、系統、或程序。在各種設計程序中，通常需要反覆至前面的步驟來改善設計結果。

　　構想是執行任務、解決特定設計問題的抽象想法。構想設計是一個創造過程，是設計程序中最困難的階段，也最難以理解。

　　本書的目的在於，介紹工程創意技法及一套創意性設計方法，用於有系統且確切地產出機械裝置之所有可能的設計構想。

## 習題 Problems

**1.1** 試舉出工程領域之外至少三種不同類型的設計。
**1.2** 試說明工程領域之外至少三種設計的定義。
**1.3** 試解釋工程設計與其它類型設計的不同之處。
**1.4** 試從家用品產業中舉出一個工程設計的產品，並描述該設計的特性。
**1.5** 試從汽車工業中舉出一個機器設計的產品，並描述該設計的特性。
**1.6** 試分別舉出三個合成與分析屬性的設計範例。
**1.7** 試說明設計自行車與畫一幅畫之過程的不同點。
**1.8** 試指出五種二十世紀中重要的機械產品。
**1.9** 試指出三種過去二十年內你認為最具創意的消費性產品。

## 參考文獻 References

Shoup, T. E., Fletcher, L. S., and Mochel, E. V., Introduction to

Engineering Design, Prentice-Hall, 1981.

Webster's New Collegiate Dictionary, G. & C. Merriam, 1981.

Yan, H. S., "What is Design?," Proceedings of the 9th National Conference of the Chinese Society of Mechanical Engineers, Kaohsiung, TAIWAN, November 27-28, 1992, pp.1-5.

Yan, H. S., Mechanisms, Tung Hua Books, Taipei, 1997.

Yan, H. S., Yiou, C. W., and Chao, P. C., "Cutter Exchanging Apparatus Incorporated in a Machine," U.S. Patent No. 5,129,140, July 14, 1992.

# 第二章
## MECHANICAL DEVICES
## 機械裝置

**機械裝置** (Mechanical device) 是設計用於特殊目的或執行特殊功能的機械設備，一般是經由接頭加以連接的機件所組成。若機件進行組合與連接時，可藉由機件間的相對運動來傳遞拘束運動，則此組合稱為**機構** (Mechanism)；若機件之間沒有相對運動而直接傳遞力量，則稱為**結構** (Structure)。應用於各種場合來傳遞運動的四連桿組，是典型的機構範例。用於著陸時吸收衝擊力的飛機起落架，是個很好的結構範例。機件與接頭的類型與數目及其附隨關係，決定了機械裝置的拓樸構造特性。

本章首先介紹機件與接頭，說明運動鏈、機構、及結構的定義，接著解釋平面裝置與空間裝置作拘束運動的概念，最後提到機械裝置之拓樸構造的判認。圖 2.1 所示為機械裝置的組成。

## 2.1　機件 Mechanical Members

**機件** (Mechanical member) 是組成機械裝置的基本要素，是一種具有阻抗性的物體，可以是剛性件 (如連桿、滑件、滾子、齒輪、凸輪、螺桿、軸、鍵、滑輪、…等)，可以是撓性件 (如彈簧)，也可以是壓縮件 (如氣體與液體)。本節僅介紹能產生相對運動功能的機件，對

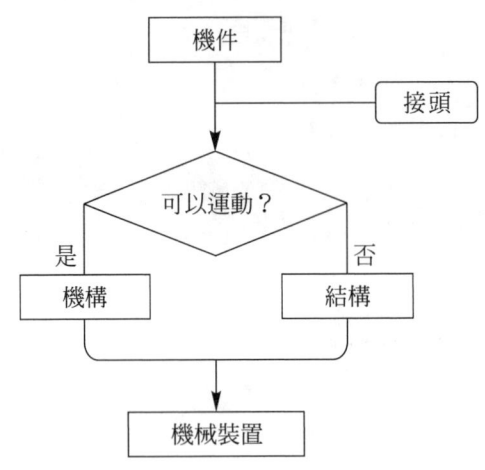

圖 2.1　機械裝置的組成

於壓縮件及用於緊固兩個或多個機件的機件 (如螺栓、螺帽)，則不加以介紹。

機件的類型很多，以下說明基本機件的功能及其示意圖。

## 運動連桿

**運動連桿** (Kinematic link，$K_L$)，或簡稱為**連桿** (Link)，是一種具有接頭的剛性件，用以傳遞運動與力量。一般而言，所有剛性機件都可稱為運動連桿。連桿可根據與其附隨的接頭數目來加以分類：與零個接頭相附隨的連桿為**獨立桿** (Separated link)，與一個接頭相附隨的連桿稱為**單接頭桿** (Singular link)，與兩個接頭相附隨的連桿稱為**雙接頭桿** (Binary link)，與三個接頭相附隨的連桿稱為**參接頭桿** (Ternary link)；與四個接頭相附隨的連桿稱為**肆接頭桿** (Quaternary link)；再者，與 $i$ 個接頭相附隨的連桿稱為 $L_i$ 接頭桿，以一個頂端為小圓、內畫斜線的 $i$-邊多邊形表示。圖 2.2(a) 所示為獨立桿、單接頭桿、雙接頭桿、及參接頭桿的示意圖。

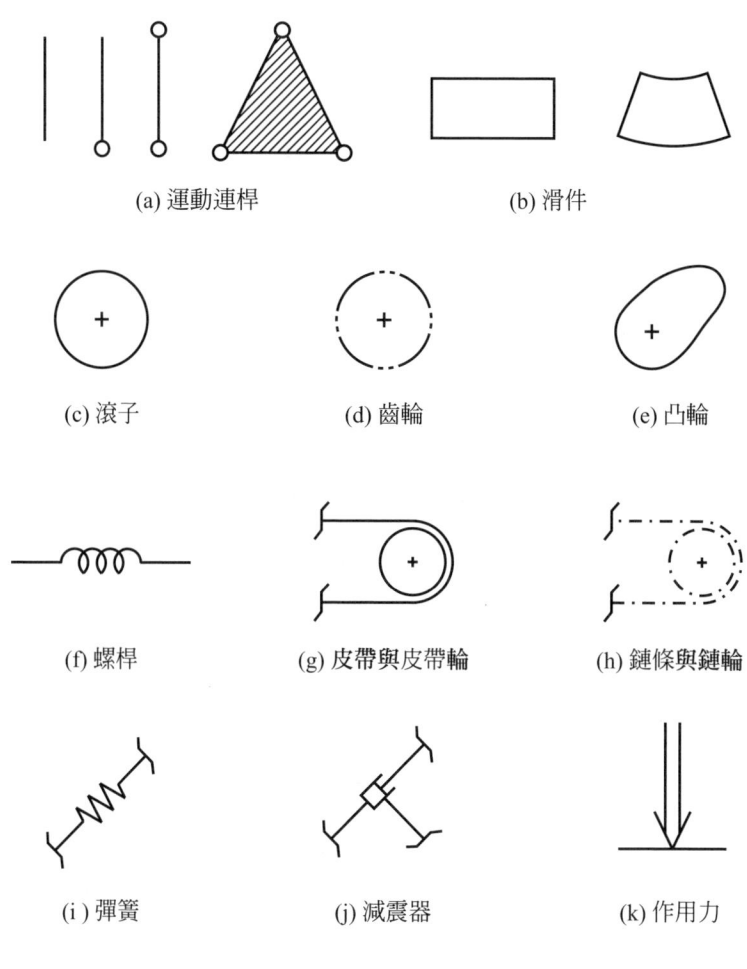

圖 2.2　機件的示意圖

## 滑　件

　　**滑件** (Slider，$K_P$)，是一種作直線或曲線移動的連桿，用於與相鄰接之機件作相對的滑動接觸。圖 2.2(b) 所示為直線滑件與曲線滑件的示意圖。

## 滾　子

　　**滾子** (Roller，$K_O$)，是一種用於與相鄰接之機件作相對滾動接觸的連桿。圖 2.2 (c) 所示為簡單滾子的示意圖。

## 齒　輪

**齒輪** (Gear，$K_G$)，也是一種連桿，依靠輪齒的連續嚙合，將一個軸的旋轉運動傳遞至另一個軸作旋轉運動或轉變為直線運動。齒輪可以分為正齒輪、斜齒輪、螺旋齒輪、及蝸輪與蝸桿。圖 2.2 (d) 所示為典型齒輪的示意圖。

## 凸　輪

**凸輪** (Cam，$K_A$)，是一種不規則形狀的連桿，一般作為主動件，用以傳遞特定的運動給**從動件** (Follower)。凸輪可以分為楔形凸輪、盤形凸輪、圓柱凸輪、筒形凸輪、錐形凸輪、球形凸輪、滾齒凸輪、以及其它特殊形狀凸輪。圖 2.2 (e) 所示為盤形凸輪的示意圖。

## 動力螺桿

**動力螺桿** (Power screw，$K_H$)，用於傳遞平穩等速的運動，可以視為將旋轉運動轉變為直動運動的線性驅動器。圖 2.2 (f) 所示為動力螺桿的示意圖。

## 皮　帶

**皮帶** (Belt，$K_B$)，是一種具有張力的機件，用於傳遞力量與運動。皮帶之撓性來自於材料的變形，並依靠皮帶與**皮帶輪** (Pulley，$K_U$) 之間的摩擦力來傳遞運動。皮帶可以分為平型帶、V 型帶、及正時帶。圖 2.2 (g) 所示為皮帶與皮帶輪的示意圖。

## 鏈　條

**鏈條** (Chain，$K_C$)，也是一種張力件，用於傳遞力量與運動。鏈乃是由彼此間允許相對運動的小剛性元件連接而成，並藉由確動**鏈輪** (Sprocket，$K_K$) 來傳遞運動。鏈條可以分為起重鏈、傳輸鏈、及動力傳輸鏈。圖 2.2 (h) 所示為滾子鏈與鏈輪的示意圖。

### 彈　簧

**彈簧** (Spring，$K_S$)，是一種撓性機件，用來貯存能量、施力、及提供彈性聯結。彈簧可以分為鋼絲彈簧、平彈簧、及特殊形狀彈簧。圖 2.2 (i) 所示為典型彈簧的示意圖。

### 致動器/減震器

**致動器/減震器** (Actuator/shock absorber，$K_T$)，由**活塞** (Piston，$K_I$)、**汽缸** (Cylinder，$K_Y$)、及壓縮件所組成；壓縮件的主要目的為提供與致動器鄰接之機件間的阻尼。圖 2.2 (j) 所示為致動器/減震器的示意圖。

### 作用力

**作用力** (Applied force，$K_D$) 是一個外力，施加於機械裝置，尤其是夾具，用來提供必要的夾緊力。圖 2.2(k) 所示為作用力的示意圖。

## 2.2　接頭 Joints

為使機件有所作用，機件與機件之間必須以拘束的方式加以連接。一個機件與另一機件接觸的部份，稱為**元素** (Element)。**運動對** (Kinematic pair) 通稱**接頭** (Joint)，是由兩個屬於不同機件的對偶元素所組合而成。

以下介紹基本運動對的功能描述及其示意圖：

### 旋轉對

對於**旋轉對** (Revolute/turning pair，$J_R$) 而言，兩個鄰接機件之間的相對運動，是對於旋轉軸的轉動。圖 2.3(a) 所示為旋轉對的示意圖。

### 滑行對

對於**滑行對** (Prismatic/sliding pair，$J_P$) 而言，兩個鄰接機件之間的相對運動是沿軸向的滑動。圖 2.3(b) 所示為滑行對的示意圖。

### 滾動對

對於**滾動對** (Rolling pair，$J_O$) 而言，兩個鄰接機件之間的相對運動，是不帶滑動的純滾動。圖 2.3 (c) 所示為滾動對的示意圖。

### 齒輪對

對於**齒輪對** (Gear pair，$J_G$) 而言，兩個鄰接機件之間的相對運動，是滾動與滑動的組合。圖 2.3 (d) 所示為齒輪對的示意圖。

### 凸輪對

對於**凸輪對** (Cam pair，$J_A$) 而言，兩個鄰接機件之間的相對運動，是滾動與滑動的組合。圖 2.3 (e) 所示為凸輪對的示意圖。

### 迴繞對

對於**迴繞對** (Wrapping pair，$J_W$) 而言，兩個鄰接機件之間並無相對運動，但其中一個機件 (滑輪或鏈輪) 繞其中心轉動。圖 2.3 (f) 所示為迴繞對的示意圖。

### 螺旋對

對於**螺旋對** (Helical/screw pair，$J_H$) 而言，兩個鄰接機件之間的相對運動，是螺旋運動。圖 2.3 (g) 所示為螺旋對的示意圖。

### 圓柱對

對於**圓柱對** (Cylindrical pair，$J_C$) 而言，兩個鄰接機件之間的相對運動，是對於旋轉軸的轉動及平行於此軸的移動之組合。圖 2.3 (h) 所示為圓柱對的示意圖。

### 球面對

對於**球面對** (Spherical pair，$J_S$) 而言，兩個鄰接機件之間的相對運動，是對於球心的轉動。圖 2.3 (i) 所示為球面對的示意圖。

(a) 旋轉對　　　(b) 滑行對　　　(c) 滾動對

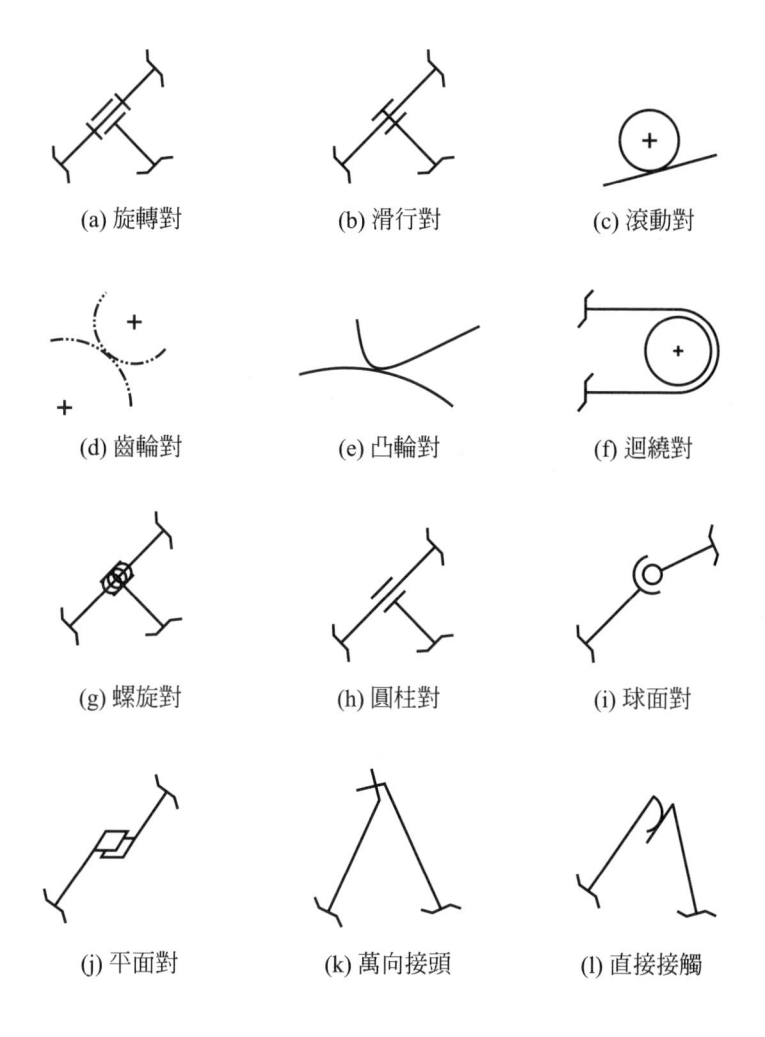

(d) 齒輪對　　　(e) 凸輪對　　　(f) 迴繞對

(g) 螺旋對　　　(h) 圓柱對　　　(i) 球面對

(j) 平面對　　　(k) 萬向接頭　　(l) 直接接觸

圖 2.3　接頭的示意圖

## 平面對

對於**平面對** (Flat pair，$J_F$) 而言，兩個鄰接機件之間的相對運動，是平面運動。圖 2.3 (j) 所示為平面對的示意圖。

## 萬向接頭

對於**萬向接頭** (Universal joint，$J_U$) 而言，兩個鄰接機件之間的相對運動,是球面運動。圖 2.3 (k) 所示為萬向接頭的示意圖。

**直接接觸**

在結構中 (尤其是夾具),兩個機件有時是藉由外加力量而產生的**直接接觸** (Direct contact,$J_D$) 來連接,兩機件之間並無相對運動。圖 2.3 (l) 所示為直接接觸的示意圖。

## 2.3 鏈、機構、結構
### Chains, Mechanisms, and Structures

將數根連桿以接頭加以連接,即組成所謂的**連桿-鏈** (Link-chain),或簡稱為**鏈** (Chain)。具有 $N_L$ 根連桿與 $N_J$ 個接頭的鏈,稱之為 ($N_L$, $N_J$) 鏈。在圖示上,接頭以一個小圓表示,而與 $i$ 個接頭附隨的連桿 ($i$ 接頭桿) 以頂端為小圓且內畫斜線的 $i$-邊形表示之。為簡單起見,一個以小圓表示的接頭一般是代表旋轉對。

對於鏈而言,一條**通路** (Walk) 是指一組由連桿與接頭所組成的交互排列,其首尾皆為連桿,而且每一個接頭均與前後緊接的兩根連桿相附隨。鏈的**路徑** (Path),是指所有連桿皆不相同的通路。若一個鏈中的任意兩根連桿均能夠經由一條路徑相連接,則稱該鏈為**連接的** (Connected);反之,則稱該鏈為**不連接的** (Disconnected)。圖 2.4 (a) 所示的 (5, 4) 鏈有一個獨立桿 (連桿 5),是不連接的;圖 2.4 (b) 所示的 (5, 5) 鏈,有一個單接頭桿 (連桿 5),是連接的。若鏈中的每根連桿均與至少兩個其它連桿互相連接,該鏈形成一個或數個封閉的迴路,則稱其為**封閉鏈** (Closed chain)。不封閉的連接鏈,稱為**開放鏈** (Open chain)。在一個鏈中,若移走某根連桿會導致該鏈成為不連接鏈,則稱該桿為**分離桿** (Bridge-link)。如圖 2.4(c) 所示的 (7, 8) 封閉鏈,有一根分離桿 (桿 1)。而圖 2.4(b) 所示的連續鏈,同時也是一個開放鏈。

(a) (5,4)不連接鏈

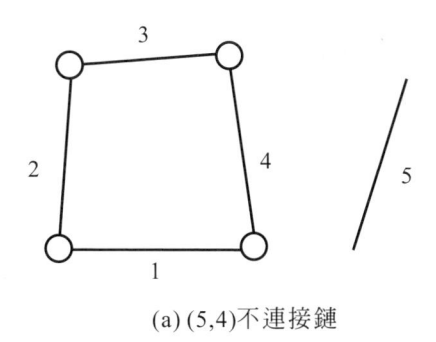

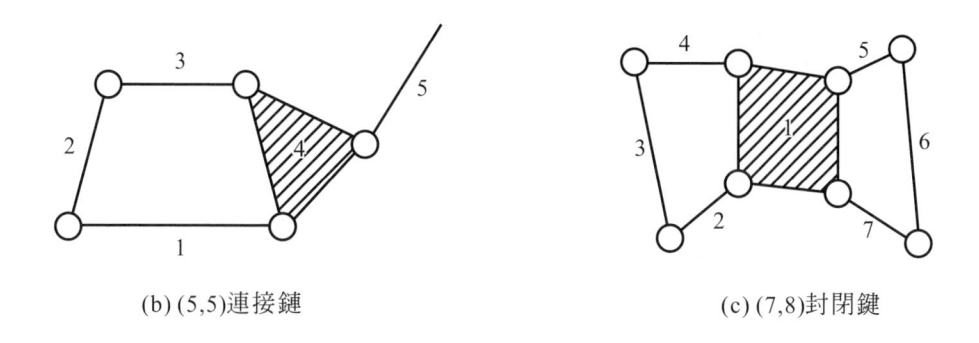

(b) (5,5)連接鏈

(c) (7,8)封閉鏈

圖 2.4　連桿-鏈的類型

**運動鏈** (Kinematic chain)，一般是指連接、封閉、無任何分離桿，只含旋轉對，而且可以運動的鏈。若運動鏈中的一根桿件被固定作為**機架** (Ground link, $K_F$)，則形成一個**機構** (Mechanism)。圖 2.5(a) 所示為一個 (6, 7) 運動鏈。若將該運動鏈中的桿 1 固定，則可獲得其所對應的機構，如圖 2.5 (b) 所示。

**呆鏈** (Rigid chain)，是指連接、封閉、無任何分離桿、只含旋轉對，而且不能運動的鏈。若將呆鏈中的一根桿固定或接地，則形成一個**結構** (Structure)。圖 2.6 (a) 所示為一個 (4, 5) 呆鏈；若將該呆鏈中的連桿 1 接地，則可獲得其所對應的結構，如圖 2.6(b) 所示。

(a) (6,7) 運動鏈

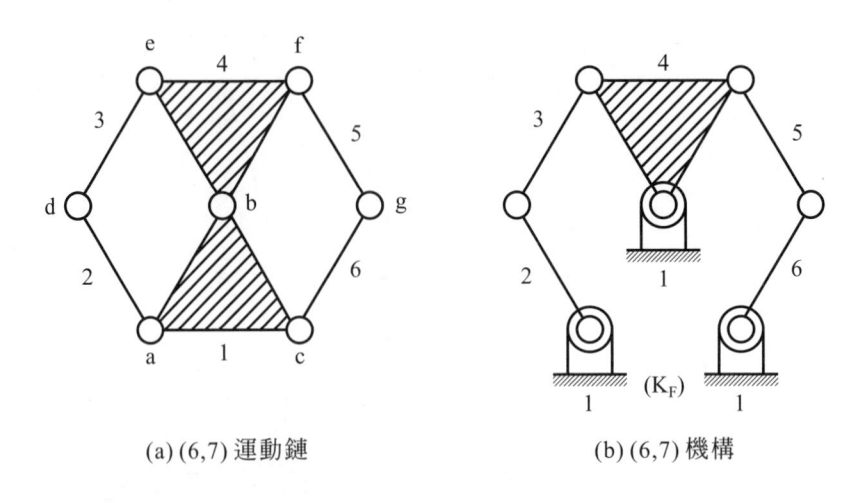

(b) (6,7) 機構

圖 2.5　一個 (6, 7) 運動鏈及其機構

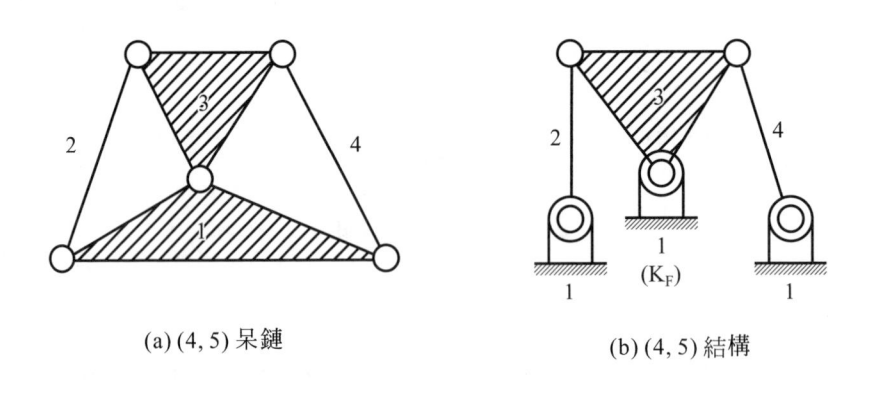

(a) (4, 5) 呆鏈

(b) (4, 5) 結構

圖 2.6　一個 (4, 5) 呆鏈及其結構

## 2.4　拘束運動 Constrained Motion

　　機械裝置**自由度** (Degrees of freedom，$F$) 的數目，決定了要滿足一個有用之工程目的所需要的獨立輸入之數目。換言之，自由度數目的定義，即為描述機械裝置中機件相對位置所需之獨立坐標的數目。

　　機械裝置若其自由度的數目為正，且具有相同數目的獨立輸入，則稱此機械裝置為具拘束運動的機構。所謂**拘束運動** (Constrained motion)，是指當機械裝置之輸入機件上的任意一點以指定方式運動時，該裝置上所有其它運動的點均產生唯一確定的運動。若獨立輸入之數目少於自由度的數目，則該機械裝置的運動一般而言是非拘束的。自由度數目為零的機械裝置，稱為**結構** (Structure)，因過度拘束而不能運動。若一個機械裝置具有負的自由度，則成為具多餘拘束的結構。

## 2.4.1 平面裝置 Planar devices

對平面裝置而言，每一個機件具有三個自由度，其中二個自由度為沿兩互相垂直軸的平移，另一個自由度為繞任意點的旋轉。一個具有 $N_L$ 個機件與 $N_{Ji}$ 個 $i$-型接頭之平面裝置的自由度數目 ($F_p$)，可由下列公式求出：

$$F_p = 3(N_L - 1) - \Sigma N_{Ji} C_{pi} \quad\quad\quad\quad (2.1)$$

其中，$C_{pi}$ 是平面裝置中 $i$-型接頭的**拘束度** (Degrees of constraint)。

### 範例 2.1

圖 2.7 所示為某種飛機的水平尾翼操縱機構，有二個獨立輸入：其中，桿 2 為操縱桿輸入 (I)，穩定增效器 (桿 8 和桿 9) 為另一輸入 (II)，而桿 7 為輸出桿。試求此機構的自由度。

這個平面機構具有九根連桿 (桿 1、2、3、4、5、6、7、8、9) 與十一個接頭，其中有十個旋轉對 ($a$、$b$、$c$、$d$、$e$、$f$、$g$、$h$、$i$、$j$) 及一個滑行對 ($k$)。因此，$N_L = 9$，$C_{pR} = 2$，$N_{JR} = 10$，$C_{pP} = 2$，$N_{JP} = 1$。根據方程式 (2.1)，此裝置的自由度 $F_p$ 為：

$$\begin{aligned}F_p &= 3(N_L - 1) - (N_{JR} C_{pR} + N_{JP} C_{pP}) \\ &= (3)(9-1) - [(10)(2) + (1)(2)] \\ &= 2\end{aligned}$$

因此，此裝置的運動是拘束的。

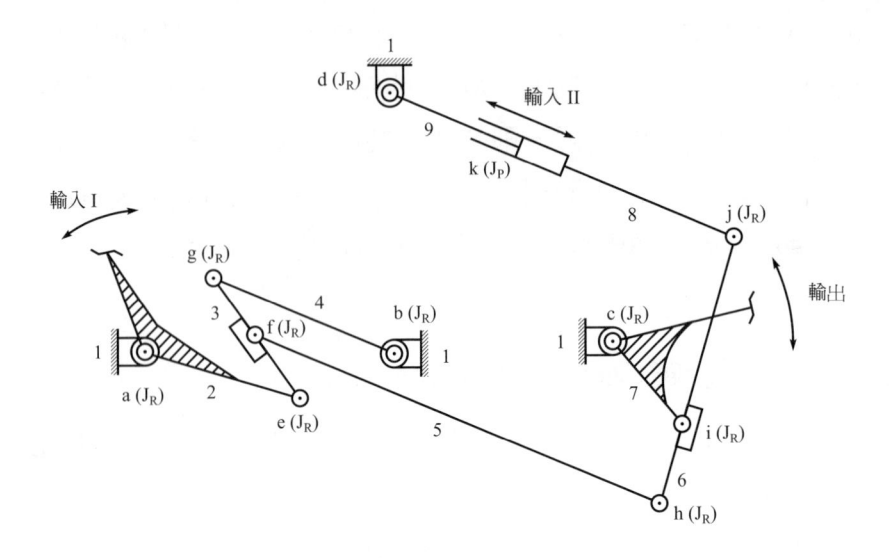

圖 2.7　具二個輸入的飛機水平尾翼操縱機構

當穩定增效系統（即輸入 II）不作用時，桿 8 和桿 9 之間將不存在相對運動。此時，該機構成為一個具有八根連桿與十個接頭的機構，其自由度 $F_p$ 為：

$$F_p = 3(N_L - 1) - N_{JR}C_{pR}$$
$$= (3)(8-1) - (10)(2)$$
$$= 1$$

因此，此裝置的運動仍然是拘束的。

## 2.4.2　空間裝置　Spatial devices

對空間裝置而言，每一個機件具有六個自由度，其中三個自由度為沿著三個互相垂直軸的平移，另外三個自由度為繞此三軸的旋轉。一個具有 $N_L$ 個機件及 $N_{Ji}$ 個 i-型接頭之空間裝置的自由度數目 ($F_s$)，可由下列公式求出：

$$F_S = 6(N_L - 1) - \sum N_{Ji}C_{Si} \quad \text{............(2.2)}$$

其中，$C_{si}$ 是空間裝置中 $i$-型接頭的拘束度。

### 範例 2.2

圖 2.8 所示為**麥花臣氏** (MacPherson) 汽車懸吊機構，該裝置的輸入是從車輪傳至連桿 3。試解釋此機構是否具有拘束運動。

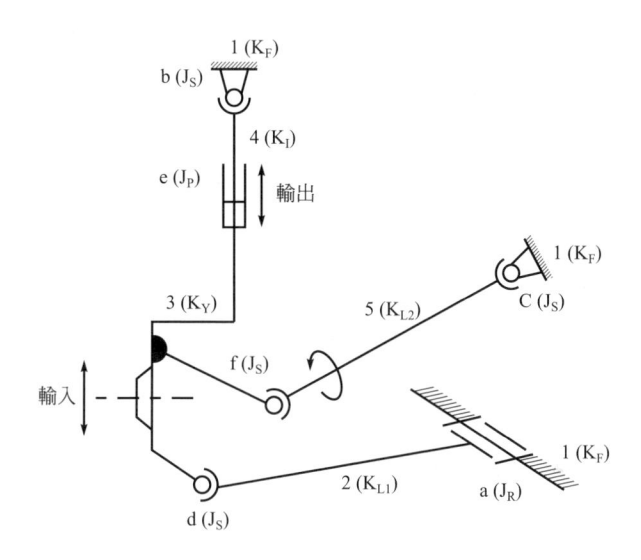

圖 2.8　麥花臣氏 (MacPherson) 懸吊機構

此機構是空間機構，具有五根連桿 ($K_F$，桿 1；$K_{L1}$，桿 2；$K_Y$，桿 3；$K_I$，桿 4；$K_{L2}$，桿 5) 與六個接頭，其中有一個旋轉對 ($a$)、一個滑行對 ($e$)、及四個球面對 ($b$、$c$、$d$、$f$)。因此，$N_L = 5$，$C_{sR} = 5$，$N_{JR} = 1$，$C_{sP} = 5$，$N_{JP} = 1$，$C_{sS} = 3$，$N_{JS} = 4$。根據方程式 (2.2)，此裝置的自由度 $F_s$ 為：

$$F_p = 6(N_L - 1) - (N_{JR}C_{sR} + N_{JP}C_{sP} + N_{JS}C_{sS})$$
$$= (6)(5-1) - [(1)(5) + (1)(5) + (4)(3)]$$
$$= 2$$

由於桿 5 繞著通過球面對 $c$ 和 $f$ 中心軸的自轉是一個多餘的自由度，並不影響系統的輸入輸出關係，因此這也是個可用的裝置。

## 2.5 拓樸構造 Topological Structures

若兩個鏈或機械裝置具有相同的拓樸構造，則稱它們是**同構的** (Isomorphic)。鏈、機構、結構、或者機械裝置的**拓樸構造** (Topological structure)，決定於連桿與接頭的類型與數目，以及連桿與接頭之間的附隨關係。根據拓樸構造矩陣的概念，可以判別機械裝置的**同構性** (Isomorphism)。

一個 $(N_L, N_J)$ 機械裝置的**拓樸構造矩陣** (Topology matrix)，$M_T$，是一個 $N_L$ 乘 $N_L$ 的方矩陣，其對角線元素 $e_{ii} = u$ 表示機件 $i$ 的類型為 $u$；假如機件 $i$ 和 $k$ 鄰接，則右上角非對角線元素 $e_{ik} = v$ ($i<k$) 表示與機件 $i$ 和 $k$ 相附隨的接頭類型為 $v$，左下角非對角線元素 $e_{ik} = w$ 表示該接頭的標號為 $w$；假如連桿 $i$ 和 $k$ 不互相鄰接，則 $e_{ik} = e_{ki} = 0$。

**範例 2.3**

試寫出圖 2.9 所示凸輪-滾子-致動器機構的拓樸構造。

此機構具有五根連桿與六個接頭，分別是機架 $K_F$ (桿 1)、凸輪 $K_A$ (桿 2)、滾子 $K_O$ (桿 3)、活塞 $K_I$ (桿 4)、及氣壓缸 $K_Y$ (桿 5)；與 $K_F$ 和 $K_A$ 相附隨的接頭 (a) 是旋轉對 ($J_R$)、與 $K_F$ 和 $K_O$ 相附隨的接頭 (b) 是滾動對 ($J_O$)、與 $K_F$ 和 $K_Y$ 相附隨的接頭 (c) 是旋轉對 ($J_R$)、與 $K_A$ 和 $K_O$ 相附隨的接頭 (d) 是凸輪對 ($J_A$)、與 $K_O$ 和 $K_I$ 相附隨的接頭 (e) 是旋轉對 ($J_R$)、與 $K_I$ 和 $K_Y$ 相附隨的接頭 (f) 是滑動對 ($J_P$)。此裝置的拓樸構造矩陣 $M_T$ 為：

$$M_T = \begin{bmatrix} K_F & J_R & J_O & 0 & J_R \\ a & K_A & J_A & 0 & 0 \\ b & d & K_O & J_R & 0 \\ 0 & 0 & e & K_I & J_P \\ c & 0 & 0 & f & K_Y \end{bmatrix}$$

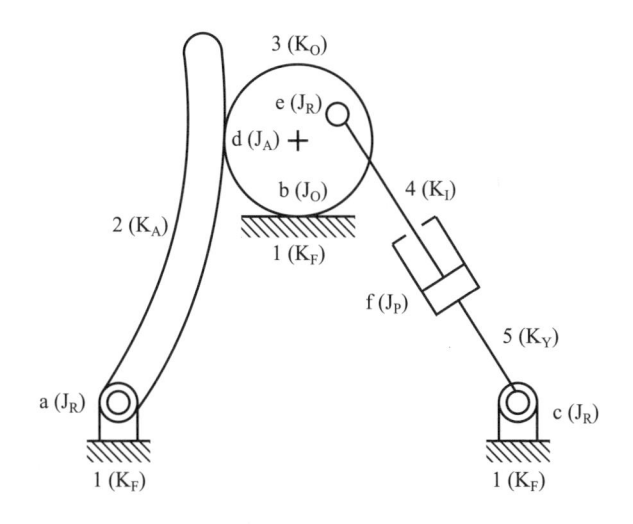

圖 2.9　凸輪-滾子-致動器機構

## 範例 2.4

試寫出圖 2.8 所示**麥花臣氏** (MacPherson) 汽車懸吊機構的拓樸構造。

此機構具有五根連桿與六個接頭，其中桿 ($K_F$) 是機架、桿 ($K_{L1}$) 是連桿、桿 ($K_Y$) 是車輪連桿與減震器的氣壓缸、桿 ($K_I$) 是減震器的活塞、桿 ($K_{L2}$) 是另一根連桿；與 $K_F$ 和 $K_{L1}$ 相附隨的接頭 (a) 是旋轉對 ($J_R$)、與 $K_F$ 和 $K_I$ 相附隨的接頭 (b) 是球面對 ($J_S$)、與 $K_F$ 和 $K_{L2}$ 相附隨的接頭 (c) 是球面對 ($J_S$)、與 $K_{L1}$ 和 $K_Y$ 相附隨的接頭 (d) 也是球面對 ($J_S$)、與 $K_Y$ 和 $K_I$ 相附隨的接頭 (e) 是滑行對 ($J_P$)、與 $K_Y$ 和 $K_{L2}$ 相附隨的接頭 (f) 是另一個球面對 ($J_S$)。此裝置的拓樸構造矩陣 $M_T$ 為：

$$M_T = \begin{bmatrix} K_F & J_R & 0 & J_S & J_S \\ a & K_{L1} & J_S & 0 & 0 \\ 0 & d & K_Y & J_P & J_S \\ b & 0 & e & K_I & 0 \\ c & 0 & f & 0 & K_{L2} \end{bmatrix}$$

## 2.6 小結 Summary

機械裝置是由以接頭相連接的機件所組成。機件為具有阻抗性的物體,用來傳遞運動與力量。為使機件有所作用,機件與機件之間必須以接頭加以連接。

將數根連桿以接頭加以連接,即組成所謂的鏈。鏈可以是連接的,也可以是不連接的,可以是封閉的,也可以是開放式的。運動鏈是指連接、封閉、無分離桿,只含旋轉對,而且可以運動的鏈。呆鏈則是指不能運動的鏈。

機械裝置自由度的數目,決定了要滿足一個有用之工程目的所需要的獨立輸入數目。自由度的數目為正數並具有相同獨立輸入數目的機械裝置,稱為機構。自由度為零或負的機械裝置,稱為結構。

機械裝置的拓樸構造,決定於機件與接頭的類型與數目,以及機件與接頭之間的附隨關係。在創造設計的過程中,拓樸構造矩陣的概念與定義,是檢驗所產生之機械裝置是否同構的一個簡要而有用的工具。

## 習題 Problems

**2.1** 試列舉自行車中的各種機件。

**2.2** 試說出家中至少五個有關旋轉對的應用。

**2.3** 試說出三個球面對的應用。

**2.4** 試指出機械錶中的各種機件與接頭。

**2.5** 試計算圖 2.9 所示凸輪-滾子-致動器機構的自由度數目。

**2.6** 試寫出圖 2.7 所示飛機水平尾翼操縱機構的拓樸構造矩陣。

**2.7** 試舉出一個具有六個機件的平面機構,闡述其功能,繪出其簡圖,列出其拓樸構造矩陣,並計算其自由度。

**2.8** 舉出一個至少具有三個機件的空間機構，闡述其功能，繪出其簡圖，列出其拓樸構造矩陣，並計算其自由度。

**2.9** 舉出一個結構的應用，闡述其功能，繪出其簡圖，列出其拓樸構造矩陣，並計算其自由度。

## 參考文獻 References

Harary, F. and Yan, H. S.,"Logical Foundations of Kinematic Chains: Graphs, Line Graphs, and Hypergraphs," ASME Transactions, Journal of Mechanical Design, Vol.112, No.1, 1990, pp.79-83.

Hwang, W. M. and Yan, H. S., "Atlas of Basic Rigid Chains," Proceedings of the 9th Applied Mechanisms Conference, Kansas City, Missouri, October 28-30, 1995.

Hwang, Y. W., An Expert System for Creative Mechanism Design, Ph.D. Dissertation, Department of Mechanical Engineering, National Cheng Kung University, Tainan, Taiwan, May 1990.

Yan, H. S., Mechanisms, Tung Hua Books, Taipei, 1997.

# 創意性解題技法

# 第三章
# ENGINEERING CREATIVITY
# 工程創造力

人類文明化的歷史，就是人類多個世紀以來有創意的努力過程。由於工程是一種具創意的專業，創造力的教學在工程教育中是非常必要的。很少有人可以成為像達文西 (Leonardo da Vinci) 或愛迪生 (Edison) 那樣的創造天才；但是，每個人天生就具有創意，而且經過學習，就能夠以更有效率的方式去發展、去使用自己的創意天賦。為此，本章首先說明創造力的相關定義，接著介紹創造的過程，最後討論創造力的特質。

## 3.1 定義 Definitions

**創造力** (Creativity)，是根據經濟與美學的原理，將一組選定的元素，重新排序、架構、模仿、配置、或組合的一種心智能力，是一種對先前未知事物的定義。

在科學與工程領域中，創意一詞有時會與創新交互使用，然而兩者並非同義詞，它們在設計過程中是互補的關係。**創新** (Innovation) 是引進新的構想、方法、或裝置，包括對現有的構想、方法、或裝置的重新組合或修正；創意則是實現人類需求的初始構想。創新或許可以、或許無法反應人類的需求，或許有、或許並沒有價值。事實上，創意是滿足人類需求的創新。

**發明** (Invention) 是一種經由想像、思考、研究、實驗、或經驗，第一次產出有用事物的過程。從工程的觀點來看，創意是一種可以讓其他人再去發展成有用事物的發明。因此，發明是創意思考的結果。

## 3.2 創意過程 Creative Process

人們相信，在產生一個新的想法、新的方法、或新奇的裝置時，存在著一個循序漸進的邏輯過程，稱為**創意過程** (Creative process)，包含準備期、醞釀期、豁朗期、及執行期。創意過程的各個階段及其主要步驟如圖 3.1 所示。

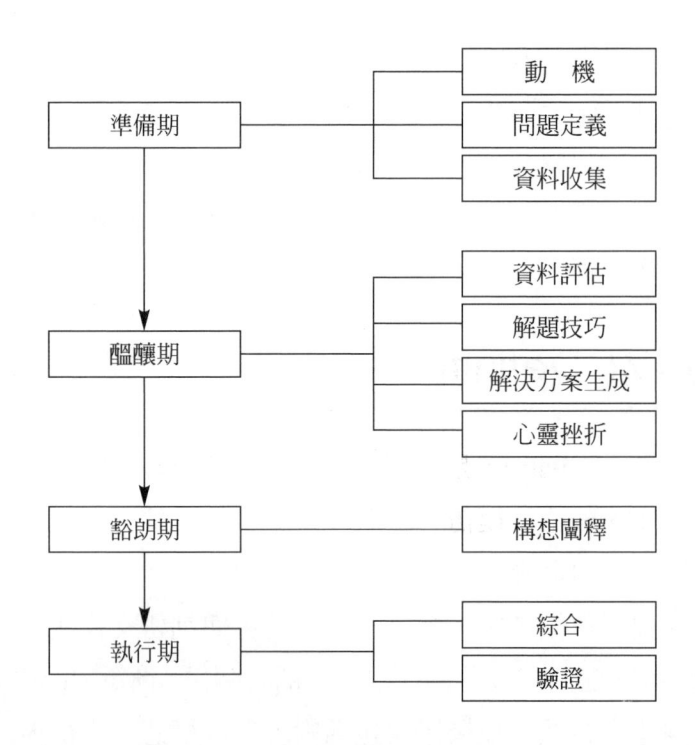

圖 3.1　創意過程

## 3.2.1　準備期 Preparation phase

準備期的工作包括確認問題的需求，以及為所定義的問題準備資料。

**動　機**

創意行為需要不斷的反覆思考，而且通常會損耗相當多的精力。因此，必須要有強烈的個人意念，才能產生決心來提供與支付所須的體力，而動機則是維持高度強烈意念的行動基礎。動機常因人而異，也許是出於自然的好奇心、個人的價值觀、家庭的壓力、事業上的興趣、或者工作上的關係。

**問題定義**

當工程師決心啟動設計專案時，必須準確地定義問題，以便引導自己朝解決問題的方向思考；必須建立問題的規格，包括設計需求與限制。但是在這個階段，通常是不可能將問題完全釐清的。有經驗的工程師在準備解決方案時，會考慮各個面向的問題；這樣的準備過程，對於獲得可行且渴望之方案是非常必要的。

**資料收集**

工程師應該盡可能地收集與問題有關的資料。資料收集可以通過文獻檢索、網站查訪、或專家諮詢來完成。一般而言，工程師通常會進行文獻檢索，包括教科書、學位論文、期刊論文、技術報告、專利、或者商業目錄等，以學習他人在相關問題方面的經驗。另外，查訪一些與問題相關的現場以及與專家從不同的角度對問題進行詳細的討論，有時也會有助於資料的收集。有關資料收集的內容，將在 4.2 節中詳細介紹。

## 3.2.2　醞釀期 Incubation phase

當問題定義完成、資料充分收集後，創意過程的下一個階段就是醞釀期，是獲得創意性解答的關鍵過程。這個過程通常漫長而孤立的，是一種潛意識在工作的過程。醞釀期可包含評估資料、應用解題技術、產生解決方案、及遭遇心靈挫折等步驟。

### 資料評估

醞釀期的第一個步驟是評估從準備期中所收集到的資料，包括將可用資料分類，或將原始資料重新整理成其它格式。這個步驟可使工程師徹底瞭解可用的資料。

### 解題技巧

除了對基本資料進行評估外，應思考各種可能的技巧來解決問題，包括實驗技術、分析方法、數值疊代法、或圖解法。對於大多數的工程問題而言，通常需要使用數種技巧來找到最佳的解答。

### 解決方案生成

根據前面步驟所得到的知識，有些看起來似乎可行的解決方案會自然產生。但需要仔細地研究所有可能的解決方案及不同的組合，以得到滿意的解決方案。

### 心靈挫折

在努力尋求解決方案的過程中，經常會遇到重大的挫折。最常見的狀況是，似乎找不到合適的解決方案，而且所有針對問題的思考也都無法獲得實用的構想。不斷絞盡腦汁的結果，導致緊張、焦慮、或情緒壓力。然而，經歷一些挫折常常能刺激創意的產生，往往問題在此階段可獲得解決方案。至此，工程師如果對此問題的解決方案還並不滿意，但至少會更加熟悉所面對的工作。

## 3.2.3 豁朗期 Illumination phase

在創意過程中，醞釀期之後的階段就是豁朗期。

通常在醞釀構思的稍後，在休息或在處理不相關的其它問題時，往往會有創意性的構思在瞬間激發出來。這是個人之意識接受到可行解決方案的暗示時刻，這就是豁朗期。

大多數的人都會經歷一個這樣的豁朗過程：即在處理其它事情的時候，突然在某個無法預期的瞬間，不知不覺地得到問題的答案，有的人僅經歷過一次，而有的人則有多次經驗。專家解釋，這是當一個人的意識在休息時，他的潛意識仍會努力地工作去深入探索可行的構想，因而造成此結果。

到目前為止，豁朗期尚未被完全理解。然而確定的是，成功的豁朗期，需仰賴前述各階段努力的工作。

### 3.2.4　執行期 Execution phase

創意過程的最後階段是執行期，包括綜合與驗證。

#### 綜　合

綜合是將各個部份或元件加以組合或組織起來，使之成為一個整體。工程師在創意過程的這個階段中，利用自己的知識去串連多元之片斷資料以產生最終的解決方案。

#### 驗　證

在綜合出構想、產出問題的解決方案之後，接下來的步驟就是要對解決方案進行驗證。許多構想產出後，必須進行評估來減少選擇範圍，以便後續之設計能獲得最佳的潛在利益。基本上，可藉由分析、實驗、或專家意見等來判斷與佐證一個構想是否確實有價值。

必須注意的是，創意過程中的所有步驟，並不一定都會發生在每一個問題上。問題的本質及欲求的解決方案，將決定哪些步驟可以省略、哪些可重疊。工程師可分別地或依照自己所喜歡的次序來應用這些步驟，以產生有創意的想法。

## 範例 3.1

某工具機公司的年輕設計工程師接受了一項任務，他必須在六星期內開發出一種新型的打刀拉刀裝置，用以將刀具從綜合加工機的主軸拔出與推入。該裝置必須有用且簡單，並符合既有綜合加工機的空間限制。

針對此任務，其創意性解決方案的產生過程，可能包含以下的步驟：

### 準備期

這位工程師已在這家公司工作了一年，這是他的第一項重要任務，他有強烈的意願去成功的完成這項任務。首先，他著手研究公司裏的現有設計，並瞭解到自動換刀機構將刀具從綜合加工機的主軸拔出前，必須推進刀柄使主軸放鬆刀具。在現有的設計中，這項功能是由液壓缸來完成，主要的缺點是噪音大與成本高。於是，他收集了市場上有關綜合加工機的商業目錄與使用手冊，作了詳盡的專利檢索，並向研發機構與有夥伴關係的大學索取相關的研究文件。在用心且詳細研讀這些文件之後，他向公司的一位資深設計工程師請教許多事先準備好的問題，並得到了一些建議。最後，他決定開發出以下的設計方案：一種簡單、可靠度高、且成本不高的新型打刀拉刀機構。

### 醞釀期

這位工程師接著針對既有的文件與資料進行評估。他幾乎應用了過去在學校所學的全部技巧，並努力地嘗試新的解決方案。但是他發現，似乎所有好的解決方法都已有人使用，甚至已經申請了專利。至此，這位年輕的工程師感受到極大的壓力與挫折感。

### 豁朗期

四個星期過去了，這位工程師已是身心俱疲。於是，他決定什麼都不做，好好的睡一個週末，在潛意識中放棄了這項工作。然而，奇蹟發生了。他夢到一個概略的構想：應用圓柱端面凸輪與橢圓規機構的裝置，也許是一個可行的解決方案。

### 執行期

這位工程師頓時從床上跳起，將這個不可思議的想法手繪下來。在最後的兩個星期中，他把該想法繪成構造簡圖，發展電腦程式去作模擬運動、動力、及應力等特性，並證明此裝置的可行性。最後，他向上司彙報這項夢想出來的打刀拉刀機構。如圖 3.2 所示，由鏈條 (未畫出) 驅動圓柱端面凸輪 (機件 6) 的從動端，再帶動直線從動件 (機件 4 和機件 5) 水平移動；直線從動件 (機件 4)、連接桿 3、及滑件 2 組成橢圓規；刀具由橢圓規通過凸輪機構的驅動，推

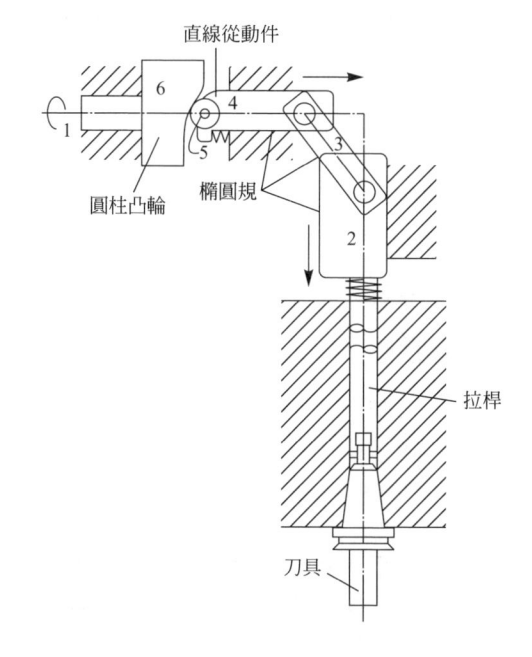

圖 3.2　打刀拉刀機構

壓拉桿而鬆刀。這項設計的構造簡單，可靠度高，也不需要液壓缸作為動力，所以成本也較低廉。

## 3.3　創造力特質 Creativity's Characteristics

每個人天生就具有可觀的創意潛能，也具有某些創意思考的能力。然而，有創意的行為是個別人格特質的表現，有些人擁有良性的創造力特質，而有些人卻是相反的。因此，瞭解創意行為的特性、找出阻礙創造力的障礙、及增加想像與創意思考的能力，是極為重要的。

### 3.3.1　有創意的人 Creative person

兒童生來就具有無限的創造潛能，他們天生就具有創意的特性。

兒童能適應脫序、想法多樣化、敢於冒險，而且樂於表達想法。他們有時不善於口語表達，但對於神秘的事物充滿好奇。此外，兒童固執、好玩、情緒敏感，而且通常精力充沛。

大多數的兒童長大成人後，失去了有創意的行為。儘管如此，成年人還是可以從其人格特質來看出其是否具有創造力。有創意的成年人，具有強烈的好奇心去解決問題、充滿強烈的自信心、可以接受多種可能性，而且很有幽默感，習慣於接受混亂與變化、不去評估工作的安全性、能輕易地接受挫敗，而且喜歡獨自工作。因此，有創意的成年人對於他人的感受較不敏銳、對目標積極進取、不依慣例行事、天性聰明、固執、活力充沛，而且容易受騙。

從另一方面來看，成年人如果具有以下所列的消極態度，則可能不太有創造力：拒絕變化、喜歡服從、渴望安全感、喜歡有組織有順序的事物、沒有實驗精神、與人競爭時容易嫉妒、怕被嘲笑、害怕失敗、不相信原始的想法、重果輕因、以及犬儒主義。

### 3.3.2　阻礙創意的因素　Barriers to creativity

有些情況可以激發有創意的活動，當然也有一些情況會抑制有創意的思考與行為。由於工程師可能具有情感面的障礙、文化面的障礙、知覺面的障礙、或者其它方面的障礙，因此，儘管他有很高的創意潛能與智力去綜合、分析、及評估問題與期望的解決方案，但也許還是沒有創意。

**情感障礙（Emotional barriers）**

工程師在緊張的情緒壓力下，很容易失去有創意的行為。情感的束縛會對一個人之個性產生持續性的影響，因此或許比其它種類的障礙更具破壞力。對事情感到恐懼、因為他人的影響而感到沮喪、上司的不信任、對同事產生懷疑、…等等，都可能會阻礙有創意的行為；

另外，面對失敗、批評、困窘、嘲笑、失去工作、或者不被社會認同等而產生的恐懼，則會抑制有創意的思考。情感障礙是阻礙創造力因素中最不容易克服的。

## 文化障礙 (Cultural barriers)

文化藩籬對人的影響雖是無形的，但卻是不爭的事實。人們的習慣、情緒、及想法受到周圍文化的影響非常大。在年輕的時候，也許經歷過同事不贊同他的某些行為，而推崇並讚賞他的另外一些行為；讚賞會鼓動他竭盡全力去獲得認同，而譴責則會使他不敢背離群體的意見，從而抑制了具有創意與想像力的思維。再者，大多數人傾向於順從現有的生活模式，不太願意接受改變，也不關心或不去提出新的構想。這是為什麼像達文西 (Leonardo da Vinci)、伽利略 (Galileo)、或莫札特 (Mozart) 等這麼有創意的人，在生前很少能看到他人接受自己的發明與想法。

## 知覺障礙 (Perceptual barriers)

知覺障礙也會阻礙解決問題之創新方案的產生。一般而言，要看清長遠的關係或分辨因果，都具相當的困難度。一個人通常不會使用所有的感官去觀察事物，而是選擇想用的資料來用。當只使用部份的資料而不能夠完整地調查或定義問題時，對問題的看法與解決的方案就會被限制住。

### 範例 3.2

圖 3.3 (a) 所示的兩條線，試問哪一條較短？

這個問題的直覺答案是，上面的線較短。然而，若這兩條線不是實際長度，答案也許會不一樣。例如，若這兩條線是在二維空間裏，如圖 3.3 (b) 所示，則答案應取決於畫這兩條線的透視圖，下方的那條線可能會較短。

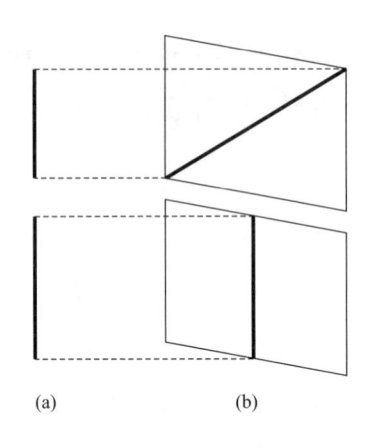

圖 3.3　知覺障礙例子

## 其它障礙 (Other barriers)

限制創意思考及其行為的其它障礙包括：對問題的不當限制、對問題相關情況的誤解、未取得全部的事實、對問題的調查未能做到巨細靡遺、狹隘的基本知識、呆板的問題求解策略、有先入之見或依賴已發生的其它事件、以及把無關的環境因素也考慮進去等等。

### 範例 3.3

試問是否可能用四條直線將圖 3.4 (a) 中的九個點一筆畫完？

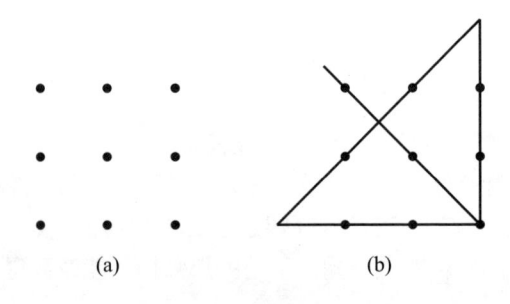

圖 3.4　錯誤束縛例子

面對這個問題，大多數人會假設一個不必要的限制，即不能超出這些點的邊界。事實上，題目並未聲明有這個限制。若沒有這個自我假設的邊界條件，將不難找到如圖 3.4 (b) 所示的答案。

　　大多數的現有設計，尤其是機械產品，其性能的改進，一般都經歷漫長的、階段性的過程。現階段的技術往往已接近成熟，能夠改進的空間實在有限。以要設計比現有產品更輕的眼鏡為例，如果思考範圍侷限在改變鏡片與鏡框的材質，那麼改進的幅度勢必不大。然而，隱形眼鏡的發明就走出了傳統的設計框架，創造出一個解決問題的新領域。

　　一個具有高度創意的工程師，應該尋找新的方法或是新的方向去解決傳統產品之舊有問題。在降低兩元件做相對運動之摩擦力的發展史中，首先是在直接接觸表面之間使用潤滑劑，如圖 3.5 (a) 所示；接著，設計了滾珠軸承來提供滾動接觸，如圖 3.5 (b) 所示；後來，發明氣壓式軸承，如圖 3.5 (c) 所示；不久後，則應用了電磁原理，如圖 3.5

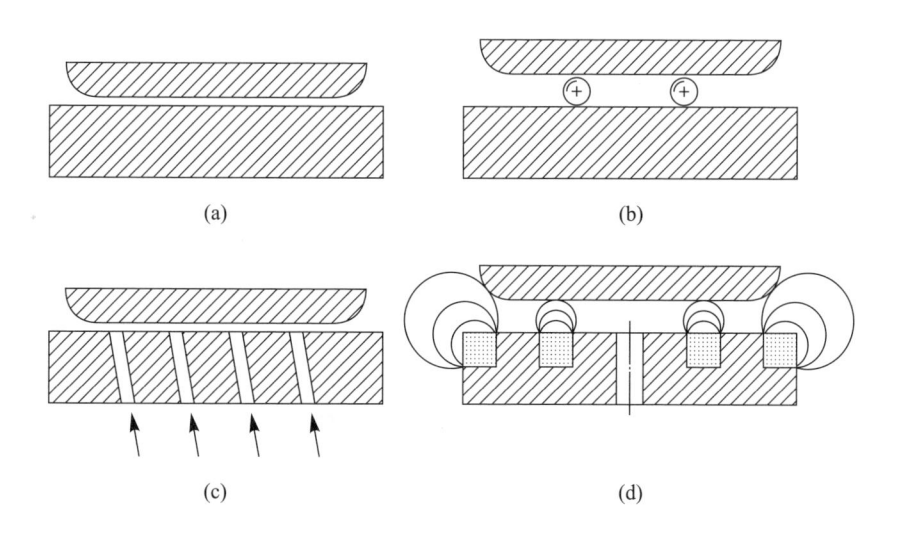

圖 3.5　降低摩擦力的概念

(d) 所示。每一項創新的概念,提供一種躍進式的改進方案。

### 3.3.3 創造力的增強 Creative enhancement

一般而言,大多數具有創意之構想的產生,需要經歷一段長時間且細膩的過程,這個過程可以透過經驗、學習、及實踐來強化。再者,可以利用一些特定的作為與態度,來克服創意思考的障礙。研究如何增強創造力的文獻有很多,以下所列出的項目,皆在大部份的文獻中提及:

**強烈動機**

動機是引導工程師以問題解決者、發明者、及創造者之身份前進的動力;因此,必須激勵工程師去想像與創意思考。

**充滿自信心**

工程師必須建立自身具有解決問題能力的信心。儘管在設計過程的初始階段,也許看不出最後解答的全貌,但是必須要有自信心,必須相信在工作完成之前能夠找到解決方案。因為成就感能產生信心,因此一個有效的辦法是從小小的成功開始建立信心。

**深具耐心**

必須要有足夠的耐心,才能導引出創造能力。創造的過程通常會有相當長的時間是面對不斷的失敗,而且會產生不適當的解決方案,因此有不斷的意願繼續嘗試是重要的。此外,創造之過程通常需要艱苦的工作,大多數問題並不會在第一次的努力中獲得解決,因此必須緊追不放、鍥而不捨。在一連串的密集投入之後,應該有耐心的等待以便醞釀構想。就如愛迪生的一句名言:"發明是百分之九十五的汗水加上百分之五的靈感。"

**開放心胸**

心胸開闊意味著能容納所有可能的構想,並且能接受不同的問題解決策略。解決問題不應侷限於某個特定的領域，應該盡可能的考慮跨領域。應該六根清靜的利用過去的經驗處理問題，但不應受制於過去的經驗。必須以旁觀者清的角度，應用不尋常、不同於傳統的方式來解決問題，也應該避免為問題設下不必要的限制。再者，應該從不同的面向來看問題，以便搜尋解決的方案。

## 釋放想像力

想像力比知識更重要，因為知識是有限的，而想像力卻能包容整個世界。工程師必須重新啟動孩童時的強烈想像力，其中一個重要的方法就是冒著被認為天真的風險，一再反覆的問"為什麼"與"如果"，來增強想像力。

## 延遲判斷

儘管創意思考的發展非常緩慢，但是對尚在萌芽中的構想進行批判更會嚴重地抑制創意思考。工程師通常具有批評的本能態度，所以要特別忍耐，避免在解決問題的初期就作出判斷，進而影響創意思考的發展。

## 設定問題邊界

在解決問題的過程中，工程師通常十分重視妥適的問題定義。建立適當的問題範圍，是問題定義中的一個重要步驟。事實上，這樣作不僅不會限制創造力，而且還能集中精力去解決問題。否則，解決問題的方向可能不確定，因而可行解決方案的數目也將失去控制。

## 分解問題

如果所面對的問題是一個非常複雜的系統，應將其分解成能夠處理的子系統，並且一次處理一個子系統。當子系統問題解決方案產生後，再將這些解決方案整合起來。

## 3.4　小結 Summary

　　創新是提出新的構想、方法、或裝置。創意是對先前未知事物的定義，是為滿足需求而創新。發明是產生有用事物的過程，是創意思考的結果。

　　基本上，創造的過程應包含準備期、醞釀期、豁朗期、及執行期，但是並非所有的問題都會經歷這四個步驟。

　　人類的心智具有無限的創意思考潛能，而創意思考能力會因為缺少腦力練習而變得遲鈍，而且常常被情感、文化、知覺、或者其它方面的障礙所壓制。這些障礙可以利用特殊的技法來克服。

　　為了增強解決問題的創造能力，工程師應有自信心、有耐心、心胸開闊、富有想像力、延遲評斷、設定問題範圍，並且將複雜的問題分解。

　　工程師應該認識自己的創造潛能。而且，當面對設計專案時，在利用任何創意技法或創造性方法解放其創造力之前，必須消除阻礙創造力的因素。

## 習題 Problems

3.1　試提供一個範例，解釋創新與發明的不同之處。

3.2　試舉出一個自己、別人、或文獻記載的創意性設計範例，並描述這項新設計的創造過程。

3.3　試描述自家或鄰居幼稚園小孩的創意特質。

3.4　試與四位同學討論，找出班上最具創意的同學，並指出他的創造力特質。

3.5　試指出自己在創造力的主要情感面障礙。

3.6　試提供一個範例，說明創意思考上的知覺面障礙。

3.7　試舉出一件具有文化面障礙且具創意的進口商品。

3.8　試指出自己的負面創造力特質。

3.9　試說明自己應抱何種態度來增強創意思考的能力。

## 參考文獻 References

Beakley, G. C. and Leach, H. W., Engineering - An Introduction to A Creative Profession, Macmillan, 1967.

Cross, N., Engineering Design Methods, John Wiley & Sons, 1994.

Dieter, G. E., Engineering Design, McGraw-Hill, 1983.

Edel, D. H., Jr., Introduction to Creative Design, Prentice Hall, 1967.

French, M., Invention and Evolution, Cambridge University Press, 1994.

Hill, P. H., The Science of Engineering Design, Holt, Rinehart and Winston, 1970.

Krick, E. V., An Introduction to Engineering and Engineering Design, John Wiley & Sons, 1965.

Kuo, T. C., A Study on the Automatic Tool Change Mechanisms of Roller-Gear Cam Type, Master thesis, Department of Mechanical Engineering, National Cheng Kung University, Tainan, TAIWAN, June 1997.

Lumsdaine, E. and Lumsdaine, M., Creative Problem Solving, McGraw-Hill, 1995.

Pearson, D. S., Creativeness for Engineers, Edwards Brothers, 1961.

Rubinstein, M. F. and Pfeiffer, K. R., Concepts in Problem Solving, Prentice-Hall, 1980.

Shoup, T. E., Fletcher, L. S., and Mochel, E. V., Introduction to Engineering Design, Prentice-Hall, 1981.

Vidosic, J. P., Elements of Design Engineering, Ronald Press, 1969.

Von Fange, E. K., Professional Creativity, Prentice-Hall, 1959.

Webster's New Collegiate Dictionary, G. & C. Merriam, 1981.

Wright, P. H., Koblasz, A., and Sayle, W. E., Introduction to Engineering, John Wiley & Sons, 1989.

# 第四章
## RATIONAL PROBLEM SOLVING
## 理性的問題解決方法

傳統上,有一些合理的方法可用來系統化的處理設計問題。這些方法的用意在於拓展潛在解決方案的搜尋空間,或者使得設計團隊在下決策時更為順利。本章介紹幾個重要的理性解決問題方法,包括分析現有設計、資料檢索、及檢核表方法。

## 4.1 分析現有設計 Analysis of Existing Designs

一般而言,對可行之現有設計作完整的探討,可以激發出新的設計構想。藉由分析或實驗來研究競爭對手的產品,能夠更加瞭解現有設計的專業知識。在設計產品的初始階段,尤其是機械裝置,有系統的探究已證實的構想,對尋找可行的初始構想特別有用。

例如,若設計工程師計畫開發一種新型的劍桅式無梭織布機,則可以從分析已商業化產品的功能與性能開始。圖 4.1 所示為一個既有的劍桅式無梭織布機,此設計的傳動機構包括:一個往復移動的變導程螺桿當作輸出件,一個沿螺桿軸向往復直線運動的滑件作為輸入件,四個與滑件和螺桿鄰接的圓錐型嚙合元件,以及機架。圖 4.2 為此傳動機構的運動示意圖。

54　機械裝置的創意性設計

圖 4.1　現有的劍桅式無梭織布機

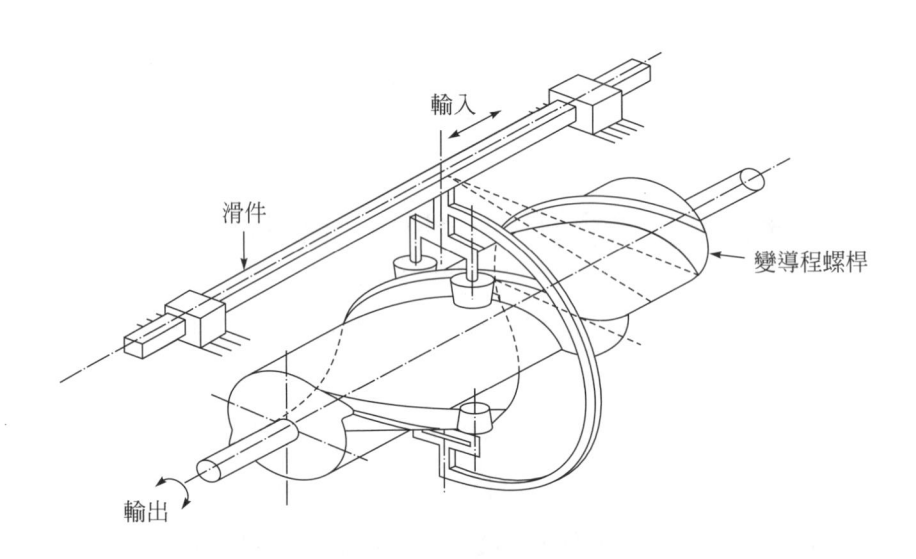

圖 4.2　劍桅式無梭織布機的傳動機構

## 4.1.1　數學分析　Mathematical analysis

　　數學分析是學習如何改進現有設計的一個有力工具。對可行設計作完整的分析，可以瞭解產品功能與性能的基本知識。這些知識可反映出產品的缺點，進而激發出改進的構想。接著，這些構想又須作進一步的分析，提供更多關於設計的認知，進而激發出更深層次的改進構想。由於電腦的功能日以俱增，加上數值分析與最佳化方法的發展，設計問題的分析解法，已成為達成最佳設計的有力工具。

以圖4.2所示之劍桄式無梭織布機的變導程螺桿為例，藉由應力分析可以研究變導程螺桿在不同負載下的強度與剛性。圖4.3所示為使用PATRAN和MARC軟體而得到之變導程螺桿的幾何形狀及使用有限元素法分析接觸應力的結果，據此可證明，此設計在強度與剛性上是安全的。再者，根據坐標變換、微分幾何、及包絡理論，可以推導出變導程螺桿幾何曲面的數學表示式，圖4.4所示即為變導程螺桿幾何實體模型的運動模擬。

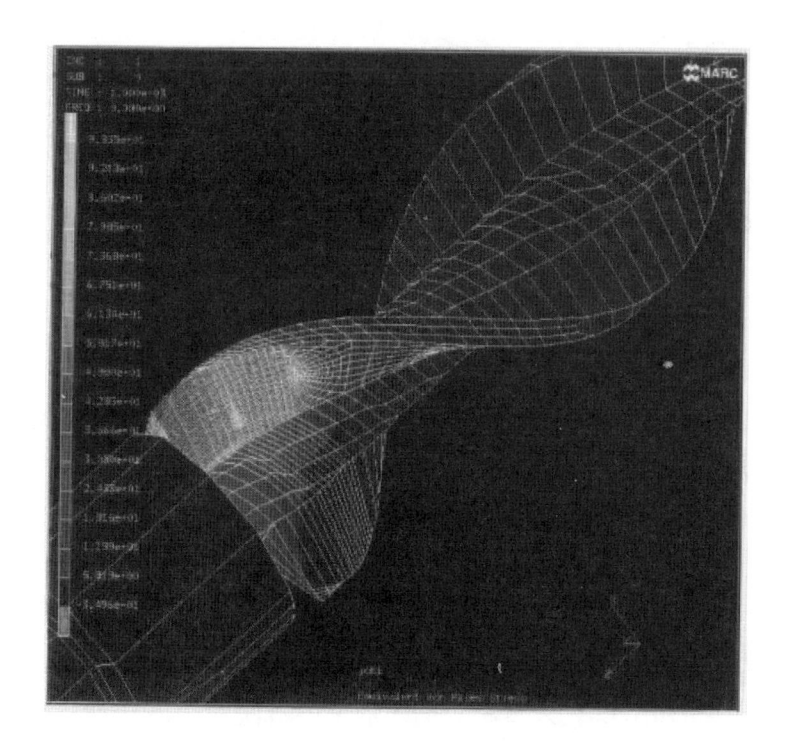

圖4.3 變導程螺桿的接觸應力

圖 4.4　變導程螺桿的幾何實體模型

## 4.1.2　實驗測試與測量
### Experimental tests and measurements

實驗測試的主要目的如下：

1. 證明理想數學模型的有效性。
2. 瞭解問題，並找出實際發生的物理現象。
3. 當問題過於複雜而無法用數學方法分析時，作為一種經驗手段來分析問題。

再者，對設計而言，測量是收集重要數據的必要手段。

　　對現有產品進行實驗測試與測量，是設計者獲得資料的最重要來源之一。既有的設計，可以經由物理實驗的逆向過程而得到詮釋。在機械產業中，利用實驗來分析調查，是獲得解決方案的一個主要方法，由於這種處理方式具備因果回饋的組織特性，獲得設計者普遍性的認同，因此在創造產品的過程中，實驗發展通常會併入設計的工作中。

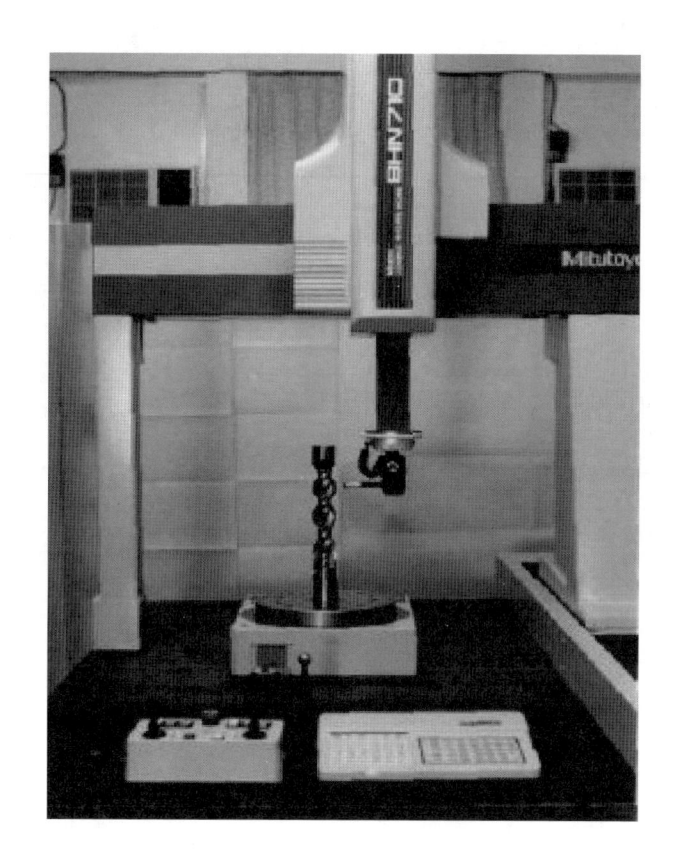

圖 4.5　變導程螺桿的精密測量

　　例如，對於圖 4.2 所示之劍桅式無梭織布機的變導程螺桿而言，以分析運算法推導出表面點坐標的理論值，並比較與螺桿加工表面之間的差異性；開發出離線的測量技術，並藉由四軸測量儀測量變導程螺桿的空間坐標，如圖 4.5 所示。此外，並建立一個測試台來測量曲柄的角速度，螺桿的位移、速度、及加速度，輸入的能量，以及搖撼力，如圖 4.6 所示。再者，圖 4.7 顯示，藉由增加適當的平衡配重，可明顯改善搖撼力的問題。

58　機械裝置的創意性設計

圖 4.6　變導程螺桿傳動機構的動力測試

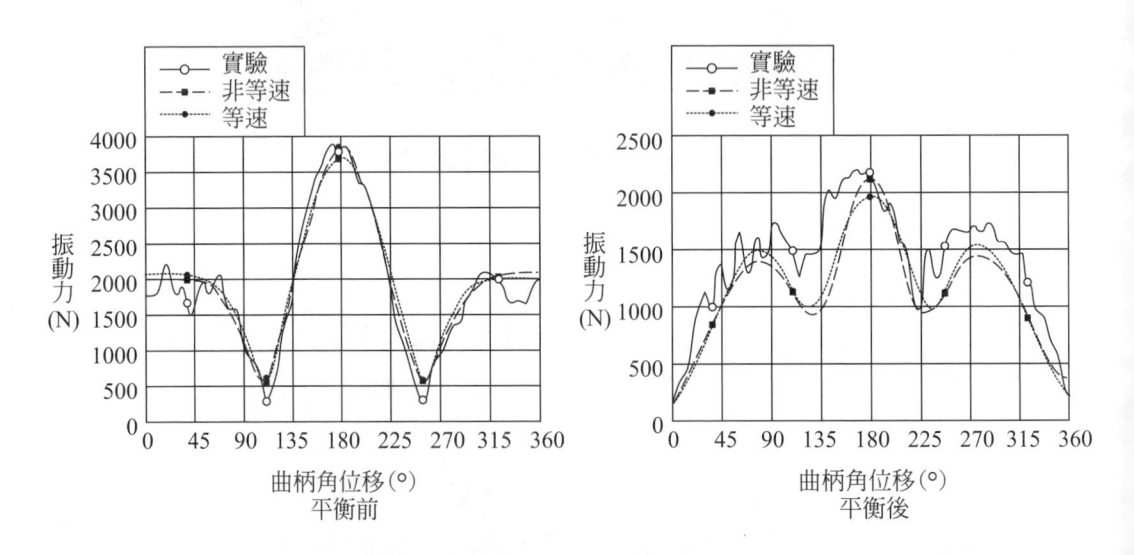

曲柄角位移(°)
平衡前

曲柄角位移(°)
平衡後

圖 4.7　變導程螺桿傳動機構的動態效能改善

## 4.2 資料檢索 Information Search

除了探討既有的構想與設計外，文獻、專利、及專家等方面的資料來源都值得參考以激發構想。

### 4.2.1 文獻檢索 Literature search

與問題有關的基礎理論和技術數據，為設計工程師提供了豐富而且重要的資料。這些資料可以從教科書、參考書、學術期刊、研究論文、技術報告、商業雜誌、產品手冊、製造商的應用資料、專業團體的出版刊物、專利文件、以及研究日誌等獲得，是獲得現有設計之解決方案非常有用且基本的資料，有時還能激發出新的構想。

以圖 4.2 所示之劍桅式無梭織布機的變導程螺桿傳動機構為例，經詳細的資料檢索之後，可找到超過一百篇的研究論文。

### 4.2.2 專利檢索 Patent search

對於所面對的問題，進行專利檢索是必要的、也是值得的。專利系統對於任何實際的設計問題，都是一個可獲得構想的豐富資源。為避免誤用智慧財產權，需要瞭解現有的專利。再者，專利可為研究主題提供一些重要的專業資訊，可從中獲得許多好的參考資料及其應用。

將現有專利的構想作充分的設計變更來避免侵權，是務實而且合法的行為。設計者可利用其聰明才智將原設計加以修飾改變，使之變成不會侵犯專利權的新設計。此外，過期的專利也是非常有價值的設計資源，設計者不必擔心將自己的設計架構在已過期專利之適法性，因為發明者之所以獲得一段時期獨佔的保護權，就是要讓大眾在專利過期以後可以拿來參考應用。

圖 4.8 是一個與圖 4.2 所示之劍桅式無梭織布機變導程螺桿傳動機構有相關的專利，仔細研究相關專利的文件敘述，可以快速獲得有關

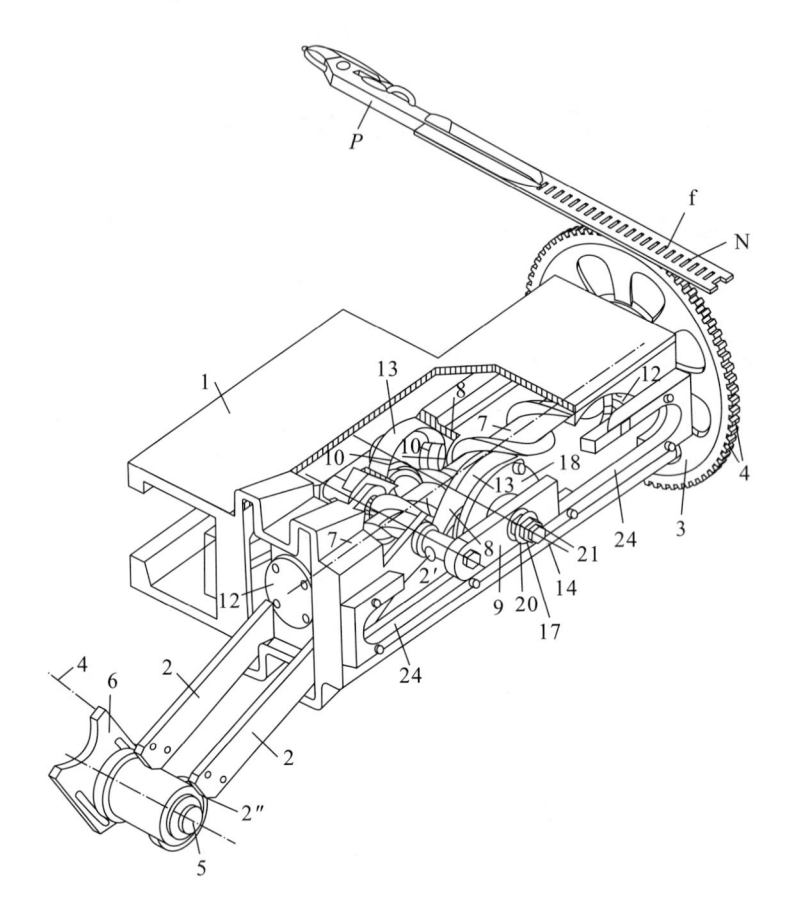

圖 4.8　劍桅式無梭織布機傳動機構設計的專利 (美國專利第 4,052,096 號)

該機器設計的方法及實用的知識。

### 4.2.3　專家檔案 File of experts

　　基本上，設計工程師是通才的，須將某些單元組合成一個合理的整體，以完成既定的目標。因此，通常需要橫跨許多領域的工程知識，也需要特定領域的專家針對特定設計方法提供建議。專家通常對確認問題的範圍 (包括設計概念與提供詳細評估) 非常在行，來源包括公司內部、顧問公司、研究機構、大學系所、以及其他學有專精的人員。

## 4.3 檢核表法 Checklist Method

檢核表是一種最簡單的理性問題解題方法。它先將問題列成一張分析表，再針對表中的每一項，從問題的重點、範圍、或可能性等方面提供暗示。在設計領域中，**檢核表** (Checklist) 是指針對任何計畫提出一系列的問題，用以激發出想法的列表。檢核表在設計初期提出的一系列問題，可以是設計的特徵，也可以是最終設計所必須滿足的準則。許多工程師將檢核表法作為一項團隊合作的方法，來以不同方式看待問題。

在工程計畫的早期設計階段，列出關於設計主題的一般性問題，有助於避免漏失重要的屬性，並對提供可能的改進方案有所幫助。檢核表法將必需要做的事情檯面化，因而不需要時刻銘記在心，也不會忽略掉某些項目。檢核表方法以逐項記錄方式將設計過程形式化，即收集與記錄每一項目並核對是否完成，直到全部項目檢核結束。

### 4.3.1 檢核表法問題 Checklist questions

針對問題的一般範圍列出一系列的檢核問題，是最常用的檢核表方法，其目的是指出處理問題的其它方法，用以激發創意思考。透過回答自己所準備的問題，就有機會發現問題的其它作用。問題越多，越能發現不尋常的特徵，也更可能產生創新的想法。

典型的檢核表，包含以下幾種資訊：

1. 物理屬性，例如：形狀、大小、重量、位置、速度、加速度、力量、力矩、功率、效率、摩擦力、壓力、溫度、振動、噪音、壓力、溫度、⋯ 等。
2. 功能面的變異，材料、包裝、應用、製造過程、⋯等。
3. 特性，例如：外型、修飾、細節、外觀、感受、式樣、維修特徵、組合方法、能量來源、…等特性。
4. 社會觀點，例如：時機、成本、回收、可用性、人際協調、複雜程度、… 等。
5. 重新配置、再連結、修改、精簡細節與特性、…等的可能性。

檢核表中的每個問題，都可能使設計者聯想出其它可能的問題。完成檢核表的核對清單，有助於確定哪些問題是主要的，哪些問題是次要的，這對解決問題很有幫助。

### 範例 4.1

一家生產 50cc 和 90cc 摩托車的公司，決定開發 250cc 的摩托車。一位資深工程師負責設計此計畫的新型傳動機構。

該設計工程師從檢核表方法開始，並提出以下的問題核對清單給團隊成員：

1. 現有 50cc 和 90cc 摩托車所用的傳動機構，能修改應用嗎？
2. 新型 250cc 摩托車的傳動機構，需要比現有的更大更強嗎？
3. 現有摩托車的傳動機構，能修改應用在此計畫嗎？
4. 新的技術結合現有的設計，能滿足新設計的需求嗎？
5. 是否有新的技術可用來設計全新的傳動機構？
6. 針對 250cc 摩托車所設計的新型傳動機構，是否可做其它用途？

## 4.3.2 檢核表法轉換 Checklist transformations

另一類檢核表方法是以轉換的過程來激發想法，例如：引用、組合、擴大、縮小、修改、重新配置、反轉、替代、或改為其它用途。

### 引用 (Adapt)

將某一領域問題的解決方案，應用在其它領域的類似問題上。

典型的檢核表法問題為：哪些可以改編使用？哪些可以抄襲使用？哪些可以修改使用？還有哪些問題與此類似？還有哪些想法建議

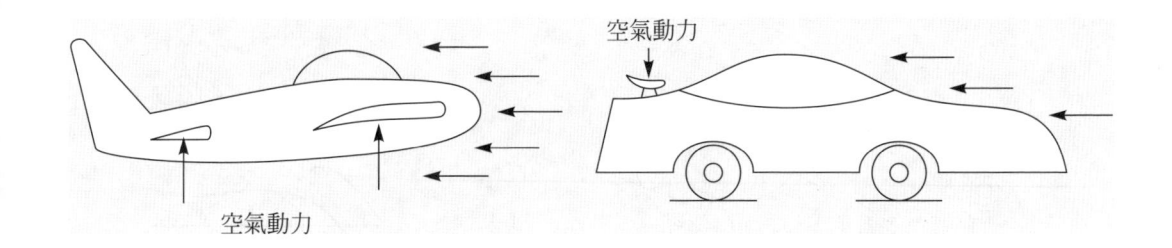

圖 4.9　載人車輛引用飛機的空氣動力

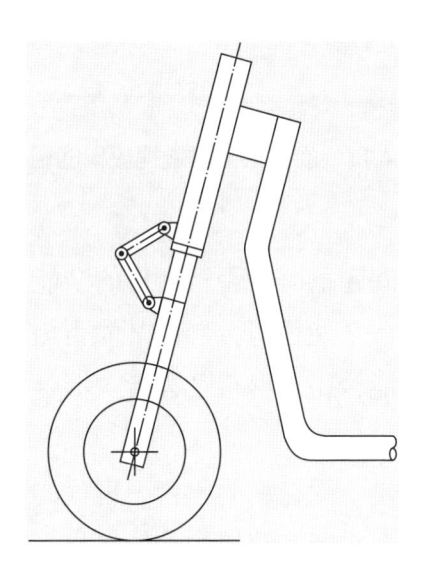

圖 4.10　摩托車引用飛機的鼻輪起落架

使用？

　　例如，跑車尾翼的設計，是引用飛機尾翼之空氣動力學的概念而來，如圖 4.9 所示。此外，圖 4.10 所示的高科技摩托車前懸吊系統，起源於飛機的鼻輪起落架。

## 組合 (Combine)

　　藉由組合不同問題的解決方案，獲得目前問題的解決方案。

(a)  (b)

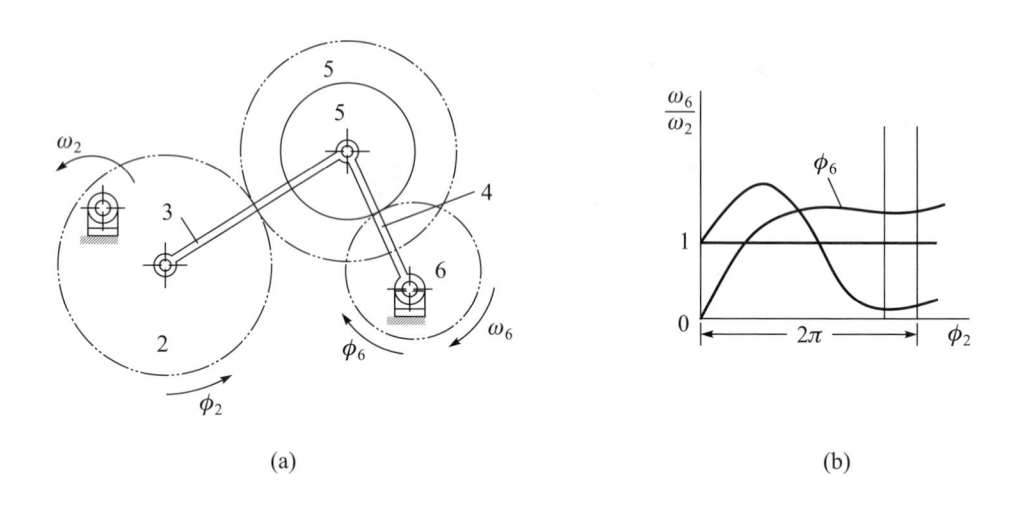

圖 4.11　齒輪系與四連桿機構的組合

　　典型的檢核表法問題為：能否組合目的？能否組合想法？能否組合原理？能否組合方法？能否組合群體？能否組合元件？能否組合硬體？能否組合訴求？能否組合材料？再者，混合、分類、合成是否也可以呢？

　　例如，複合材料是不同材料的組合，現代的傳真機則是組合了傳真、電話、影印、甚至電話答錄機的功能。以下介紹另外一個組合目的的例子。齒輪系之輸出機件對輸入機件的速度比為常數，而四連桿機構則不是。然而，若如圖 4.11 (a) 所示，將齒輪系與四連桿機構組合，則可達成速度比在某個區間內為常數的設計需求，如圖 4.11 (b) 所示。

## 擴大 (Magnify)

　　藉由擴大現有設計的事實、外觀、或意義，來獲得問題的解決方案。

　　典型的檢核表法問題為：需加入什麼？更大？更高？更寬？更長？更濃？更重？更強？更好？加倍？增多？誇大？額外價值？

　　例如，如圖 4.12 所示之 125cc 摩托車的防俯衝前懸吊機構，是將

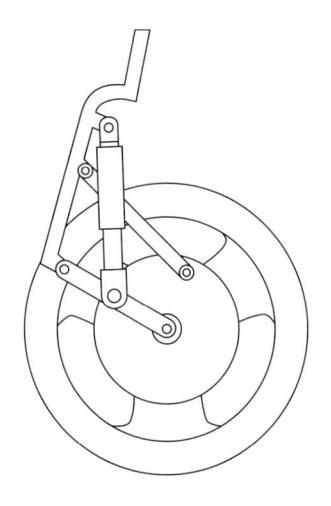

圖 4.12　摩托車防俯衝懸吊系統的擴大

50cc 產品擴大而得到的。

## 縮小 (Minify)

借助縮小現有設計的事實、外觀、或意義，來獲得問題的解決方案。

典型的檢核表法問題為：何者可以去除？更小？更低？更短？更窄？更輕？更弱？更濃縮？小型化？省略？

例如，一般小型車擋風玻璃的雨刷，是既有中型車雨刷系統的小型化版本。而筆記型電腦則是將桌上型個人電腦縮小。

## 修改 (Modify)

藉由對現有設計作少量的改變，來獲得問題的解決方案。

典型的檢核表法問題為：改變運動？改變輪廓？改變形狀？改變型式？改變重量？改變顏色？改變聲音？改變氣味？改變敘述？改變意義？其它改變？

例如，圖 4.2 所示之傳動機構中的圓錐嚙合元件，是由圖 4.8 所示受專利保護之圓柱型嚙合元件的設計修改而來。

## 重新配置 (Rearrange)

藉由對現有設計的組成元件或子系統調整成適當的次序、適合的順序、或相互關係，以得到問題的解決方案。

典型的檢核表法問題為：改變排程？改變順序？改變次序？改變佈局？改變步調？改變位置？改變樣式？重新包裝？以不同方式連接？交換元件？調換因果關係？

圖 4.13(a) 所示為沖床的曲柄滑件機構，桿 1 是機架，桿 2 是輸入曲柄，桿 3 是連接桿，桿 4 是輸出滑件。如果將該機構重新配置，如圖 4.13(b) 所示，即將桿 1 作為輸出滑件，桿 2 作為輸入搖桿，桿 4 作為機架，則變成手動水泵機構。

## 反轉 (Reverse)

藉由反轉現有設計的操作、配置、動作，來獲得問題的解決方案。

典型的檢核表法問題為：向下改成向上？負的改成正的？外面改成裏面？向前改成向後？反轉角色？反轉樣式？反轉順序？

客廳中將燈光投射在天花板上的立燈，是一個反轉的例子。此外，

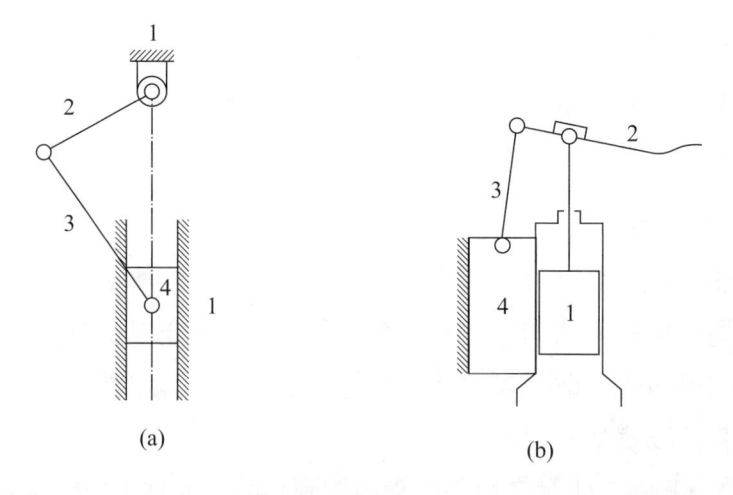

圖 4.13 曲柄滑件機構的重新配置

對於圖 4.13 (a) 所示的曲柄滑件機構，如果桿 4 反轉變為輸入桿、而桿 2 反轉變為輸出桿，則成為引擎的曲柄滑件機構。

## 替代 (Substitute)

藉由以其它物替代現有設計的元件或子系統，來獲得問題的解決方案。

典型的檢核表法問題為：能否利用其它動力、元件、材料、過程、原理、理論、或方法？有誰可以替代？有什麼可以替代？亮來替代暗？圓的替代方的？其它替代材料？其它替代要素？其它替代位置？其它替代時間？其它替代過程？其它替代動力源？其它替代方法？

例如，以電動馬達替代二行程輕型摩托車的引擎，如圖 4.14 所示，可以降低空氣污染。

## 改為其它用途 (Put to other uses)

將所獲得的解決方案作為其它用途。

典型的檢核法表問題為：現有的設計有無其它使用方式？如果將構想加以修改有無其它用途？能否實現起初並未預期的功能嗎？有無

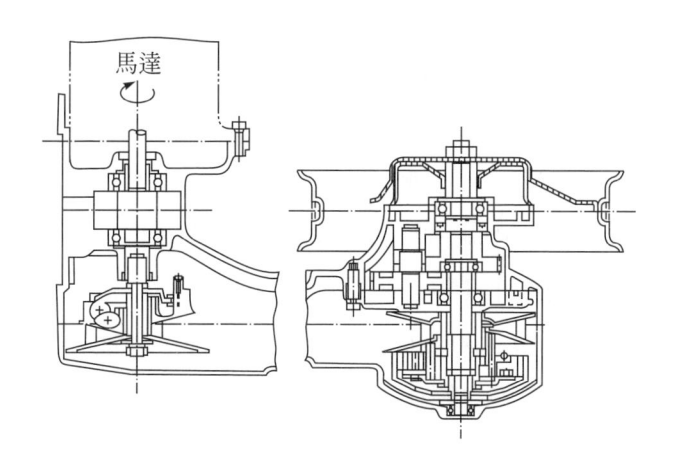

圖 4.14　以電動馬達替代二衝程摩托車的引擎

(a) 被中香爐　　　(b) 陀螺儀

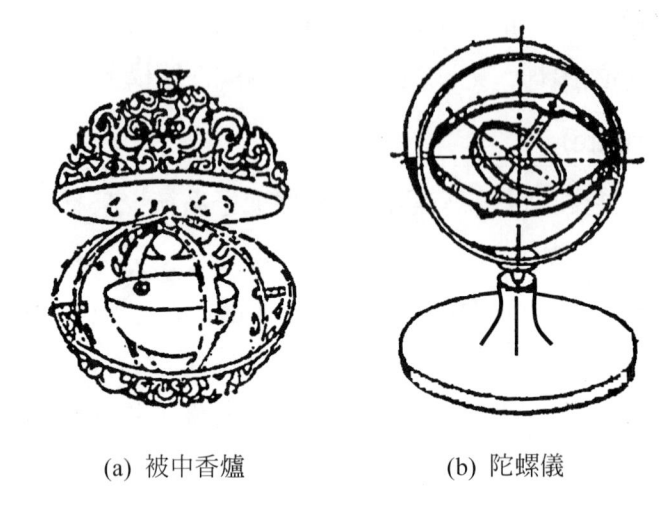

圖 4.15　古代的被中香爐與近代的陀螺儀

新的使用方式？由它能作什麼？

例如，在一世紀古中國漢朝時期所發明的被中香爐，如圖 4.15 所示，與現代陀螺儀的概念相同。

## 4.4　小結 Summary

在構思一項新設計的過程中，工程師一般會先利用傳統的理性方法來解決問題。他可以採用數學或實驗方法分析現有設計，以獲得新的設計構想。利用數學模型進行工程分析，常能導致改進設計構想的發現，而藉由物理實驗測試與測量，能夠理解現有裝置或產品的設計特性。再者，工程師可以透過收集與主題相關的文獻、專利、或專家檔案，來累積素材作為構想起源。他可利用檢核表法提出一系列的問題，藉以激發產出問題的解決方案。然而，以理性方法來解決問題會使設計者拘泥於現有的解決方案,產生不去尋找新的解決途徑之危險。

工程師根據理性方法，搜尋了所有可用資源來尋找所面對問題的各種設計方案後,可能決定去尋找一個全新方法,或許希望產生一項比現有設計更好的全新設計方案,或許希望產生一些能申請專利的新設計,這些都足以構成工程師設計新裝置、產品、系統、或者程序以滿足需求的正當動機。為應對這類活動,在第五章中將討論用於激勵發明的創意技法。

## 習題 Problems

4.1 試解釋數學工具如何能夠在分析登山自行車之性能上扮演重要的角色。

4.2 試討論如何根據實驗測試與測量的技術來獲得摩托車的性能資料。

4.3 試找出至少三本關於工程創造力的書籍。

4.4 試找出至少五篇關於變導程螺桿的論文。

4.5 試找出至少三種關於自行車變速器的專利資料。

4.6 試提出關於改進大學生校園停車狀況的問題清單。

4.7 試以三人為一小組重複習題 4.6。

4.8 試以五人為一小組,回答"如果重力在每天中午會消失十分鐘"的問題。

4-9 針對每一種檢核表法轉換,試各舉出一個例子。

## 參考文獻 References

Alger, J. R. M. and Hays, C. V., Creative Synthesis in Design, Prentice-Hall, 1964.

Cross, N., Engineering Design Methods, John Wiley & Sons, 1994.

Edel, D. H., Jr., Introduction to Creative Design, Prentice Hall, 1967.

Hill, P. H., The Science of Engineering Design, Holt, Rinehart and Winston, 1970.

Middendorf, W. H., Engineering Design, Allyn & Bacon, 1969.

Pahl, G. and Beitz, W., Engineering Design, Spring-Verlag, 1977.

Shoup, T. E., Fletcher, L. S., and Mochel, E. V., Introduction to Engineering Design, Prentice-Hall, 1981.

Wright, P. H., Koblasz, A., and Sayle, W. E., Introduction to Engineering, John Wiley & Sons, 1989.

Yan, H. S., "Design and Manufacturing of Variable Pitch Screw Transmission Mechanisms," Proceedings of International Conference on Mechanical Transmissions and Mechanisms, Tianjin, China, July 1-4, 1997.

# 第五章 CREATIVE TECHNIQUES 創意技法

不論是個人或是團隊的努力，都有一些**創意技法** (Creative techniques) 可用來獲得潛在的設計解決方案。針對所面臨的問題，每一種技法都提供一個邏輯性的步驟程序，以獲得初步的解決方案或產出解決方法。本章所介紹的創意技法，包括屬性列舉法、型態表分析法、及腦力激盪術，都是已證實為可以使工程師激發出構想的最有用方法。

## 5.1　引言 Introduction

　　歷史證明，工業中絕大部份有創意與創新的成果，都是個別思考過程的結果。在大多數的案例中，工程師所負責待解決的設計問題，常常是經由許多不同背景的人共同參與而獲得解決。然而，原始的構想經常是由個人所提出的，而非團隊合作的結果。團隊的主要功能，是擴大或修改由個人首先提出的構想。

　　以圖 5.1 所示的混合傳動機構的新型設計構想為例，此機構是將一個現有的無段變速機構及一個行星齒輪系組合在一起，用於提高二行程摩托車的機械效率，進而改進整體性能。這個構想最初是由一位

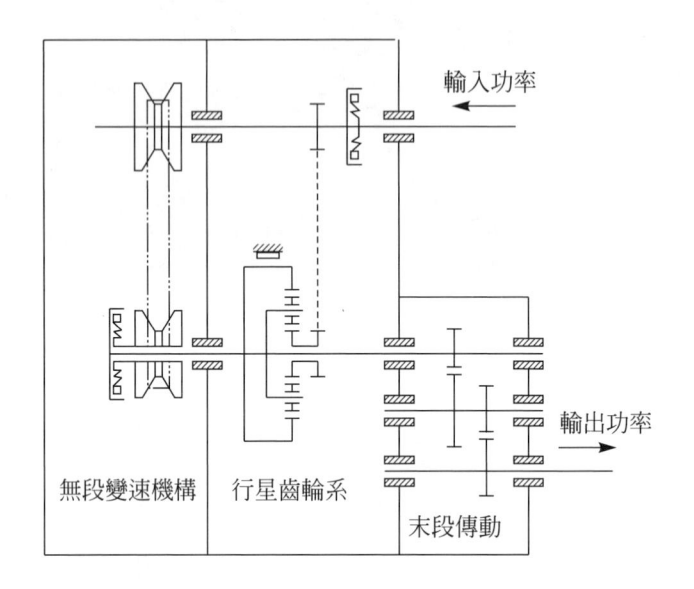

圖 5.1 摩托車混合傳動機構的初始構想

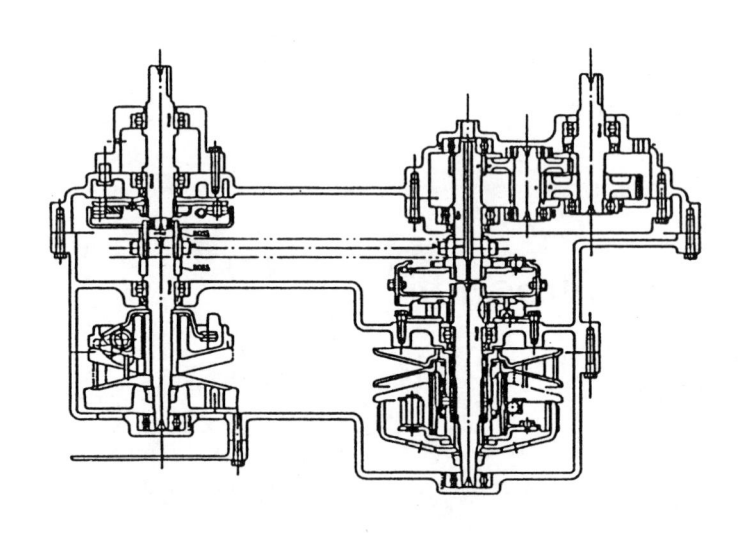

圖 5.2 摩托車混合傳動機構的最終設計

大學教授與一位研究生所提出，其後經大學裏的研究小組及工廠裏的工程師多次討論，逐漸改進，才完成最後的設計，如圖 5.2 所示。

對於重要或複雜的計畫，在設計的早期階段，團隊合作的創意努力可能是激發設計構想最有效的方法。一個構想會引發出另一個構想，繼而成為其它構想產出的基礎。這樣的團隊活動，能確保最後得到的設計概念具有廣泛的基礎。

以下先介紹個人性的創意技法，如屬性列舉法與型態表分析法，接著介紹一個團隊性的創意技法——腦力激盪術。

## 5.2 屬性列舉法 Attribute Listing

**屬性** (Attribute) 是指與生俱來的特性，是一種與特定事物的相關性或歸屬性。**屬性列舉法** (Attribute listing)，是美國 Nebraska 大學的 Robert Crawford 教授在 1954 年所提出的，內涵為列舉出設計的主要屬性，然後針對每一屬性提出可以改進的各種方法。屬性列舉法的目標，是將個人的心思專注於基本問題，以激發出解決問題的更好構想。

屬性列舉法是一種個人性的創意技法。對於同一個問題，每個人的詮釋可能不同，所列出的屬性也可能不同。

### 5.2.1 屬性列舉法的程序 Procedure for attribute listing

屬性列舉法的步驟如下：

1. 列出構想、裝置、產品、系統、或問題重要部份的屬性。
2. 在不考慮實際可行性的條件下，改變或修改所列出的屬性，用以改進所面對構想、裝置、產品、系統、或者問題重要部份的可能改進方案。

將屬性列舉法與理性的檢核表法組合應用，有助於概念的產生。

### 5.2.2 範例 Examples

以下舉出兩個範例，說明如何應用屬性列舉法來改進傳真機與機械式按鍵鎖的設計。

### 範例 5.1

**傳真機。**
1. 傳真機的主要屬性為：
   (a) 機器的功能。
   (b) 紙張的種類。
   (c) 紙張的大小。
   (d) 機器的外型。
2. 每一項屬性的改進構想為：
   (a) 附加功能：電話、複印、錄音、收音機、鬧鐘。
   (b) 紙張種類：普通紙、特殊紙、投影片。
   (c) 紙張大小：A4、A3、B4、B3、口袋大小、可調整。
   (d) 機器外型：橢圓形、方形、圓形、三角形。

### 範例 5.2

**機械式按鍵鎖。**
1. 大部份現有機械式按鍵鎖的主要屬性為：
   (a) 種類：單段按壓式。
   (b) 密碼：固定號碼。
   (c) 外型：長方形。
2. 每一項屬性的改進構想為：
   (a) 具連續按壓、重複按壓、或多段按壓的功能。
   (b) 提供可變密碼功能。
   (c) 設計具不同外型與顏色的按鍵鎖。

　　圖 5.3 所示為一種新型的可變密碼連續按壓式按鍵鎖，上圖是電腦模擬圖，下圖是壓克力模型。

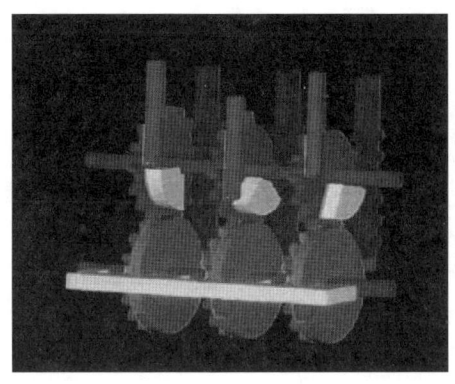

圖 5.3　新型的可變密碼連續按壓式按鍵鎖

## 5.3　型態表分析法 Morphological Chart Analysis

**型態學** (Morphology) 指的是對於結構或架構的研究。**型態分析** (Morphological analysis) 是一種系統化方法，用以分析構想、物件、裝置、產品、系統、或者程序。**型態表分析法** (Morphological chart analysis) 是此類分析的總結，它將屬性列舉法進一步應用，但更趨簡要與多樣。

型態表分析法是一種系統化方法，針對已知變數的可行解決方案，找出所有可能的組合。本方法必須列出與問題相關的主要獨立變數，並針對每一獨立變數列出幾個可行方案。型態表分析法之目的在於澄清問題的模糊現況，並可揭露通常無法以正常程序來發展出的元件組合。

### 5.3.1　型態表分析法的特性
Characteristics of morphological chart analysis

型態表分析法的優點，在於只需在短時間內建構型態矩陣來處理問題，主要的困難則在於如何找到一組具有以下功能的屬性：呈現問題的本質、相互間的獨立性、包含問題的所有部份、以及數目要少以便在短時間內完成矩陣。

型態表分析法最適合容易分解成子系統的問題。每一個子問題應個別代表主問題中有意義的部份。型態表分析法能否成功地激發出構想，有很大的程度上必須依賴工程師對於影響設計之所有重要參數的認知。

型態表必須列出子問題的全部可行解決方案，用以組合成為主問題的解決方案。可能的組合方案數目通常很大，不僅包括現有的設計，同時亦包括了大量的變化方案及全新的解決方案。

在創意技法中，型態表分析法最適合個人單獨使用。再者，型態表分析法能研究多種變數的不同組合，這是檢核表法所無法做到的。

### 5.3.2 型態表分析法的程序
#### Procedure for morphological chart analysis

型態表分析法的必要步驟如下：

1. 定義構想、物體、裝置、產品、系統、或者程序的主要設計變數。

    所選擇之設計變數 (特徵或功能) 的屬性應為同等級，且彼此之間具有合理的獨立性。設計變數之組合應滿足產品的性能要求；但是，設計變數的數目不能太大，以 4 到 7 個之間為宜，以避免可能的子問題解決方案的組合多到無法處理。

2. 對於每個設計變數列出數個子問題解決方案。

    這些子問題解決方案應包括特定設計的現有解決方案，也應包括或許可行的新解決方案。將每個設計變數的子問題解決方案組合起來，即可得到原有問題的解決方案。

3. 建構型態矩陣。

    以設計變數為縱軸，可能的子問題解決方案為橫軸，建構型態矩陣。

4. 找出可行的解決方案。

　　從矩陣的每列中，一次選擇一個可能的子問題解決方案，即可得到所有理論上可能的解決方案。若可能解決方案的數目不是很大，則可考慮作為潛在的解決方案。

　　圖 5.4 所示為一個典型的型態表。此表可比較不同的特性，而這些特性或許是其它方法所沒有考慮到的。例如，組合 $A_3B_2C_4D_2$ 或許是一個可行的解決方案，或許證明為不可實現。

| 設計變數 | 子問題解決方案 ||||
|---|---|---|---|---|
| A | $A_1$ | $A_2$ | $A_3$ | $A_4$ |
| B | $B_1$ | $B_2$ | $B_3$ | |
| C | $C_1$ | $C_2$ | $C_3$ | $C_4$ | $C_5$ |
| D | $D_1$ | $D_2$ | $D_3$ | $D_4$ |

圖 5.4　典型的型態表

## 5.3.3　範例 Examples

以下舉例說明如何應用型態表分析法來有創意地解決問題。

**範例 5.3**

試設計一個平面連桿組，以為飛機水平尾翼操縱之用。

1. 本案的主要獨立設計變數為：

(a) 獨立輸入的種類與數目。
(b) 接頭的種類。
(c) 連桿的數目。
2. 每個設計變數可能的子問題解決方案為：
(a) 獨立輸入的種類與數目：一個輸入（操縱桿）、二個輸入（操縱桿與襟翼，或操縱桿與穩定增效系統）、三個輸入（操縱桿、襟翼、及穩定增效系統）。
(b) 接頭的種類：只有旋轉對，或只有旋轉對與滑行對。
(c) 連桿的數目：十桿、十一桿、十二桿、十三桿、十四桿。
3. 組合這些可能情形，即可獲得各種可能的解決方案以供進一步評估。

圖 5.5 所示為一種次音速戰鬥教練機的水平尾翼操縱機構簡圖，是個十四桿的平面連桿組，有十七個旋轉對、一個滑行對、及三個獨立輸入。

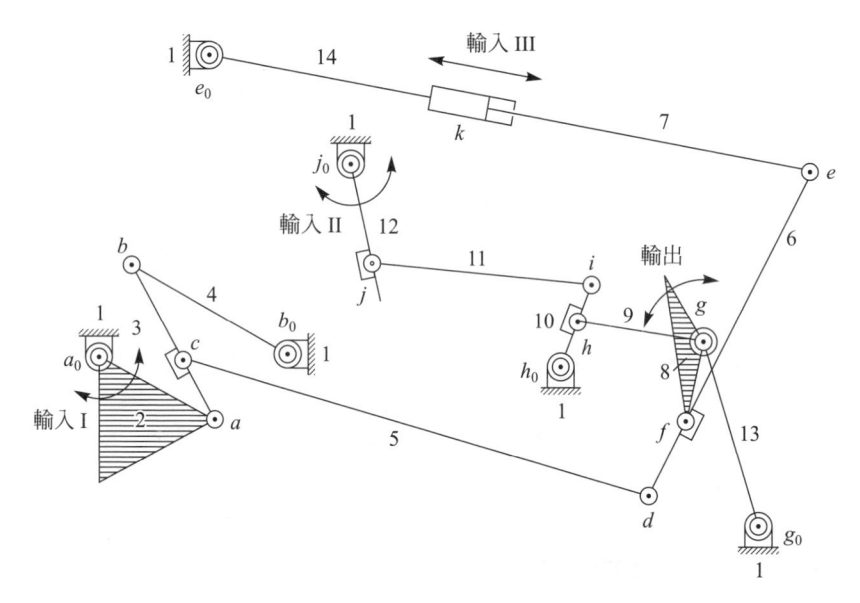

圖 5.5 具三個輸入的飛機水平尾翼操縱機構

## 範例 5.4

試設計一個輕型摩托車的動力傳動系統。

1. 主要的獨立設計變數為：

(a) 動力源的種類。
(b) 傳動系統的種類。
(c) 傳動機構的種類。
(d) 轉速比的種類。
2. 每個設計參數的可能子問題解決方案為：
(a) 動力源：汽油引擎、噴射引擎、電動馬達、史特靈引擎。
(b) 傳動：手排、自排、混合傳動。
(c) 機構：齒輪、皮帶、鏈條、連桿、混合機構。
(d) 速比：三速、四速、無段變速、其它。
3. 其型態表如下所示：

| 設計參數 | 子問題解決方案 ||||
|---|---|---|---|---|
| 動力源 | 汽油引擎 | 噴射引擎 | 電動馬達 | 史特靈引擎 |
| 傳動 | 手排 | 自排 || 混合傳動 |
| 機構 | 齒輪 | 皮帶 | 鏈條 | 連桿 | 混合機構 |
| 速比 | 三速 | 四速 | 無段變速 | 其它 |

4. 全部組合共有 240 個可能的解決方案。若將動力源限制為汽油引擎或電動馬達，傳動系統限制為手排或混合傳動，傳動機構限制在齒輪、皮帶、及混合機構，轉速比限制為無段變速或其它，則只有 24 個可能的解決方案。而若將動力源限制為電動馬達，傳動系統限制為自排，傳動機構限制為齒輪與混合傳動，則只有 8 個可能的解決方案。

## 5.4　腦力激盪術 Brainstorming

　　腦力激盪術可能是最廣為人知的團隊創意技法，用以激發和產生新構想。**腦力激盪術** (Brainstorming) 顧名思義是利用大腦來產生風暴，為美國 Alex F. Osborn 博士於 1939 年首次使用，它是利用自由的集體思考方式，以引導在短時間內創造出大量可能的問題解決方案。

### 5.4.1　腦力激盪術的特性 Characteristics of brainstorming

　　一般而言，腦力激盪術適合用於任何可簡單且直接地敘述出來的問題。事實上，腦力激盪術對特殊性問題的應用，較一般性問題的應用更為有效。腦力激盪術所面對的問題，其範圍應有所侷限，應具開放性，應易於用口語表達而非以圖解或分析方式表達，且應廣為參與者所熟悉。對於僅有一個或少數幾個明顯解決方案的問題，則不適於應用腦力激盪術。

　　基本上腦力激盪術可以在設計的任一階段使用，可在問題尚未充分瞭解之前的開始階段，也可在已經產出複雜的子問題時。但是，腦力激盪術通常較適合應用於設計的初始階段。

　　成功的腦力激盪會議，可能會產出一個或兩個特別有用的構想。由於這種團隊連鎖反應的最後結果是個人意見的組合，因此後續的發展往往難以繼續進行，因為個人的動機會被團隊所強調的重點所淹沒，沒有人有強烈的意圖對此結果負責。當稍後分析與評估結果時，沒有人具有足夠的參與感去定義或將它們發展成更深一層的應用。因此，腦力激盪術避開了個人創意思考過程所需的大部份步驟。

　　與其它的團隊技法一樣，腦力激盪術的應用需要技巧與練習，藉以消除組員間先前存在的情緒障礙，以成功地獲得理想的結果。

　　團隊的腦力激盪術並不是要取代個人的努力，它是利用團隊力量與個人努力的合作來產生構想。而且，腦力激盪術可以用於團隊、也可用於個人。兩者所遵循的規則基本上相同，唯一區別在於，腦力激盪術用於團隊時，更強調將構想建立在他人的構想之上，以形成滾雪球效應。儘管團隊產生的構想數目要多於個人產生構想的平均數目，但是團隊不見得會比個人產生更多可行與出色的構想。

　　再者，期待腦力激盪術可產生立即可用於工程問題的解決方案是不切實際的，因為工程問體通常過於複雜、困難、龐大、模糊、或者具有爭議性，而無法只靠個別偶發性的構想來解決。大多數由腦力激盪術產生的構想在技術上或經濟上並不可行；若是可行的，則常常是專家所熟知的。但是，若一次腦力激盪會議能夠產生一兩個有用的創新構想，甚至只是一些關於問題解決方向的暗示，就算是大有收穫了。

## 5.4.2 腦力激盪術的程序 Procedure for brainstorming

進行腦力激盪術，僅需要一群對問題具有一般性認知的人，先由組長簡要地敘述問題，再由組員說出瞬間直接的想法，最後再謹慎地評估所有的產出構想。

腦力激盪法的程序分為以下四個階段，共九個步驟：

**腦力激盪團隊**

1. 組長
2. 組員
3. 記錄

**腦力激盪會議**

4. 問題的敘述
5. 構想的腦力激盪
6. 構想的記錄

**腦力激盪評估**

7. 個別的評估
8. 小組的評估

**腦力激盪報告**

9. 最後的報告

對於重要的問題，應該在下一階段集會之前作初步的分析。然而，對於不是很複雜的問題並且根據經驗與知識即可做出有效的判斷者，可以直接進行評估，只需召開一次小組會議即可完成整個過程。

### 5.4.3 腦力激盪小組 Brainstorming group

若設計工程師有個問題要解決，且決定借助團隊來激發出潛在的設計構想。通常工程師會主導團隊會議的規劃與執行，由他擔任組長，選擇小組成員，並且指定一位或兩位來當記錄。

**組　長**

在腦力激盪會議中，組長適當導引組員對問題提出解決方案。若有正確的引導，則小組可產出好的成果。

在會議開始前，組長應使組員瞭解腦力激盪術的議事規則。接著提供每位組員有關問題的簡單敘述，這可以藉由表達一些荒謬的構想或提及其它腦力激盪會議之範例來當作會議的開始。在會議進行中，組長應保持自由與融洽的氣氛，確保沒有人會批判其他組員的構想，且應阻止任何組員評估構想的好壞。當遇到組員的思考毫無頭緒時，應設法誘導並激發新構想的產生。此外，組長不要帶頭表達構想。

**組　員**

組成腦力激盪小組成員的規則如下：

1. 組員人數以 5 至 10 人為宜。

   組員若少於 5 人，則可能因意見與經驗不足而使激盪的強度不夠。若多於 10 人，則又可能因組員間的個人惰性與文化障礙而降低親密合作的程度。

2. 組員不侷限於專家。

   組員不應只限於專家或專業人士。理想情況是，組員應有不同的專業背景，並避免在事業上有明顯的對抗或競爭身份。在這樣一個多元背景的小組裏，組員所扮演的角色各不相同，但獲得最佳化的問題解決方案卻是共同的目標，新構想也通常因而於隨後浮現出來。

3. 組員應該具有開闊的胸襟。

　　成員的組成，就個人而言應具有靈活的個性，就整體而言不應有階級性的架構。可能的話，組員的身份應該平等，以避免上司與下屬之間因擔心造成冒犯而產生思考上的壓力。最好不要邀請習慣強調負面觀點的人。再者，高階管理人員或者其它習於評鑑與判斷的人，一般而言也不是好的組員。

### 記　　錄

組長需要指定一或兩位組員當記錄，逐條記下腦力激盪期間所提出的所有構想。通常可使用錄音設備來幫助記錄。

## 5.4.4　腦力激盪會議 Brainstorming session

基本上腦力激盪會議的時間以半小時至一小時為宜，當沒有新的想法產生時就該喊停。由經驗得知，長時間的會議一般只會導致不必要的重複，而沒有新構想產生。然而，組員可以在會議結束後 24 小時內提供新的構想。

在會議期間，組長首先敘述問題，組員接著各自表達想法，記錄者同時記下所有的構想。

### 問題敘述

組長應儘量以清晰簡潔的措辭敘述問題，可加入一些滿足問題敘述之構想的典型範例作說明。

應特別注意問題敘述的限定範圍，以確保所有成員針對共同的目標進行思考。如果問題敘述過於狹隘，則集會期間所想出的構想範圍也會受到限制。因此，問題的敘述應該具有特殊性，而非一般性。一個模糊的問題敘述，通常會引導出模糊、且不實際的構想。

組長首先敘述所面對的設計問題及已知的設計需求，應儘量提供每位成員一份書面的問題敘述，並以討論的方式使每位成員瞭解問題。再者，問題敘述可以因應需要而做適當的修改。

### 構想的腦力激盪

　　組長敘述問題之後，組員要用幾分鐘的時間安靜的寫下首批從腦海中浮現的構想。在初始階段的一開始時就將構想寫下來是一個巧妙的方式，能夠避免由於組員之間尚未達成充分的信任而延遲提出構想的危險。

　　用小卡片來記錄構想也是一個好方法。每張卡片記錄一個構想，構想的表述應儘量簡單明瞭，而且應能具體表達整個解決方案。接著是會議最主要的部份，就是要求每位組員限時輪流地唸出構想。將構想寫在卡片上，可以大大減少整理結果的時間。

　　然後，由組長與助手將提出之構想以簡短的方式寫在黑板上，讓所有組員觀看。

　　此外，對一般性的問題而言，可使用檢核表分析法來幫助腦力激盪會議。

### 構想的記錄

　　在腦力激盪的過程中，通常每位組員可產生五到九個構想，應謹慎地記錄與總結，作為會後評估的依據。將構想記錄在黑板上有助於會議的進行，而使用錄音設備也非常有用，尤其是在短時間內有數個不同的構想提出時。

## 5.4.5　腦力激盪規則　Brainstorming rules

　　為營造一個有效的腦力激盪會議，團隊成員必須在會議前認同以下幾個重要的規則。

### 絕不批評

　　腦力激盪會議最重要的規則是會議中任何組員不得進行批評。所有的組員必須明白，會議的目的是要創造一個自由發揮的環境，因此不能有個人的爭執發生。

　　腦力激盪集會中有一個有趣的特性，就是有些構想剛開始看起來似乎很荒謬，但在經過深入研究之後卻發現非常的有用。因此，在會議結束之前，必須制止評鑑、否定、分析、判斷、批評、或者任何形式的嘲笑。

一般而言，對不尋常構想的反應，比如："這好愚蠢"、"這不可能達成"、"這永不會有效果"、"這與問題一點關係也沒有"、或 "我們早就聽過了" 等，通常會壓抑產生構想的激發性與創意性。

## 自由奔放

腦力激盪會議應該是有趣的，也應該以自由而且非正式的方式進行，會議的氣氛應是完全的鬆弛與自由奔放。

在腦力激盪會議中，對所有的構想都應加以鼓勵。組員應毫不拘束地說出所有浮現在腦海的構想，應避免否定由自己或其他組員所發表的任何荒謬、錯誤、尷尬、愚蠢、或者多餘的構想。如此，許多由於擔心被嘲笑與批評而中斷的構想，就會自然的提出來。構想的範圍越大越好，而且可以先不要理會其可行性。

## 大量構想

應鼓勵腦力激盪團隊盡可能提出更多的構想。由經驗可知，產生的構想越多，找到出色解決方案的可能性就越高。許多案例證明，在一般情況下被忽略的構想，最後卻會成為最好的構想。

對於一個六人小組而言，正常可在半小時的腦力激盪會議中產生 30 到 50 個構想。顯然，要達到這樣的數量，只能簡略地表達構想。

## 組合與改進

在腦力激盪會議中，參與者所提出之構想可以作為其他組員構想的催化劑，從而造成滾雪球的效應與連鎖反應。某人可能提出改進方案來提高先前概念的可行性，甚至使得早先被認為不切實際的構想，經由改進而成功。結合其他團隊成員的想法，也許能產生出全新的解決方案。因此，腦力激盪會議提供了一個可以利用他人構想的機會，可組合他人的構想，以產生組合利益。

## 5.4.6 腦力激盪評估 Brainstorming evaluation

所有產生的構想，應依其相關性加以分類，並給予合乎邏輯的標題；一般來說，主要的標題通常是設計概念的基礎。接著，由原來的腦力激盪小組或者最好是全新的組員，對所有產出的構想加以嚴格地評估、分析、批判、排除、及討論。

### 個別評估

將整理出的設計構想分送每位參與組員。然後，由每位組員選出符合設計規格的數個最佳設計。此外，在所使用的評估準則之外，每位組員應再提供三到五個解決方案。

接著，每位組員應回顧與檢討所有提議的解決方案，選出符合所有需求的一個最佳解決方案及一個備用方案。除了使用文字加以詮釋設計構想外，每位組員應做出一決策表，並概略描繪所選擇的設計構想。

儘管這樣的評估過程並不完美，但還是必須將設計構想作主觀的評估以減少潛在解決方案的數目，從而允許在可用資源的範圍內進行客觀的評估。然後，組長與記錄可據此整理出每位組員所選擇的構想與評估準則，以進行團隊評估。

### 團隊評估

團隊進行最後的會議，對所有設計構想作最後的回顧與檢討，以避免可能的誤解，或者專家的主觀詮釋。

會議的目標在於改進評估準則並建議解決方案。首先，共同回顧檢討與修正評估準則。然後，每位參與者提出潛在的解決方案，同時進行第二次的腦力激盪來加以改進。最後，組長將評估準則與所有改進後的建議設計構想加以總結並寫在黑板上。這樣的回顧與檢討中，也許會提出或發展出更多新的且好的構想。

## 5.4.7 腦力激盪報告 Brainstorming report

組長與記錄接著整合個別評估與團體評估成為一個決策表，使一些建議的解決方案合理化。這些加上個別的描繪，構成最終報告。

最終報告應分送每位參與者，以便提供更深入的建議。組長在回顧檢討之後，收集這些報告，利用他們做設計構想的最後判斷。

## 5.4.8 範例 Examples

以下提供兩個範例，說明如何經由腦力激盪會議來激發構想。

### 範例 5.5

淑女型自行車。

這是一位講師用來示範腦力激盪術的教學範例。

該講師從班上的五十位學生中，隨機選出六位組成腦力激盪小組。他們都是機械工程學系的大四學生。設計問題為提出構想來增加淑女型自行車的功能與性能。組長，即課堂講師，指派另外兩位學生當記錄，並用黑板來記錄構想。

組長首先口頭敘述問題，因為問題本身已經很明確，所以在此案例中不需要書面的問題敘述。接著，六位學生安靜的花三分鐘將浮現在腦海中的首批構想分別寫在小卡片上。

會議持續 35 分鐘，共記錄 50 個構想。將這些構想分成如下九大主要類別：

1. 動力來源

    以腿力為動力源、以腳踝為動力源、以手為動力源、以手指為動力源、以扭擺身體為動力源。

2. 傳動系統

    皮帶傳動、齒輪傳動、繩索傳動、連桿傳動、混合傳動。

3. 變速

    手動變速、自動變速、無段變速、有段變速、混合變速。

4. 轉向

    由頭控制、由視覺控制、由聲音控制、由具可調整角度的手把控制、由具可調整高度的手把控制、由調整前傾角控制、由輪式手把控制。

5. 車架

    一體成型、可攜帶、可折疊、可收縮、前後減震器。

6. 煞車
   碟煞、空氣輔助煞車、ABS 煞車、人體煞車。
7. 減震
   座椅減震、後輪減震、前輪減震、手把減震、空氣減震、防俯衝減震。
8. 安全性
   安全氣囊、安全帶、警示燈、後照鏡、嵌入式鎖、按鍵自動鎖。
9. 其它
   風扇、煙灰缸、皮革座椅、恒溫座椅、飲料架、雨傘架、可掀式車頂、可折疊式擋風玻璃、收音機、錄音帶、CD 音響、平衡用輔助輪。

## 範例 5.6

機械動物。

一家玩具公司的研發部副總裁，在經過可行性分析後，決定開發一系列的機械動物，以因應六個月後的聖誕節市場。一位設計工程師被任命為這項任務的專案經理。

該設計工程師著手初步規劃這個專案。副總裁所提出的問題雖然簡單明瞭，但其定義並不完備，關於機械動物的數量、甚至品質方面的規格都未提及。這位專案經理明白必須自己來詳細的定義問題，並產生新穎的構想以確保成功的市場。為此目的，他決定召開腦力激盪會議。

### 團 隊

包括該設計工程師在內，共有九位參與者，組員的經歷各不相同，以拓廣構想產出的範圍。組員包括：專案經理兼組長、研發工程師、生物系副教授、退休律師、作家、秘書、酒吧侍者、高中學生、十歲男孩，另有一位秘書兼任記錄工作。

### 會 議

組長藉由投影片的幫助，解釋所面對的問題，使用兩份海報與白板來記錄構想。會議大約進行 55 分鐘。最後，記錄所產生的構想，並整理成為如下所示的七個設計標題：

1. 大小
   口袋大小、足球大小、實際動物大小。

2. 動物種類

老鼠、牛、老虎、兔子、龍、蛇、馬、羊、猴子、雞、狗、豬。

3. 動力來源

重力、人力、彈簧、壓縮氣體、電池、搖動力、噪音能量。

4. 步態

走路、慢步、快走、慢跑、飛跑、跳躍。

5. 功能

可前進與後退、可轉彎並有方向燈、可搖擺尾巴來游泳、可飛行、具有或不具無線遙控器、走動時會唱歌。

6. 機構

連桿組 (4 桿、6 桿、8 桿)、連桿組與繩索、連桿組與齒輪。

7. 材料

塑膠、紙、壓克力、木頭、黃銅、青銅、金屬。

## 構想評估

在接下來的一週內，該專案經理在外地召開了為期一天的評估會議，來嚴格地評估腦力激盪會議所產生的構想。評估小組由以下人員組成：專案經理兼組長、開發工程師、行銷處代表、工業設計師、技術員、製造工程師、藝術家、材料專家、以及出席腦力激盪會議的研發工程師。他們嚴加檢討性能規格與其它的商業需求。

在此基礎上，專案經理決定設計一系列的高品質機械動物，具有多種功能、使用時穩定可靠、而且造形優美。最後確定出以下的構想，以為細部設計的依據：

1. 產品定位為珍藏禮品，而非一般玩具。
2. 客戶為公司高階主管，而非一般青少年。
3. 限量生產，而非量產。
4. 產品大小適合放在高階主管的桌上或櫥櫃裏。
5. 以走路步態為第一年的設計目標。
6. 動物的種類限定為與馬走路步態相同的動物，如牛、老虎、狗、… 等，以方便使用相同的傳動機構。
7. 能前進與後退，並具有能唱十首歌的內置晶片。
8. 以連桿機構來帶動機械動物的四條腿。
9. 機械動物身體的材質為上等木料，亦可加選鑲嵌寶石做裝飾；動物外觀可由顧客提供或由聘用的藝術家描繪。

圖 5.6　步行機械馬

　　如圖 5.6 所示的機械馬是由馬達驅動，電池安裝在馬身後面的拖車上，通過遙控器控制機械馬前進與後退。每條馬腿由一個八連桿組帶動，馬身的材質為木材，其外形由工匠手工雕製完成。

## 5.5　小結 Summary

　　矩陣是一種多元素的陣列，依照某些規則進行運作。矩陣技術是一種有創意的方法，可從少數幾個產品主要功能的基本構想出發，找出大量的不同設計構想。有幾種**矩陣方法** (Matrix technique) 可用於幫助產生創意，而屬性列舉法與型態表分析法是其中最為常用的方法。

　　屬性列舉法是一種個人性的創意技法，用以確認問題的基本屬性，並激發出期望的解決方案。

　　型態表分析法也是一種個人性的創意技法，提供一個有用的方法以得到廣泛且不同的可能設計構想。從表中選擇不同的子問題解決方案加以組合，或許可導出新的解決方案。

腦力激盪術是一種用會議解決問題的萬能方法，可在一個開放的環境中從許多不同的觀點來看主題。腦力激盪術通常產生大量的不同構想；然而，大部份的構想隨後即被捨棄，或許只有少數新奇的構想值得後續努力。

針對特定的設計問題，可以組合運用不同的創意技法來找出最佳的解決方案。而且，創意技法與理性方法在系統化設計之觀點上是互補的。設計工程師應深入瞭解這些方法，並以最佳方式運用這些方法來產生構想。

## 習題 Problems

**5.1** 試列出下列設計的屬性：
  (a) 桌燈
  (b) 電腦桌
  (c) 登山自行車

**5.2** 根據屬性列舉法，試提出下列設計的幾個可行改進方案：
  (a) 沙發床
  (b) 自行車架
  (c) 摩托車

**5.3** 試作出下列設計的型態表：
  (a) 門鎖
  (b) 搖椅
  (c) 迷你車

**5.4** 試運用型態表分析法研究你的求職策略。

**5.5** 試主持一個腦力激盪會議，提出下列事物的可能用途。
  (a) 舊報紙
  (b) 用過的塑膠飲料瓶
  (c) 舊汽車

**5.6** 試運用個人的腦力激盪術提出輪椅的改進構想。

**5.7** 試運用團隊的腦力激盪術重作習題 5.6。

# 參考文獻 References

Alger, J. R. M. and Hays, C. V., Creative Synthesis in Design, Prentice-Hall, 1964.

Asimow, M., Introduction to Design, Prentice-Hall, 1962.

Beakley, G. C. and Leach, H. W., Engineering - An Introduction to a Creative Profession, Macmillan, 1967.

Chiou, C. P., On the Design of A Wave Gait Walking Horse, M.S. Thesis, Department of Mechanical Engineering, National Cheng Kung University, Tainan, TAIWAN, June 1996.

Cross, N., Engineering Design Methods, John Wiley & Sons, 1994.

Dieter, G. E., Engineering Design, McGraw-Hill, 1983.

Edel, D. H., Jr., Introduction to Creative Design, Prentice Hall, 1967.

Hill, P. H., The Science of Engineering Design, Holt, Rinehart and Winston, 1970.

Jones, J. C., Design Methods, John Wiley & Sons, 1980.

Knoblock, E. W. and Ong, J. N., Introduction to Design, Spectra, 1977.

Lewis, W. and Samuel, A., Fundamentals of Engineering Design, Prentice Hall, 1989.

Middendorf, W. H., Engineering Design, Allyn & Bacon, 1969.

Pahl, G. and Beitz, W., Engineerign Design, Spring-Verlag, 1977.

Shoup, T. E., Fletcher, L. S., and Mochel, E. V., Introduction to Engineering Design, Prentice-Hall, 1981.

Vidosic, J. P., Elements of Design Engineering, Ronald Press, 1969.

Von Fange, E. K., Professional Creativity, Prentice-Hall, 1959.

Wang, Y. C., Conceptual Design of Sequential and Repeatable

Push-Button Locks with Variable Passwords, M.S. Thesis, Department of Mechanical Engineering, National Cheng Kung University, Tainan, TAIWAN, June 1996.

Wright, P. H., Koblasz, A., and Sayle, W. E., Introduction to Engineering, John Wiley & Sons, 1989.

創意性設計方法

# 第六章
## CREATIVE DESIGN METHODOLOGY
## 創意性設計方法

**方法論** (Methodology) 是一套系統化的設計流程或步驟，用以有系統地解決已經定義的問題。方法論包含有主體、規則、及 (或) 假設。本章介紹以修改現有設計為基礎的創意性設計方法，來產出所有可能之機械裝置的拓樸構造，並以汽車前懸吊機構的設計為例加以說明。有關此設計方法之主要步驟的詳細敘述與應用，將於隨後的章節中 (第七章至第十四章) 詳加說明。

## 6.1 引言 Introduction

經驗是經由直接觀察或參與某事件而得到的學識、技能、或體驗。它提供了豐富的知識，一但需要時就可能記起。因此，當工程師面對計畫時，經驗是產生設計概念的最佳方法。

沒有經驗的工程師，可以從分析現有設計、搜集資料、或檢核表法等第四章所介紹之傳統的理性化方法來解決問題，也可以經由閱讀、聆聽、思索、觀察、修改裝置、以及探討許多產品的工作原理等途徑來獲取經驗。此外，設計工程師亦可以應用第五章所介紹的屬性列舉法、型態表分析法、及腦力激盪術等創意技法，來輔助在概念設計階段產生構想。

儘管設計概念可以經由現有的理性化方法及創意技法來催化輔助產生，但是這些方法都不夠精確。到目前為止，並沒有明確的方法能夠直接引導工程師來發明產品。為有助於實現此目標，本章介紹一套系統化的創意性設計方法，用以構想出所有合乎設計要求與限制、並具備與現有可行設計相同或相似功能 (或任務) 之機械裝置的拓樸構造。

## 6.2　設計程序　Design Procedure

機械裝置之**創意性設計方法** (Creative design methodology) 的步驟如下 (圖 6.1)：

**步驟一**：找出符合設計規格的現有設計，並歸納出這些設計的拓樸構造特性。

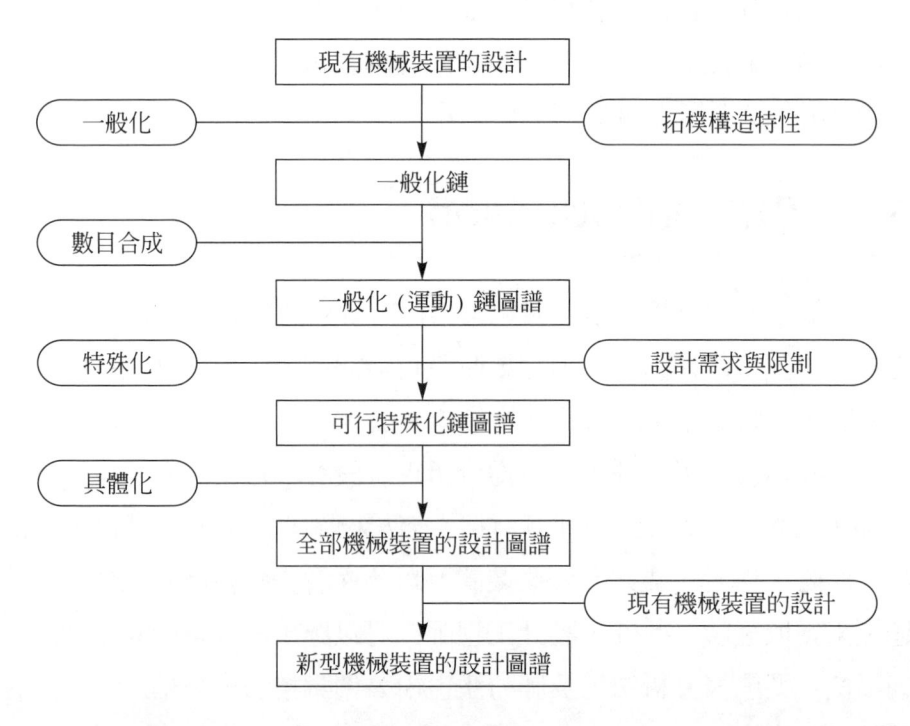

圖 6.1　創意性設計方法

步驟二：任意選擇一個現有設計，並依據第七章所說明的一般化規則，將其轉化為對應的一般化鏈。

步驟三：運用在第八章或第九章中介紹的數目合成演算法，合成出具有與步驟二中所得到的一般化鏈相同數目之機件與接頭的一般化鏈圖譜。或者，從這兩章所提供之一般化鏈或運動鏈的圖譜中，直接找出所需要的。

步驟四：根據第十章所介紹的特殊程序，指定機件與接頭之類型至步驟三中所得到的一般化鏈，來獲得合乎設計要求與限制的可行特殊化鏈圖譜。

步驟五：將步驟四中所得到的每一個可行特殊化鏈，具體化為與其對應的機械裝置簡圖，來獲得所有機械裝置的設計圖譜。

步驟六：從所得到的設計圖譜中去掉現有的設計，即可獲得創新設計的圖譜。

## 6.3　現有設計 Existing Designs

創意性設計方法的第一個步驟，是定義設計工程師所希望產出之機械裝置的設計規格，搜尋與研究具有所要求規格的現有設計，並歸納出這些設計的基本拓樸構造特性。

**規格** (Specifications) 是對一項產品詳細而精確的文字說明，在任何機械裝置的設計流程之初始階段即應予定義。若沒有清晰的產品規格說明，則不能紮實地執行產品的設計流程。再者，規格是產品導向的，不同產品或不同性能的產品，其規格也不同。對於工程問題而言，任何不符規格的設計都是沒有價值的。

在創造機械裝置的概念產生初始階段，只重點考慮與設計之拓樸構造有關的基本規格。這個階段中，有關產品的運動範圍、力的大小、作功能力、效率、性能、……等規格，則先予以忽略。

以下以一個汽車前懸吊機構為例，說明機械裝置的創意性設計方法。

　　汽車提供陸地運輸的功能,一般行駛於既不堅硬又不平坦的路面,所以需要懸吊系統來吸收路面衝擊,以提供乘客乘坐的舒適性。汽車座椅內的彈簧吸收從車身傳至乘客的一些衝擊,輪胎亦吸收一些因不規則路面傳至車身的衝擊。置於輪胎與車身之間的懸吊機構,則更進一步的吸收從路面傳至車身的大部份衝擊;為達到此目的,已有各類型的懸吊機構設計,如圈狀彈簧懸吊、麥花臣氏前懸吊、扭桿前懸吊、……等。

　　設想工程師希望獲得具有以下基本設計規格之汽車前懸吊機構的全部可能設計構想:

1. 是一個獨立的前懸吊裝置。
2. 具有一個獨立的輸入。
3. 是一個空間的五桿機構。

而且如圖 6.2 所示之汽車前懸吊機構的設計,合乎所要求的規格,此設計的拓樸構造特性可歸納如下:

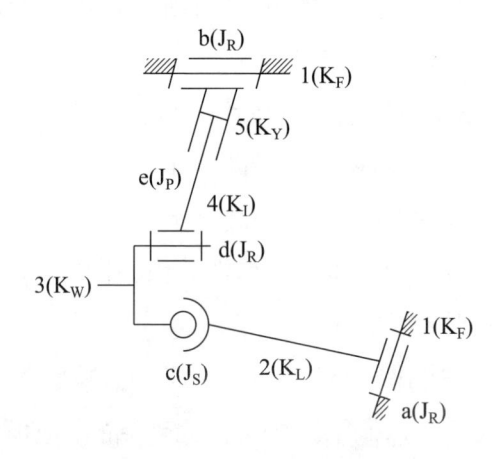

圖 6.2　現有汽車前懸吊機構的設計

1. 由五個機件與五個接頭組成。
2. 具有一個固定桿 ($K_F$，機件 1)、一個運動連桿 ($K_L$，機件 2)、一個車輪桿 ($K_W$，機件 3)、及一個由活塞 ($K_I$，機件 4) 與汽缸 ($K_Y$，機件 5) 組成的減震器。
3. 具有三個旋轉對 ($J_R$，接頭 $a$、$b$、$d$)、一個滑行對 ($J_P$，接頭 $e$)、及一個球面對 ($J_S$，接頭 $c$)。
4. 是一個單自由度的空間機構。

此機構的拓樸構造矩陣 $M_T$ 為：

$$M_T = \begin{bmatrix} K_F & J_R & 0 & 0 & J_R \\ a & K_L & J_S & 0 & 0 \\ 0 & c & K_W & J_R & 0 \\ 0 & 0 & d & K_I & J_P \\ b & 0 & 0 & e & K_Y \end{bmatrix}$$

## 6.4　一般化 Generalization

創意性設計方法的第二個步驟，是選擇一個現有的設計做為原始設計，以為後續設計的依據。任何一個既有的設計，均可選為原始設計。然後，將此原始設計轉化成與其相對應的一般化 (運動) 鏈。

**一般化** (Generalization) 的目的，是將原始機械裝置的各式機件與接頭，轉換為僅具有一般化連桿與一般化 (旋轉) 接頭的一般化鏈。一般化程序的基礎，是建立在一套由所定義出之一般化原則所推導出的一般化規則上。有關一般化原則與規則，將在第七章中詳細介紹。

圖 6.2 所示現有設計所對應的一般化鏈，由五個一般化連桿與五個一般化接頭所組成，如圖 6.3 所示。

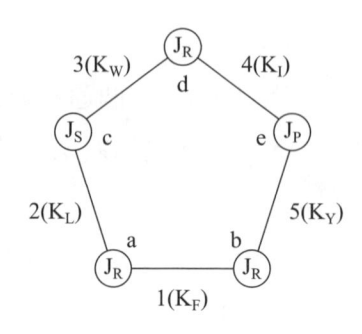

圖 6.3　汽車前懸吊機構的一般化鏈及一般化鏈圖譜

經由一般化過程，設計者可用一種非常基本的方式來研究與比較不同的設計。許多機械裝置乍看之下並不相同，卻可能具有相同的一般化形式。

## 6.5　數目合成 Number Synthesis

創意性設計方法的第三個步驟為**數目合成** (Number synthesis)，是合成出與原始一般化鏈之桿數與接頭數相同的全部可能一般化鏈。多年來，有關運動鏈數目合成的研究，不勝枚舉。

第八章與第九章將分別介紹用來獲得具有設計需求桿數與接頭數之一般化鏈與一般化運動鏈的詳細演算方法。業界的設計工程師可略過這一複雜程序，直接從這兩章的結果中查出所需的圖譜來使用。

在本範例中，具有五個連桿和五個接頭的一般化鏈只有一個，如圖 6.3 所示。

## 6.6　特殊化 Specialization

創意性設計方法的第四個步驟是**特殊化** (Specialization)，即根據設計需求將所需的機件與接頭類型指定至每一個得到的一般化鏈上，

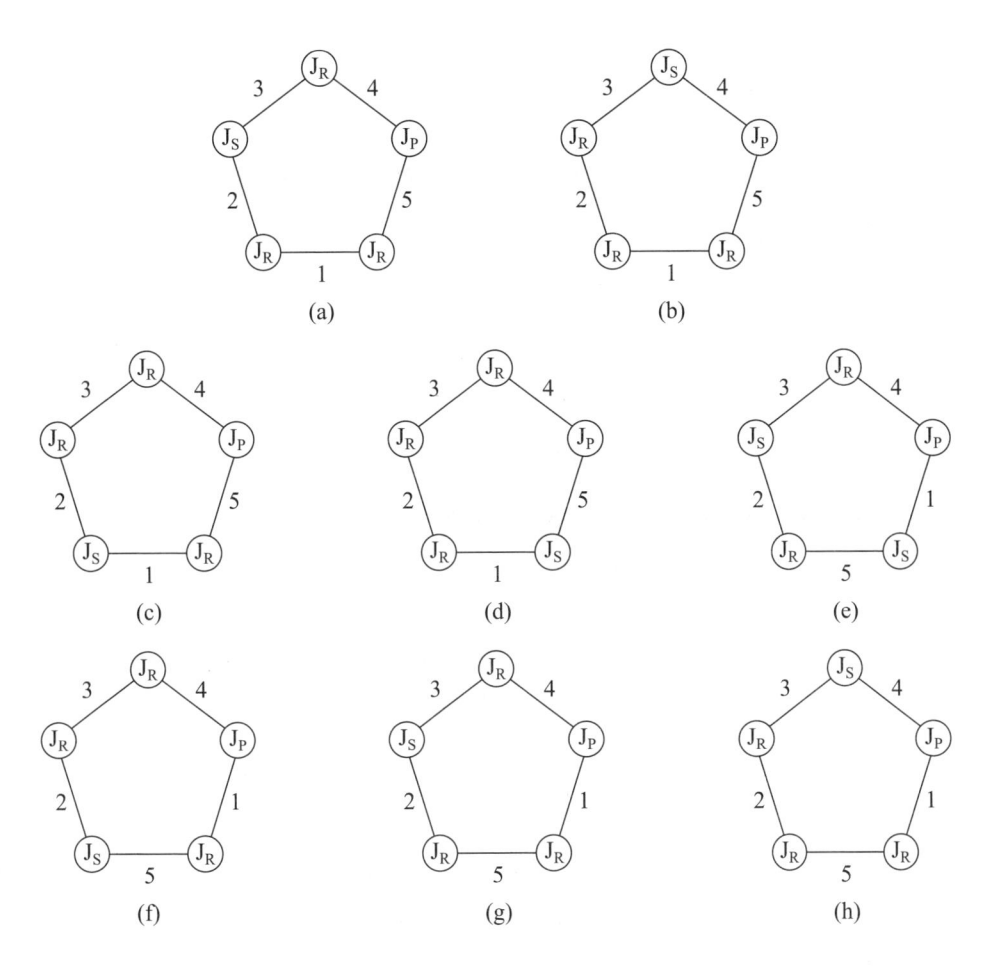

圖 6.4 汽車前懸吊機構的 (可行) 特殊化鏈圖譜

以獲得相對應的特殊化鏈。其中，設計需求是根據所歸納出的現有設計之拓樸構造特性而確定的。

在本汽車前懸吊機構的範例中，其設計需求如下：

1. 必須有一個固定桿 ($K_F$) 做為車身。
2. 必須有一個由汽缸 ($K_Y$) 與活塞 ($K_I$) 組成的減震器，並與固定桿和車輪桿相鄰接，以吸收路面衝擊。
3. 必須有一個車輪桿 ($K_W$) 用來安裝車輪，且不與固定桿鄰接。

4. 本設計具有三個旋轉對、一個滑行對、及一個球面對，同時附隨於汽缸與活塞的接頭需為滑行對。

根據上述需求，可將圖 6.3 所示的一般化鏈特殊化，得到如圖 6.4 所示的特殊化鏈。

接著，從所得到的特殊化鏈圖譜中，可得到合乎特定設計限制的可行特殊化鏈。設計限制是根據工程實際狀況及設計者的決策來定義，是具有彈性的，可依不同的情況而變化。

茲設定本範例之汽車前懸吊機構的設計限制如下：

1. 汽缸 ($K_Y$) 與活塞 ($K_I$) 不能作為固定桿 ($K_F$)。
2. 球面對不能與固定桿附隨。

圖 6.4 (a) 和 (b) 所示為兩個符合上述設計限制的可行特殊化鏈。若解除球面對不能與固定桿附隨的限制，則有四個可行的特殊化鏈，如圖 6.4 (a) - (d) 所示。若進一步解除汽缸與活塞不能作為固定桿的限制，則圖 6.4 所示的八個特殊化鏈皆為可行。

第十章將介紹一套以組合理論與**波利亞定理** (Polya theory) 為基礎的演算法，用來列舉並計算出全部可能的非同構特殊化鏈。

## 6.7　具體化 Particularization

在獲得可行的特殊化鏈之後，即可將其具體化為與其對應的機械裝置簡圖。

從圖示上來看，**具體化** (Particularization) 是一般化的反向過程，可藉由將一般化規則反推應用來完成。圖 6.5 所示者為對應於圖 6.4 所示之 (可行) 特殊化鏈圖譜的機械裝置設計圖譜。

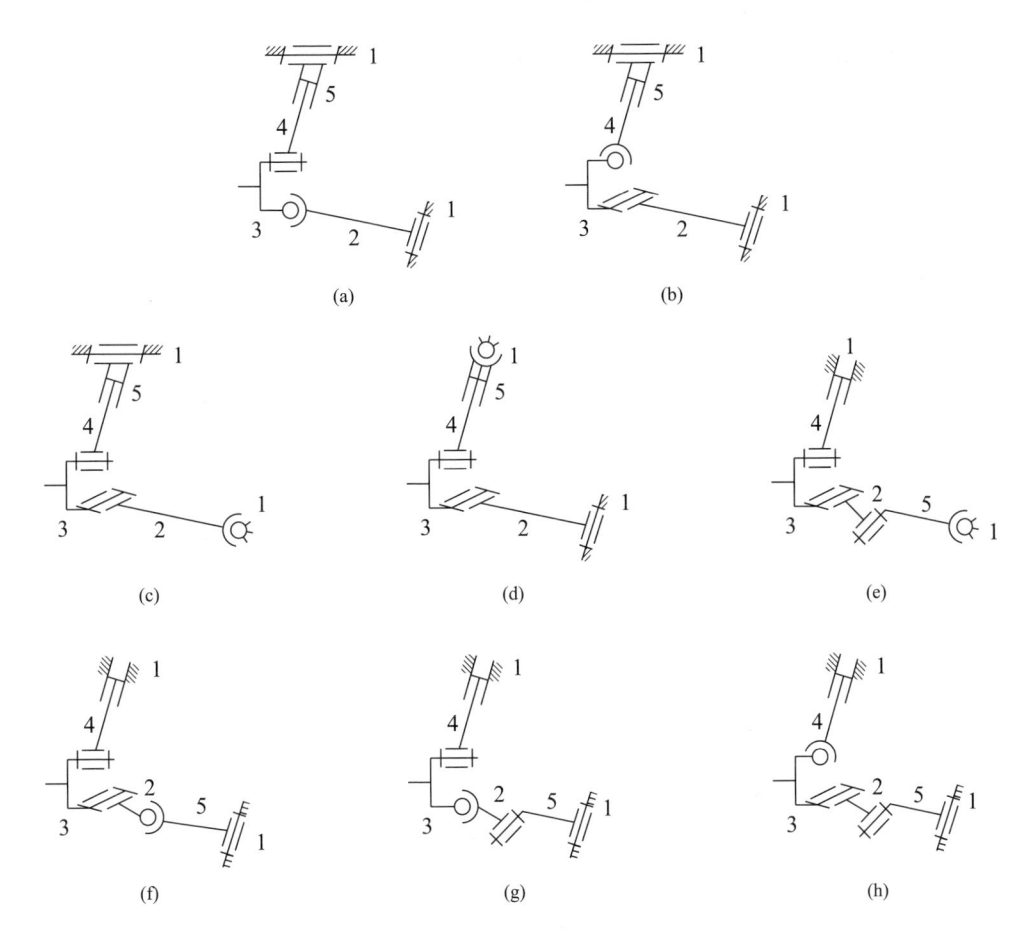

圖 6.5　汽車前懸吊機構的設計圖譜

## 6.8　新設計圖譜 Atlas of New Designs

　　創意性設計方法的最後一個步驟，是從所獲得的機械裝置設計圖譜中，將現有的設計刪除，以得到新的設計。

　　基本上，現有的設計可從商業化產品及詳盡的專利檢索中找到。工程師可利用每一個新型設計，來避開現有設計的專利保護，並獲得新專利的機會。

圖 6.5(a) 所示的設計，是本範例現有汽車前懸吊機構的原始設計。因此，圖 6.5 所示的其它七個設計，均為新型設計之汽車前懸吊機構的拓樸構造。

## 習題 Problems

**6.1** 試舉出一個現有受專利保護的機構設計，描述其功能，列出其規格，確認其拓樸構造矩陣，並歸納其拓樸構造特性。

**6.2** 針對習題 6.1 中的現有機構，試歸納出其設計需求。

**6.3** 針對習題 6.1 中的現有機構，試討論其設計限制。

**6.4** 針對習題 6.1 中的現有機構，試提出一個新概念以避開專利保護。

**6.5** 試舉出一個現有並受專利保護的夾緊裝置，描述其功能，列出其規格，確認其拓樸構造矩陣，並歸納其拓樸構造特性。

**6.6** 針對習題 6.5 中的現有夾緊裝置，試歸納出其設計需求。

**6.7** 針對習題 6.5 中的現有夾緊裝置，試討論其設計限制。

**6.8** 針對習題 6.5 中的現有夾緊裝置，試提出一個新概念以避開專利保護。

**6.9** 在沒有任何設計限制的情況下，試根據圖 6.2 所示的現有設計，合成出所有可能之汽車前懸吊機構的設計構想。

## 參考文獻 References

Chen, J. J., Type Synthesis of Planar Mechanisms, Master Thesis, National Cheng Kung University, Tainan, Taiwan, June 1982.

Hwang, Y. W., An Expert System for Creative Mechanism Design, Ph.D. Dissertation, Department of Mechanical Engineering, National Cheng Kung University, Tainan, Taiwan, May 1990.

Yan, H. S., "A Methodology for Creative Mechanism Design," Mechanism and Machine Theory, Vol. 27, No. 3, 1992, pp.

235-242.

Yan, H. S. and Chen, J. J., "Creative Design of a Wheel Damping Mechanism," Mechanism and Machine Theory, Vol. 20, No. 6, 1985, pp. 597-600.

Yan, H. S. and Hsieh, L. C., "Concept Design of Planetary Gear Trains for Infinitely Variable Transmissions," Proceedings of 1989 International Conference on Engineering Design, Harrogate, England, August 22-25, 1989, pp.757-766.

Yan, H. S. and Hsu, C. H., "A Method for the Type Synthesis of New Mechanisms," Journal of the Chinese Society of Mechanical Engineers (Taiwan), Vol. 4, No. 1, 1983, pp. 11-23.

# 第七章

## GENERALIZATION
## 一般化

　　由各式元件所組成的機械裝置，可對應轉換為僅具一般化 (旋轉) 接頭與一般化連桿的一般化 (運動) 鏈。經由一般化過程，設計工程師可用非常基本的方式來研究與比較不同的裝置；有些機械裝置乍看之下完全不同，但實際上卻具有相同的一般化形式。

　　一般化是機械裝置之創意性設計方法的一個主要步驟。一般化概念的基礎，是建立在一套由已定義之一般化原則所導出的一般化規則。本章提出用於一般化的規則與圖示。首先，定義一般化接頭與一般化連桿。然後，定義一般化原則與一般化規則，並說明產生一般化 (運動) 鏈的過程。最後，舉例說明一般化的方法。一般化程序的流程如圖 7.1 所示。

## 7.1　一般化接頭與連桿
### Generalized Joints and Links

　　**一般化接頭** (Generalized joint) 是一個通用的接頭，可以是一個旋轉對、滑行對、球面對、螺旋對、或者其它種類的運動對。一個具有兩個附隨機件的接頭，稱為**一般化單接頭** (Simple generalized joint)，一個具有兩個以上附隨機件的接頭，稱為**一般化複接頭** (Multiple generalized joint)。在圖示上，一個具有 $N_L$ 根桿件附隨的一般化接頭，以中心有一

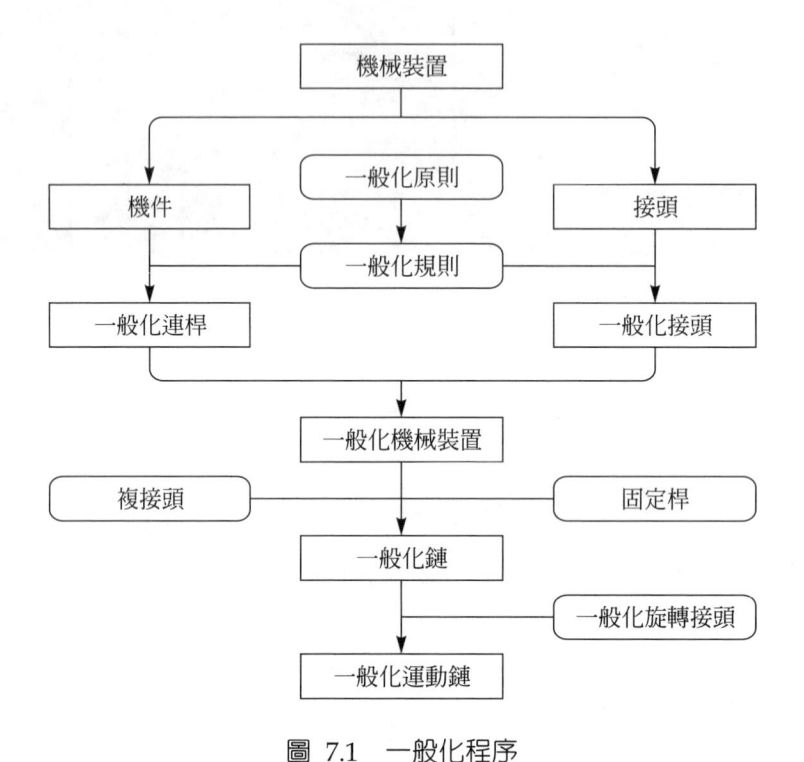

```
         機械裝置
    ┌───────┼───────┐
    │   一般化原則   │
   機件              接頭
    │   一般化規則   │
 一般化連桿       一般化接頭
    └───────┬───────┘
       一般化機械裝置
  複接頭 ─────┼───── 固定桿
          一般化鏈
              ├──── 一般化旋轉接頭
          一般化運動鏈
```

圖 7.1　一般化程序

個圓點的 $N_L - 1$ 個小同心圓表示。圖 7.2 (a)、(b)、及 (c) 所示，分別為代表有二根桿件、三根桿件、及四根桿件附隨的一般化接頭。此外，圖 7.2(a) 是一般化單接頭，而圖 7.2(b) 和 (c) 則是一般化複接頭。

**一般化連桿** (Generalized link) 是具有一般化接頭的桿件，它可以是雙接頭桿、參接頭桿、肆接頭桿、……等。一根與 $N_J$ 個接頭附隨的

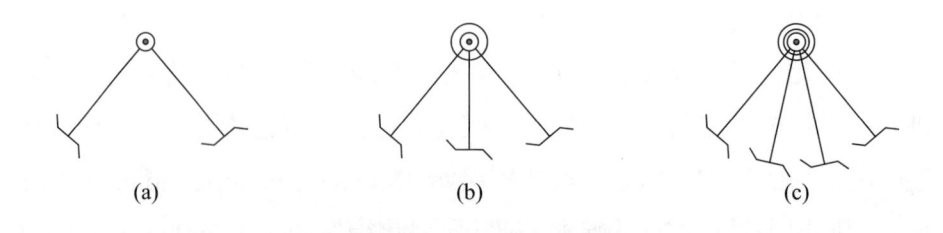

　　　　(a)　　　　　　　(b)　　　　　　　(c)

圖 7.2　一般化接頭的表示

(a)　　　　　　　(b)　　　　　　　(c)

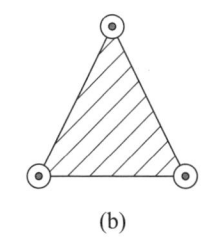

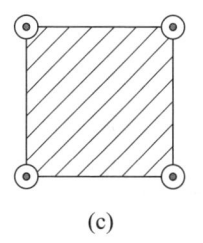

圖 7.3　一般化連桿的表示

一般化連桿，可以內畫斜線的 $N_J$ 多邊形表示，其端點並以具中心點的小圓表示。圖 7.3(a)、(b)、及 (c) 所示，分別代表一般化雙接頭桿、參接頭桿、及肆接頭桿。

## 7.2　一般化原則 Generalizing Principles

將機械裝置的簡圖轉化成與其對應之一般化 (運動) 鏈的基本策略，是根據以下的**一般化原則** (Generalizing principles) 來制定：

1. 所有機件之間的接頭，必須轉化成一般化 (旋轉) 接頭。
2. 所有機件，必須轉化成一般化連桿。
3. 機械裝置及其對應的一般化 (運動) 鏈，其機件與接頭間的附隨與鄰接關係應保持一致。
4. 機械裝置及其對應的一般化 (運動) 鏈，其自由度應保持不變。

上述一般化原則是用來制定一般化規則的基本定律。若缺少這些原則，創意性設計的過程將無章法，因而難以系統化與精確化。

## 7.3　一般化規則 Generalizing Rules

根據上述一般化原則，制定下述一套**一般化規則** (Generalizing rules)，以為機械裝置一般化過程的依據。

## 接　頭

    a. 旋轉對以標示為 $J_R$ 的一般化接頭替代，如圖 7.4 (a) 所示。

    b. 滑行對以標示為 $J_P$ 的一般化接頭替代，如圖 7.4 (b) 所示。

    c. 滾動對以標示為 $J_O$ 的一般化接頭替代，如圖 7.4 (c) 所示。

    d. 凸輪對以標示為 $J_A$ 的一般化接頭替代，如圖 7.4 (d) 所示。

    e. 齒輪對以標示為 $J_G$ 的一般化接頭替代，如圖 7.4 (e) 所示。

    f. 迴繞對以標示為 $J_W$ 的一般化接頭替代，如圖 7.4 (f) 所示。

    g. 螺旋對以標示為 $J_H$ 的一般化接頭替代，如圖 7.4 (g) 所示。

    h. 圓柱對以標示為 $J_C$ 的一般化接頭替代，如圖 7.4 (h) 所示。

    i. 球面對以標示為 $J_S$ 的一般化接頭替代，如圖 7.4 (i) 所示。

    j. 平面對以標示為 $J_F$ 的一般化接頭替代，如圖 7.4 (j) 所示。

    k. 萬向接頭則以標示為 $J_U$ 的一般化接頭替代，如圖 7.4 (k) 所示。

    l. 直接接觸則以標示為 $J_D$ 的一般化接頭替代，如圖 7.4 (l) 所示。

## 機件

    a. 與 $N_L$ 個機件相鄰接的連桿，以一根具 $N_L$ 個一般化接頭的一般化連桿替代，如圖 7.5 (a) 所示。

    b. 與 $N_L$ 個機件相鄰接的滑件，以一根具 $N_L$ 個一般化接頭的一般化連桿替代，如圖 7.5 (b) 所示。

    c. 與 $N_L$ 個機件相鄰接的滾子，以一根具 $N_L$ 個一般化接頭的一般化連桿替代，如圖 7.5 (c) 所示。

    d. 與 $N_L$ 個從動件相鄰接的凸輪，以一根具 $N_L+1$ 個一般化接頭的一般化連桿替代，如圖 7.5 (d) 所示。

    e. 與 $N_L$ 個齒輪相鄰接的齒輪，以一根具 $N_L+1$ 個一般化接頭的一般化連桿替代，如圖 7.5 (e) 所示。

    f. 以皮帶或繩索 (或鏈條) 纏繞其上的帶輪 (或鏈輪)，以一般化參接頭替代，如圖 7.5 (f) 所示。

    g. 皮帶或繩索 (或鏈條) 與皮帶輪 (或鏈輪) 不接觸的部份，以一根

第七章　一般化　113

(a) 旋轉對

(b) 滑行對

(c) 滾動對

(d) 凸輪對

(e) 齒輪對

(f) 迴繞對

(g) 螺旋對

(h) 圓柱對

(i) 球面對

(j) 平面對

(k) 萬向接頭

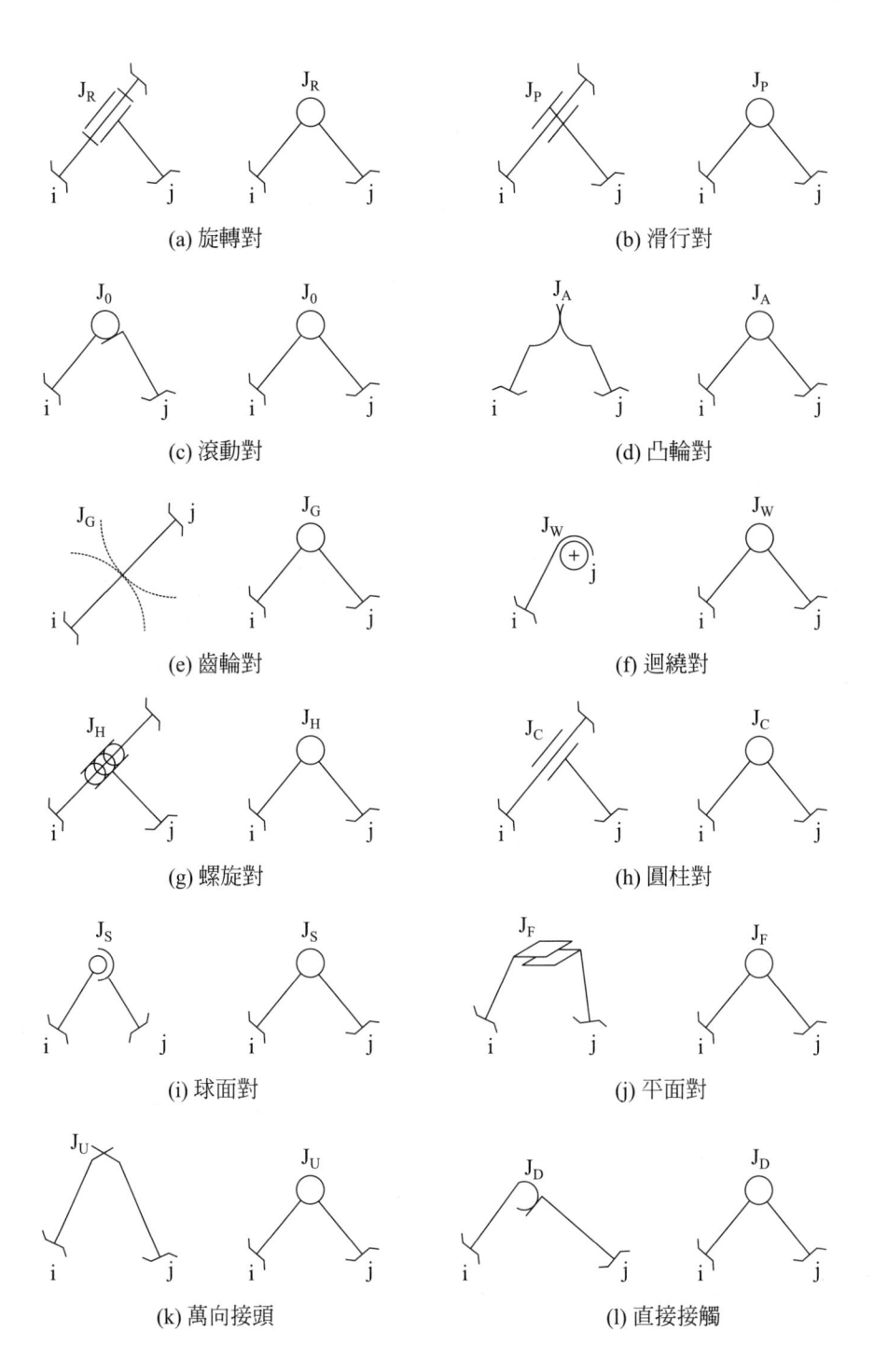

(l) 直接接觸

圖 7.4　一般化接頭

(a) 連桿

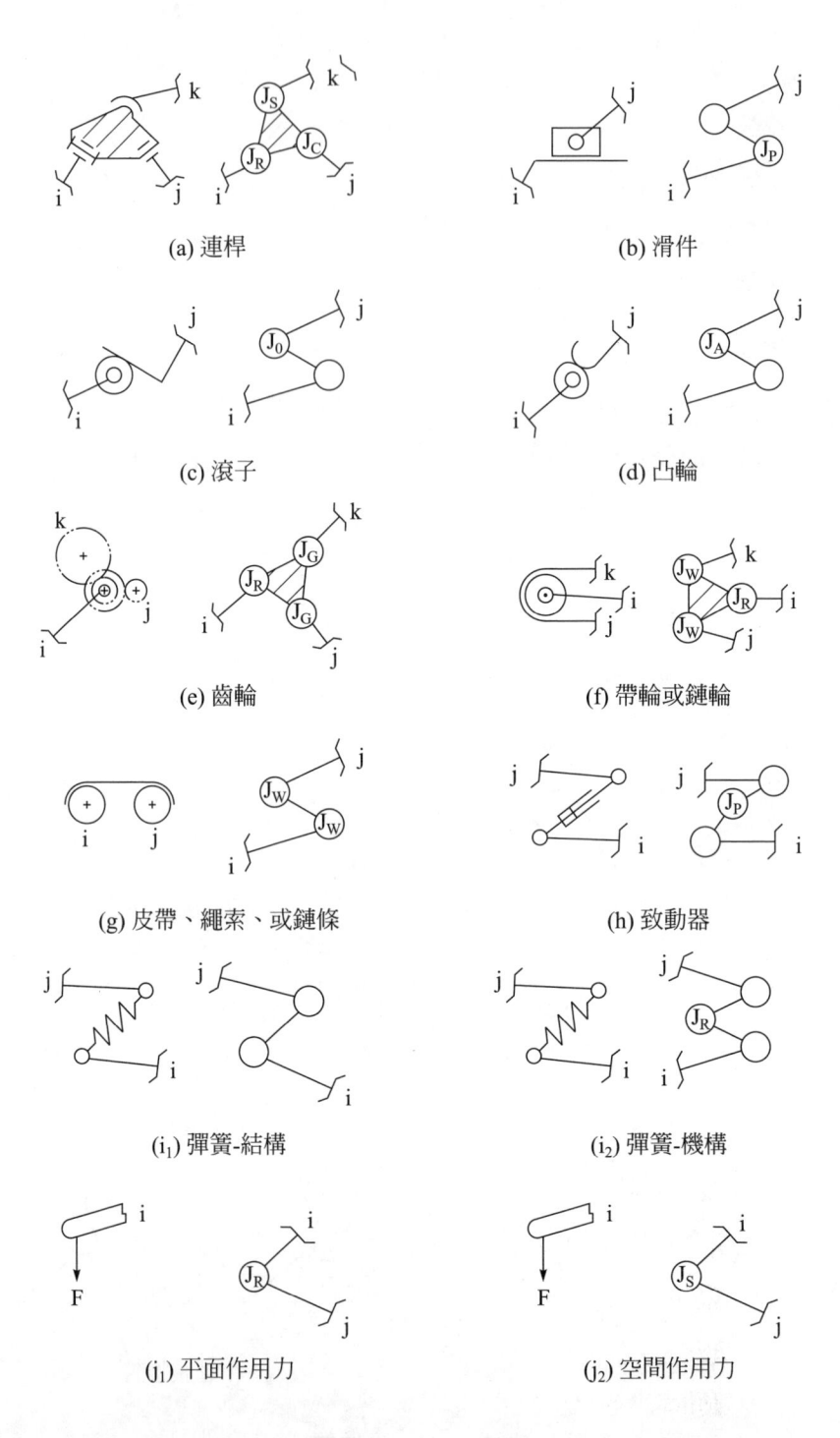

(b) 滑件

(c) 滾子

(d) 凸輪

(e) 齒輪

(f) 帶輪或鏈輪

(g) 皮帶、繩索、或鏈條

(h) 致動器

($i_1$) 彈簧-結構

($i_2$) 彈簧-機構

($j_1$) 平面作用力

($j_2$) 空間作用力

圖 7.5　一般化機件

一般化雙接頭桿來替代；至於皮帶或繩索（或鏈條）與皮帶輪（或鏈輪）接觸的部份，則可忽略，如圖 7.5 (g) 所示。

h. 由活塞與汽缸所組成的致動器，以一對附隨於一般化滑行對的一般化雙接頭桿替代，如圖 7.5 (h) 所示。

i. 彈簧，若其所在的機械裝置作為結構來使用，則以一根一般化雙接頭桿替代，如圖 7.5 ($i_1$) 所示；若其所在的機械裝置作為機構來使用，則以一對附隨於一般化旋轉接頭的一般化雙接頭桿替代，如圖 7.5 ($i_2$) 所示。

j. 作用力，若作用於平面機械裝置，則以一根具一般化旋轉接頭的一般化雙接頭桿替代，如圖 7.5 ($j_1$) 所示；若作用於空間機械裝置，則以一根一般化球面接頭的一般化雙接頭桿替代，如圖 7.5 ($j_2$) 所示。

以上所述的一般化規則，不是唯一的一套，其規則也不是一成不變的。對於未提及的接頭與機件，可根據所定義的一般化原則來增訂其一般化規則。

為了後文將會說明的一些特殊目的，可更進一步的將所有特定運動對之一般化接頭，轉化成**一般化旋轉接頭** (Generalized revolute joint)，或只含一般化旋轉接頭的一般化連桿。以下介紹一般化接頭的轉化規則：

a. 一般化滑行接頭以一般化旋轉接頭替代，如圖 7.6 (a) 所示。
b. 一般化滾動接頭以一般化旋轉接頭替代，如圖 7.6 (b) 所示。
c. 一般化凸輪接頭以一根兩端各有一個一般化旋轉接頭的雙接頭桿替代，如圖 7.6 (c) 所示。
d. 一般化齒輪接頭以一根兩端各有一個一般化旋轉接頭的雙接頭桿替代，如圖 7.6 (d) 所示。
e. 一般化迴繞接頭以一般化旋轉接頭替代，如圖 7.6 (e) 所示。

116　機械裝置的創意性設計

(a) 一般化滑行接頭

(b) 一般化滾動接頭

(c) 一般化凸輪接頭

(d) 一般化齒輪接頭

(e) 一般化迴繞接頭

(f) 一般化螺旋接頭

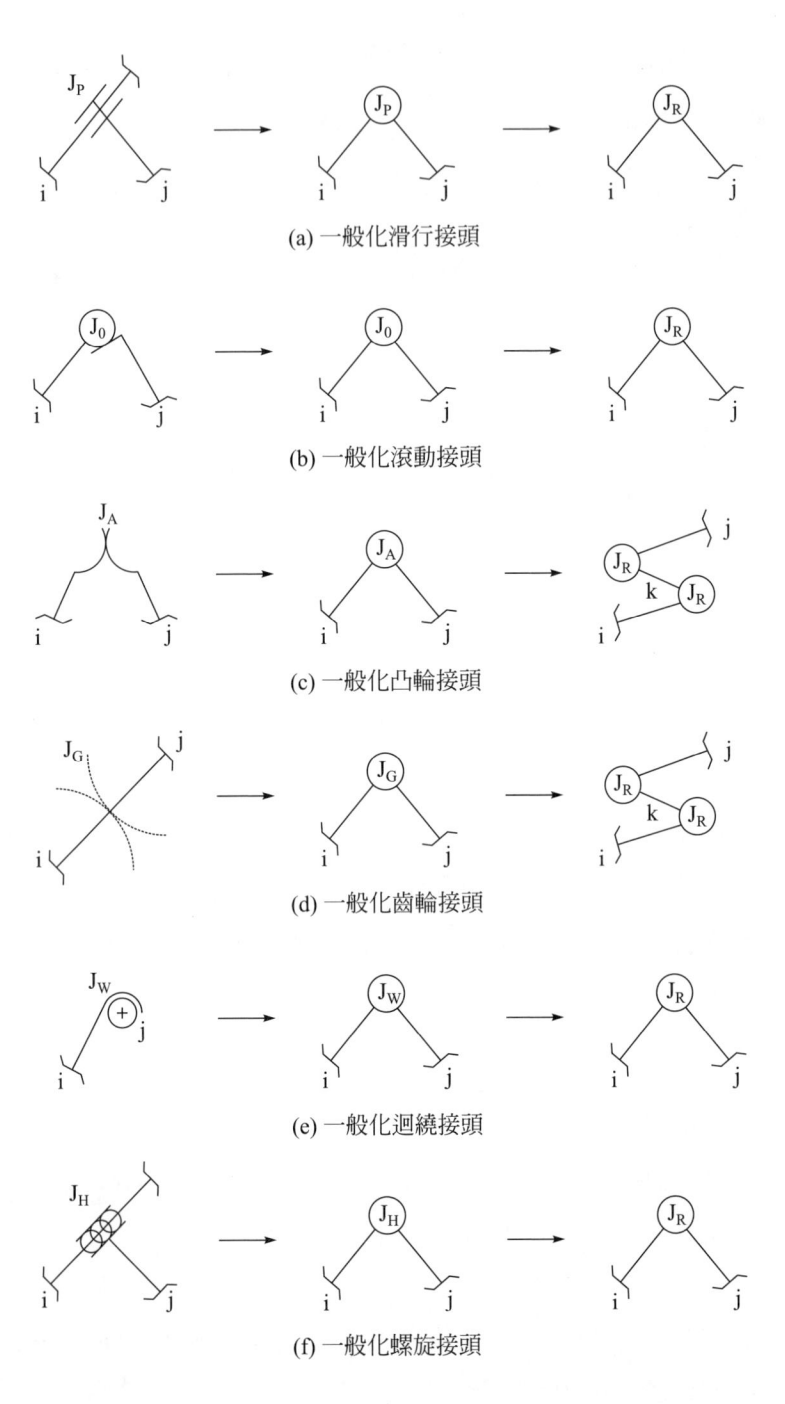

圖 7.6　一般化接頭的一般化

第七章　一般化　117

(g) 一般化圓柱接頭

(h) 一般化球面接頭

(i) 一般化平面接頭

(j) 一般化萬向接頭

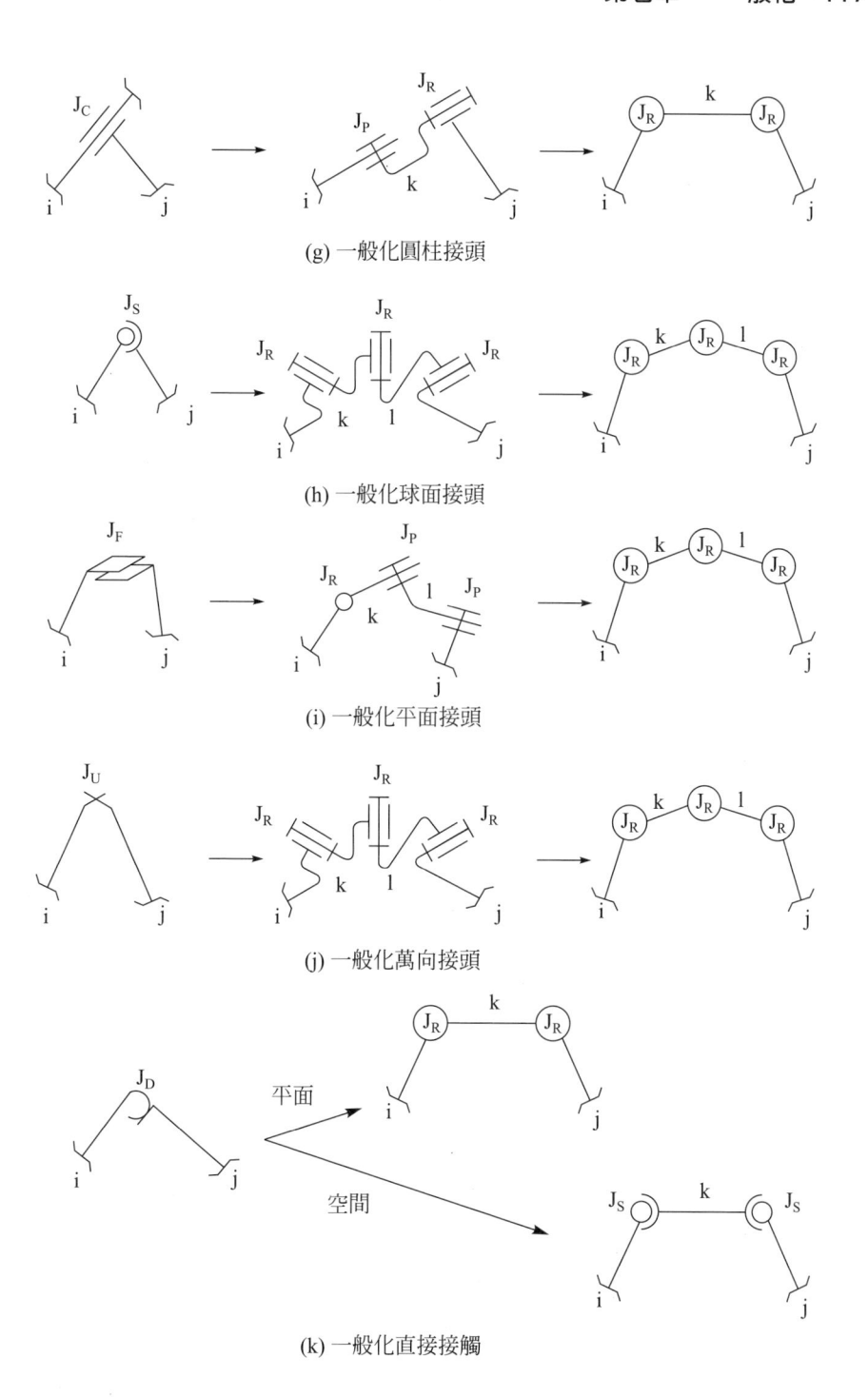

(k) 一般化直接接觸

圖 7.6　(續)

f. 一般化螺旋接頭以一般化旋轉接頭替代，如圖 7.6 (f) 所示。
g. 一般化圓柱接頭以一根兩端各有一個一般化旋轉接頭的雙接頭桿替代，如圖 7.6 (g) 所示。
h. 一般化球接頭以附隨於一般化旋轉接頭之兩根串連的雙接頭桿替代，如圖 7.6 (h) 所示。
i. 一般化平面接頭以附隨於一般化旋轉接頭之兩根串連的雙接頭桿替代，如圖 7.6 (i) 所示。
j. 一般化萬向接頭以附隨於一般化旋轉接頭之兩根串連的雙接頭桿替代，如圖 7.6 (j) 所示。
k. 直接接觸，對於平面結構而言，可以一個兩端各有一個一般化旋轉接頭的雙接頭桿替代；對於空間結構而言，則以一個兩端各有一個一般化球接頭的雙接頭桿替代，如圖 7.6 (k) 所示。

對於任何其它類型的接頭，也可根據相同的方式來制定轉化規則，其關鍵在於，原來的一般化接頭在進一步一般化後，其拘束度應保持不變。

## 7.4　一般化 (運動) 鏈
### Generalized (Kinematic) Chains

**一般化機械裝置** (Generalized mechanical device) 是經由應用一般化規則於機械裝置的簡圖而得到。而**一般化鏈** (Generalized chain) 則是解除所對應之一般化機械裝置的固定桿，並消除其複接頭而得到的。若將一般化鏈進一步轉化成只含有一般化旋轉接頭的一般化鏈，則成為**一般化運動鏈** (Generalized kinematic chain)。

對於複接頭的消除，可以採用接頭析出的方式，即在複接頭所附隨的任一根機件上依次增加一個接頭，直到原來的複接頭只和兩根機件相附隨為止。但若複接頭附隨於固定桿，則只需將固定桿展開即可。

第七章　一般化　119

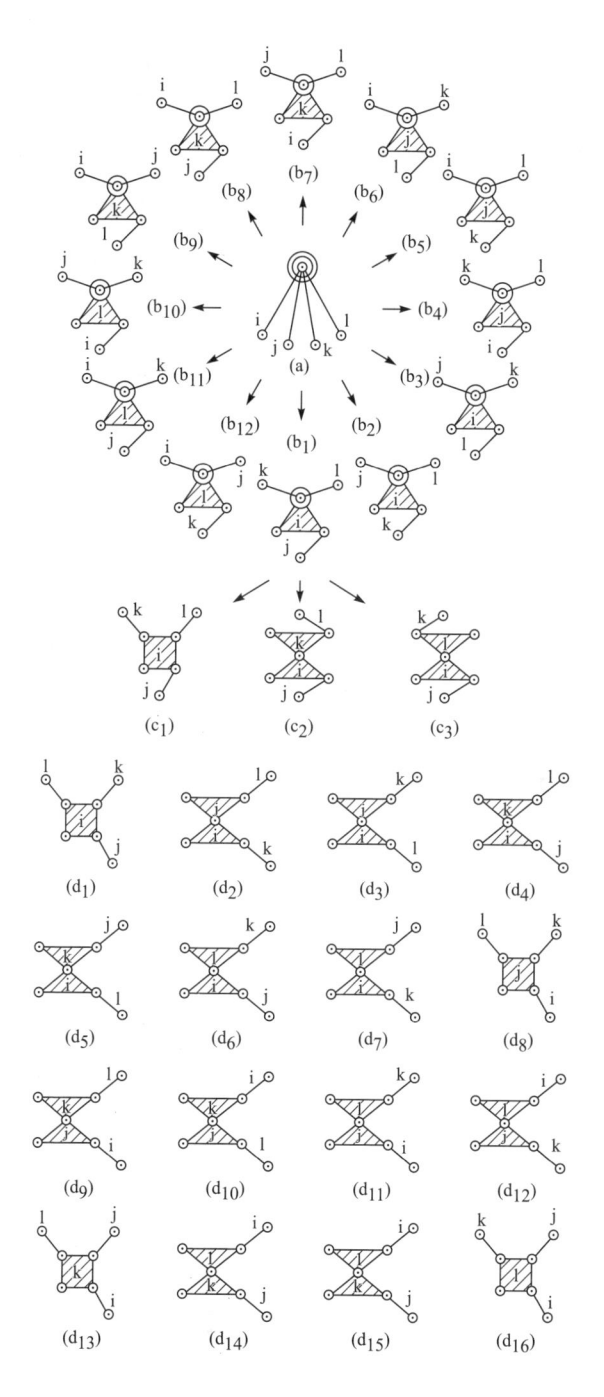

圖 7.7　複接頭的消除

圖 7.7(a) 所示為一個與四根雙接頭桿 (連桿 i、j、k、l) 附隨的複接頭，將任何一個雙接頭桿轉化成一個參接頭桿，可得到一個與三根連桿附隨的複接頭，這樣的情形有 12 種，分別如圖 7.7 (b$_1$) - (b$_{12}$) 所示；其中，每一種情形內仍然含有一個複接頭。再從此複接頭析出一個接頭至其它相附隨的連桿，則可完全轉化成不含任何複接頭的情形；例如圖 7.7 (c$_1$) - (c$_3$) 所示的情形，是從圖 7.7 (b$_1$) 轉化得到的。

根據圖論中用於計算**標號樹** (Labeled tree) 的**凱勒定理** (Cayler theory)，消除一個與 $N_{Li}$ ( > 3) 個連桿相附隨之複接頭的可能方式有 $N_{Li}^{N_{Li}-2}$ 種情形。對於圖 7.7 (a) 所示的複接頭，$N_{Li} = 4$，即有 $4^{4-2} = 16$ 個僅具簡單接頭的非同構解，如圖 7.7 (d$_1$) - (d$_{16}$) 所示。

圖 7.8 所示為一個簡單的例子，將具有一個複接頭的彈簧-連桿組轉化成與其相對應的一般化鏈；其中，所有的接頭均為旋轉對。首先，將圖 7.8 (a) 中之彈簧 ($K_S$) 以附隨於一般化旋轉接頭 $f$ 的一對一般化雙接頭桿 (桿 5 和桿 6) 替代，如圖 7.8(b) 所示。然後，將參接頭固定桿 (桿 1) 的約束解除，如圖 7.8 (c) 所示。由於 $N_{Li} = 3$，所以將一個單

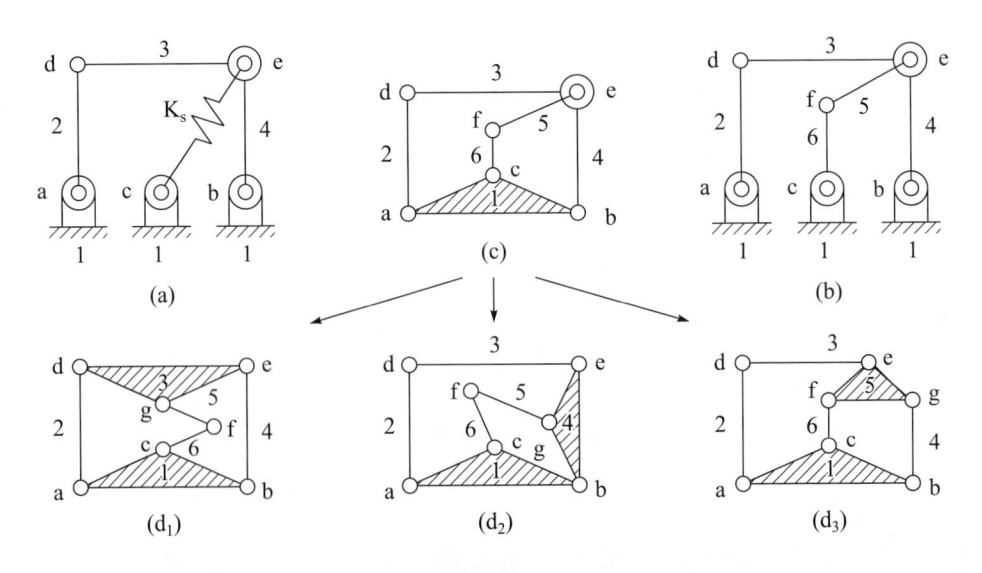

圖 7.8　彈簧-連桿組的一般化

接頭 $g$ 加入至桿 3、桿 4、或桿 5 以消除複接頭桿 $e$ 的可能方式共有 $3^{3-2}=3$ 種，分別如圖 7.8 ($d_1$)、($d_2$)、及 ($d_3$) 所示。而圖 7.8 ($d_1$)、($d_2$)、及 ($d_3$) 所示者，即為本範例所對應的一般化鏈；其中，圖 7.8 ($d_1$) 和 ($d_3$) 所示者為同構。因為所有的接頭均為旋轉接頭，因此圖 7.8 ($d_1$)、($d_2$)、及 ($d_3$) 所示者，皆為一般化運動鏈。

## 7.5 範例 Examples

以下舉幾個範例來說明一般化的程序。

### 範例 7.1

滑件-帶輪-彈簧機構，如圖 7.9 (a) 所示。

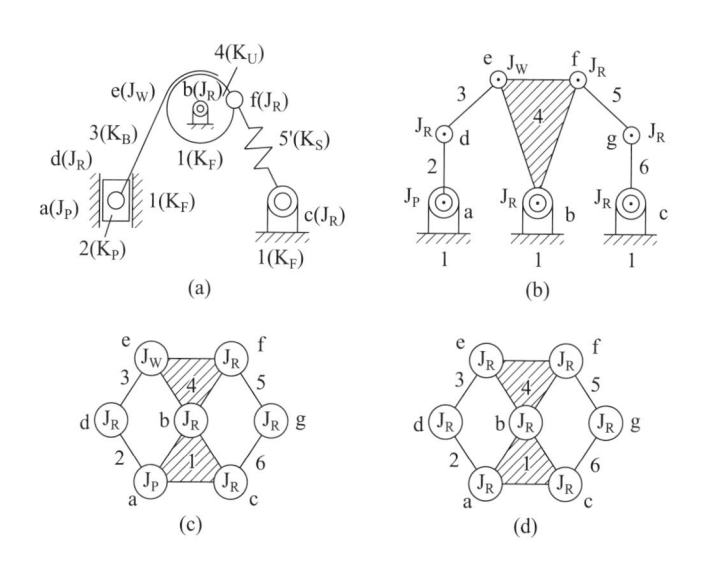

圖 7.9 滑件-帶輪-彈簧機構的一般化

這是一個 (5, 6) 機構。其五根桿件分別為：固定桿 (桿 1，$K_F$)、滑件 (桿 2，$K_P$)、皮帶 (桿 3，$K_B$)、帶輪 (桿 4，$K_U$)、及彈簧 (桿 5'，$K_S$)，六個接頭分別為：接頭 $a$ (桿 1 和桿 2；$J_P$)、接頭 $b$ (桿 1 和桿 4；$J_R$)、接頭 $c$ (桿 1 和桿 5'；$J_R$)、

接頭 $d$(桿 2 和桿 3；$J_R$)、接頭 $e$(桿 3 和桿 4；$J_W$)、及接頭 $f$(桿 4 和桿 5'；$J_R$)，其拓樸構造矩陣 $M_T$ 為：

$$M_T = \begin{bmatrix} K_F & J_P & 0 & J_R & J_R \\ a & K_P & J_R & 0 & 0 \\ 0 & d & K_B & J_W & 0 \\ b & 0 & e & K_U & J_R \\ c & 0 & 0 & f & K_S \end{bmatrix}$$

將固定桿 ($K_F$) 一般化成參接頭桿 1，滑件 ($K_P$) 一般化成雙接頭桿 2，皮帶 ($K_B$) 一般化成雙接頭桿 3，帶輪 ($K_U$) 一般化成參接頭桿 4，以及將彈簧 ($K_S$) 一般化成一對雙接頭桿 (桿 5 和桿 6)。再者，將滑行對 $a$ 一般化成一個旋轉對，迴繞對 $e$ 也一般化成一個旋轉對。如此，可得其相對應的一般化機械裝置如圖 7.9 (b) 所示。因為沒有複接頭，所以固定桿解除後，即可得到所對應的一般化鏈，如圖 7.9 (c) 所示。其所對應的一般化運動鏈，則如圖 7.9 (d) 所示。這是一個具有六根桿件與七個旋轉對的**瓦特型鏈** (Watt-chain)。

## 範例 7.2

普通輪系，如圖 7.10 (a) 所示。

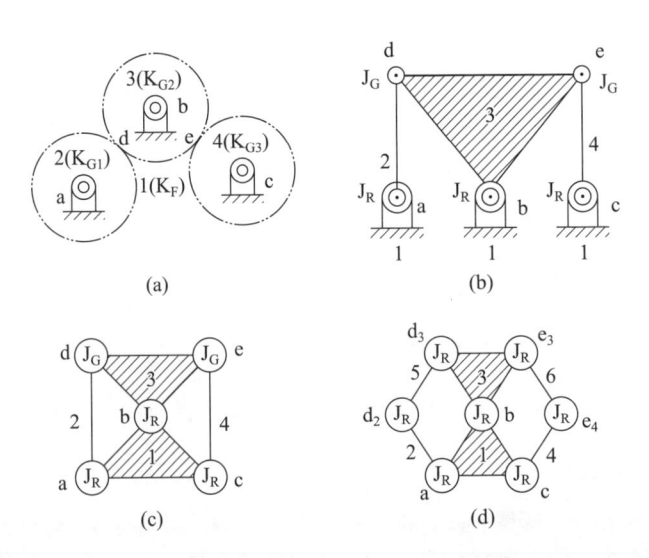

圖 7.10 普通輪系的一般化

第七章　一般化　123

這是一個 (4, 5) 機構，四根桿件分別為：固定桿 (桿 1，$K_F$)、齒輪 1 (桿 2，$K_{G1}$)、齒輪 2 (桿 3，$K_{G2}$)、及齒輪 3 (桿 4，$K_{G3}$)，五個接頭分別為：接頭 $a$ (桿 1 和桿 2；$J_R$)、接頭 $b$ (桿 1和桿 3；$J_R$)、接頭 $c$ (桿 1 和桿 4；$J_R$)、接頭 $d$ (桿 2 和桿 3；$J_G$)、及接頭 $e$ (桿 3 和桿 4；$J_G$)，其拓樸構造矩陣 $M_T$ 為：

$$M_T = \begin{bmatrix} K_F & J_R & J_R & J_R \\ a & K_{G1} & J_G & 0 \\ b & d & K_{G2} & J_G \\ c & 0 & e & K_{G3} \end{bmatrix}$$

將固定桿 ($K_F$) 一般化成參接頭桿 1，齒輪 1 ($K_{G1}$) 一般化成雙接頭桿 2，齒輪 2 ($K_{G2}$) 一般化成參接頭桿 3，齒輪 3 ($K_{G3}$) 一般化成雙接頭桿 4 後，即可得到所對應的一般化機械裝置，如圖 7.10 (b) 所示。其所對應的一般化鏈，則如圖 7.10 (c) 所示。若將一般化齒輪對 $d$ 和 $e$，分別以兩端具有一般化旋轉接頭 $d_2$ 和 $d_3$ 的雙接頭桿 5，及具有一般化旋轉接頭 $e_3$ 和 $e_4$ 的雙接頭桿 6 替代，即可將一般化鏈進一步轉化成一般化運動鏈，如圖 7.10 (d) 所示。此機構可轉化為 (4, 5) 一般化鏈，亦可轉化為 (6, 7) 一般化運動鏈，也是一個具有六根桿件與七個旋轉接頭的瓦特型鏈。

**範例 7.3**

凸輪-滾子-致動器機構，如圖 7.11 (a) 所示。

這是一個 (4, 5) 機構，其四根桿件分別為：固定桿 (桿 1，$K_F$)、凸輪 (桿 2，$K_A$)、滾子 (桿 3，$K_O$)、及致動器 (桿 4'，$K_T$)，而五個接頭分別是：接頭 $a$ (桿 1 和桿 2；$J_R$)、接頭 $b$ (桿 1 和桿 3；$J_O$)、接頭 $c$ (桿 1 和桿 4'；$J_R$)、接頭 $d$ (桿 2 和桿 3；$J_A$)、及接頭 $e$ (桿 3 和桿 4'；$J_R$)，其拓樸構造矩陣 $M_T$ 為：

$$M_T = \begin{bmatrix} K_F & J_R & J_O & J_R \\ a & K_A & J_A & 0 \\ b & d & K_O & J_R \\ c & 0 & e & K_T \end{bmatrix}$$

將固定桿 ($K_F$) 一般化為參接頭桿 1，凸輪 ($K_A$) 一般化為雙接頭桿 2，滾子 ($K_O$) 一般化為參接頭桿 3，致動器 ($K_T$) 一般化為二根附隨於滑行對 $f$ 的活塞 (雙接頭桿 4) 與汽缸 (雙接頭桿 5)，即可得到其所對應的一般化機械裝置與一般

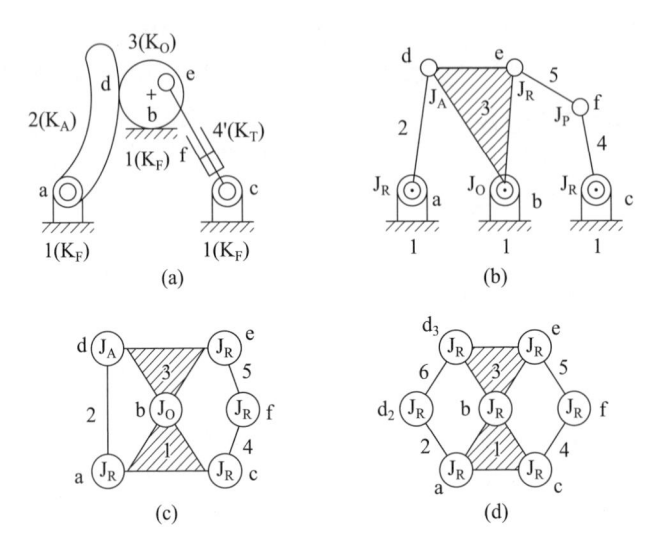

圖 7.11　凸輪-滾子-致動器機構的一般化

化鏈，分別如圖 7.11(b) 和 (c) 所示。若將一般化滾動接頭 b 以一般化旋轉接頭 b 替代、一般化凸輪接頭 d 以兩端具有一般化旋轉接頭 $d_2$ 和 $d_3$ 的雙接頭桿 6 代替、一般化滑行接頭 f 以一般化旋轉接頭 f 替代，即可將該一般化鏈進一步轉化成一般化運動鏈，如圖 7.11 (d) 所示。此機構可轉化為 (5, 6) 一般化鏈，亦可轉化為 (6, 7) 一般化運動鏈，也是一個具有六根桿件與七個旋轉接頭的瓦特型鏈。

## 範例 7.4

彈簧施力夾緊裝置，如圖7.12 (a) 所示。

　　這是一個 (4, 5) 機構，其四根桿件分別為：固定桿 (桿 1，$K_F$)、樞接頭桿 (桿 2，$K_{L1}$)、夾緊桿 (桿 3，$K_{L2}$)、及彈簧 (桿4，$K_S$)，五個接頭分別為：接頭 a (桿 1 和桿 2；$J_R$)、接頭 b (桿 1 和桿 3；$J_D$)、接頭 c (桿 1 和桿 4；$J_R$)、接頭 d (桿 2 和桿 3；$J_R$)、及接頭 e (桿 3 和桿 4；$J_R$)，此裝置的拓樸構造矩陣 $M_T$ 為：

$$M_T = \begin{bmatrix} K_F & J_R & J_D & J_R \\ a & K_{L1} & J_R & 0 \\ b & d & K_{L2} & J_R \\ c & 0 & e & K_S \end{bmatrix}$$

第七章　一般化　125

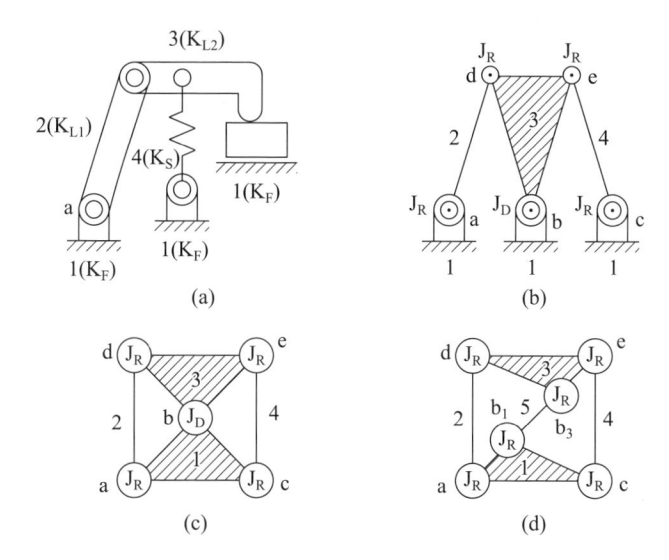

圖 7.12　彈簧施力夾緊裝置的一般化

將固定桿 ($K_F$) 一般化成參接頭桿 1，樞接頭桿 ($K_{L1}$) 一般化成雙接頭桿 2，夾緊桿 ($K_{L2}$) 一般化成參接頭桿 3，及將彈簧 ($K_S$) 一般化成雙接頭桿 4，即可得到相對應的一般化機械裝置與一般化鏈，分別如圖 7.12 (b) 和 (c) 所示。若將直接接觸 $b$ 以兩端具有一般化旋轉接頭 $b_1$ 和 $b_3$ 的雙接頭桿 5 替代，可將一般化鏈進一步轉化成一般化運動鏈，如圖 7.12 (d) 所示。因此，這個裝置可轉化為 (4, 5) 一般化鏈或 (5, 6) 一般化運動鏈。

## 範例 7.5

旋轉斜板 (Swash-plate) 裝置，如圖 7.13 (a) 所示。

這是一個 (4, 4) 機構，其四根桿件分別為：固定桿 (桿 1，$K_F$)、盤板 (桿 2，$K_L$)、滑件 1 (桿 3，$K_{P1}$)、及滑件 2 (桿 4，$K_{P2}$)，四個接頭分別為：接頭 $a$ (桿 1 和桿 2；$J_R$)、接頭 $b$ (桿 1 和桿 4；$J_P$)、接頭 $c$ (桿 2 和桿 3；$J_F$)、及接頭 $d$ (桿 3 和桿 4；$J_S$)，其拓樸構造矩陣 $M_T$ 為：

$$M_T = \begin{bmatrix} K_F & J_R & 0 & J_P \\ a & K_L & J_F & 0 \\ 0 & c & K_{P1} & J_S \\ b & 0 & d & K_{P2} \end{bmatrix}$$

126　機械裝置的創意性設計

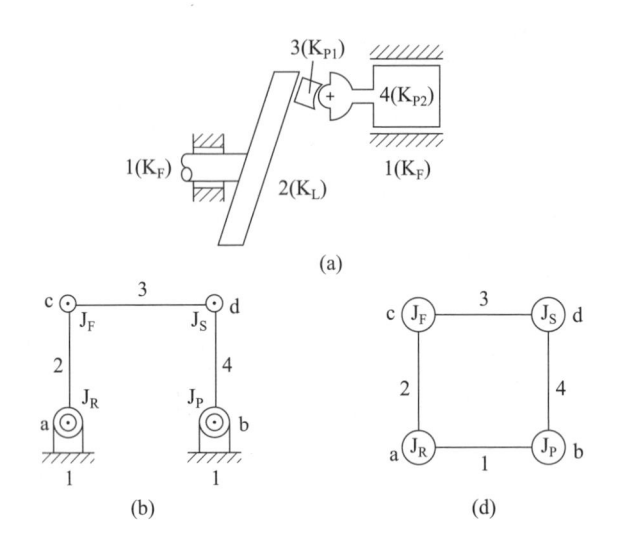

圖 7.13　旋轉斜板裝置的一般化

將固定桿 ($K_F$) 一般化成雙接頭桿 1，盤板 ($K_L$) 一般化成雙接頭桿 2，滑件 1 ($K_{P1}$) 一般化成雙接頭桿 3，以及將滑件 2 ($K_{P2}$) 一般化成雙接頭桿 4，即可得到相對應一般化機械裝置與一般化鏈，分別如圖 7.13 (b) 和 (c) 所示。它是一個 (4, 4) 一般化鏈。

---

**範例 7.6**

汽車前輪懸吊機構，如圖 7.14 (a) 所示。

這是一個 (6, 7) 機構，其六根桿件分別為：固定桿 (桿 1，$K_F$)、轉向滑件 (桿 2，$K_P$)、樞接頭桿 (桿 3，$K_{L1}$)、活塞 (桿4，$K_I$)、連接桿 (桿 5，$K_{L2}$)、及可作車輪桿的汽缸 (桿 6，$K_W$)，七個接頭分別為：接頭 $a$ (桿 1 和桿 2；$J_P$)、接頭 $b$ (桿 1 和桿 3；$J_R$)、接頭 $c$ (桿 1 和桿 4；$J_U$)、接頭 $d$ (桿 2 和桿 5；$J_R$)、接頭 $e$ (桿 3 和桿 6；$J_S$)、接頭 $f$ (桿 4 和桿 6；$J_P$)、及接頭 $g$ (桿 5 和桿 6；$J_S$)，其拓樸構造矩陣 $M_T$ 為：

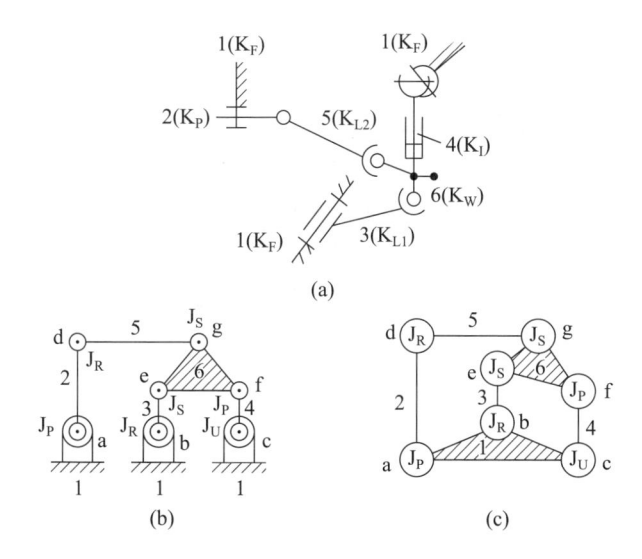

圖 7.14　前輪懸吊機構的一般化

$$M_T = \begin{bmatrix} K_F & J_P & J_R & J_U & 0 & 0 \\ a & K_P & 0 & 0 & J_R & 0 \\ b & 0 & K_{L1} & 0 & 0 & J_S \\ c & 0 & 0 & K_I & 0 & J_P \\ 0 & d & 0 & 0 & K_{L2} & J_S \\ 0 & 0 & e & f & g & K_W \end{bmatrix}$$

　　將固定桿 ($K_F$) 一般化成參接頭桿 1，轉向滑件 ($K_P$) 一般化成雙接頭桿 2，樞接頭桿 ($K_{L1}$) 一般化成雙接頭桿 3，活塞 ($K_I$) 一般化成雙接頭桿 4，連接桿 ($K_{L2}$) 一般化成雙接頭桿 5，及將車輪桿 ($K_W$) 一般化成參接頭桿 6，可得到相對應的一般化機械裝置與一般化鏈，分別得到如圖 7.14 (b) 和 (c) 所示，是一個 (6, 7) 一般化鏈。

## 7.6 小結 Summary

一般化是第六章所介紹之創意性設計方法中的主要步驟之一，它是將包含各類機件的機械裝置，轉化成與其對應僅具一般化 (旋轉) 接頭與一般化 (運動) 連桿的一般化 (運動) 鏈。在將機械裝置轉化為其所對應之一般化 (運動) 鏈的過程中，機件與接頭之間的拓樸附隨與鄰接關係，以及自由度應保持不變。

藉由一般化程序，設計工程師能夠以一種非常基本的方式來研究與比較不同的裝置。許多拓樸構造不同的機械裝置，可能具有相同的一般化形式。

## 習題 Problems

7.1 對於圖 4.13(b) 所示的滑件曲柄機構，試找出與其對應的一般化運動鏈。

7.2 對於圖 4.12 所示的速克達摩托車防俯衝機構，試找出與其對應的一般化運動鏈。

7.3 對於圖 5.5 所示的飛機水平尾翼操縱機構，試找出與其對應的一般化運動鏈。

7.4 對於圖 2.8 所示的汽車前懸吊機構，試找出與其對應的一般化鏈與一般化運動鏈。

7.5 對於圖 3.2 所示的打刀拉刀機構，試找出與其對應的一般化鏈與一般化運動鏈。

7.6 對於圖 5.1 所示的摩托車混合傳動機構，試找出與其對應的一般化鏈與一般化運動鏈。

7.7 對於圖 4.2 所示的劍梳式無梭織布機傳動機構，試找出與其對應的一般化鏈與一般化運動鏈。

**7.8** 試列舉三種具有相同一般化運動鏈的平面裝置。

**7.9** 試列舉兩種具有相同一般化鏈或一般化運動鏈的空間裝置。

## 參考文獻 References

Franke, R., Vom Aufbau der Getribe, VDI-Verlag, Dusseldorf, 1958.

Hall, A. S. Jr., Generalized Linkages Forms of Mechanical Devices, ME261 class notes, Purdue University, West Lafayette, Indiana, spring 1978.

Johnson, R. C. and Towfigh, K., "Creative Design of Epicyclic Gear Trains Using Number Synthesis," ASME Transactions, Journal of Engineering for Industry, May 1967, pp. 309-314.

Johnson, R. C., "Design Synthesis Aids to Creative Thinking," Machine Design, November 1973, pp. 158-163.

Miller, S., "Structural Analysis of Kinematic Configurations with Rigid, Yielding, Liquid and Gas Members," Mechanism and Machine Theory, Vol. 20, No. 3, 1985, pp. 209-213.

Soni, A. H., Mechanism Synthesis and Analysis, McGraw-Hill, 1974.

Yan, H. S., "A Methodology for Creative Mechanism Design," Mechanism and Machine Theory, Vol. 27, No. 3, 1992, pp. 235-242.

Yan, H. S. and Hwang, Y. W., "The Generalization of Mechanical Devices," Journal of the Chinese Society of Mechanical Engineers (Taiwan), Vol.9, No. 4, 1988, pp. 283-293.

# 第八章
## GENERALIZED CHAINS
## 一般化鏈

本書所介紹之機械裝置的創意性設計方法中,在將機械裝置轉化成與其對應的一般化鏈之後,接下來的步驟是合成出具有所要求的桿件與接頭數目之全部的一般化鏈。本章及下一章 (第九章) 的目的,便是分別提供一般化鏈與一般化運動鏈的各種圖譜,作為產生全部可能設計概念的資料庫。

## 8.1　一般化鏈 Generalized Chains

　　**一般化鏈** (Generalized chain) 是由與一般化接頭連接的一般化連桿所組成。一般化鏈是連續的、封閉的、無任何分離桿、且只含簡單接頭。一個 ($N_L$, $N_J$) 一般化鏈,是指具有 $N_L$ 根一般化連桿與 $N_J$ 個一般化接頭的一般化鏈。一般化鏈的拓樸構造特性,是由桿件的類型與數目、接頭的數目、以及桿件與接頭間的附隨關係來決定,並且可以第二章所定義的拓樸構造矩陣 $M_T$ 來表示。

　　一般化鏈中的每一個接頭均為一般化接頭,即未明確指定接頭的類型。若一般化鏈中所有接頭的類型是確定的,其自由度是正的,並且將一根桿件固定後的運動是受拘束的,則此一般化鏈成為**運動鏈** (Kinematic chain);若其自由度數不是正的,則此一般化鏈為**呆鏈** (Rigid

## 132　機械裝置的創意性設計

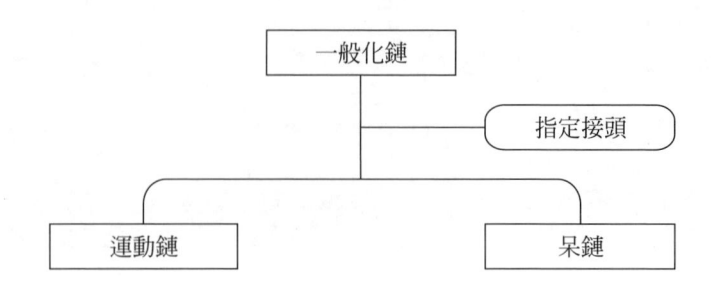

圖 8.1　一般化鏈、運動鏈、及呆鏈

chain)。一般化鏈、運動鏈、及呆鏈之間的關係圖，如圖 8.1 所示。

對於圖 8.2 (a) 所示的 (3, 3) 一般化鏈而言，若接頭 $a$ 和 $b$ 是旋轉對，接頭 $c$ 是凸輪對，則此一般化鏈可重新表示為圖 8.2 (b)。根據方程式 (2.1)，$N_L = 3$、$C_{pR} = 2$、$N_{JR} = 2$、$C_{pA} = 1$、$N_{JA} = 1$，可得此平面裝置的自由度 $F_p$ 為：

$$\begin{aligned} F_P &= 3(N_L - 1) - (N_{JR}C_{pR} + N_{JA}C_{pA}) \\ &= (3)(3-1) - [(2)(2) + (1)(1)] \\ &= 1 \end{aligned}$$

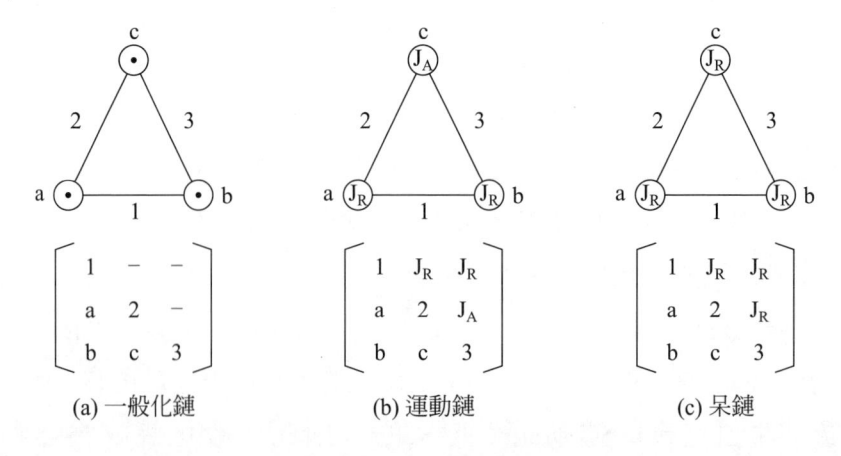

(a) 一般化鏈　　(b) 運動鏈　　(c) 呆鏈

圖 8.2　(3, 3) 鏈的類型

即圖 8.2(b) 所示者為一個單自由度的 (3, 3) 運動鏈。若如圖 8.2 (c) 所示的三個接頭都是旋轉對，則根據方程式 (2.1)，$N_L = 3$、$C_{pR} = 2$、$N_{JR} = 3$，可得自由度 $F_p$ 為：

$$F_P = 3(N_L - 1) - (N_{JR} C_{pR})$$
$$= (3)(3-1) - [(3)(2)]$$
$$= 0$$

即圖 8.2 (c) 所示者為一個零自由度的 (3, 3) 呆鏈。

圖 8.3 (a) 所示的一般化鏈，有五根桿件 (桿 1、2、3、4、5) 與六個接頭 (接頭 $a$、$b$、$c$、$d$、$e$、$f$)。若接頭 $a$、$b$、$d$、$e$、$f$ 皆為旋轉對，接頭 $c$ 是凸輪對，且桿 1 為固定桿，則根據方程式 (2.1)，$N_L=5$、$C_{pR}=2$、$N_{JR}=5$、$C_{pA}=1$、$N_{JA}=1$，可得自由度 $F_p$ 為：

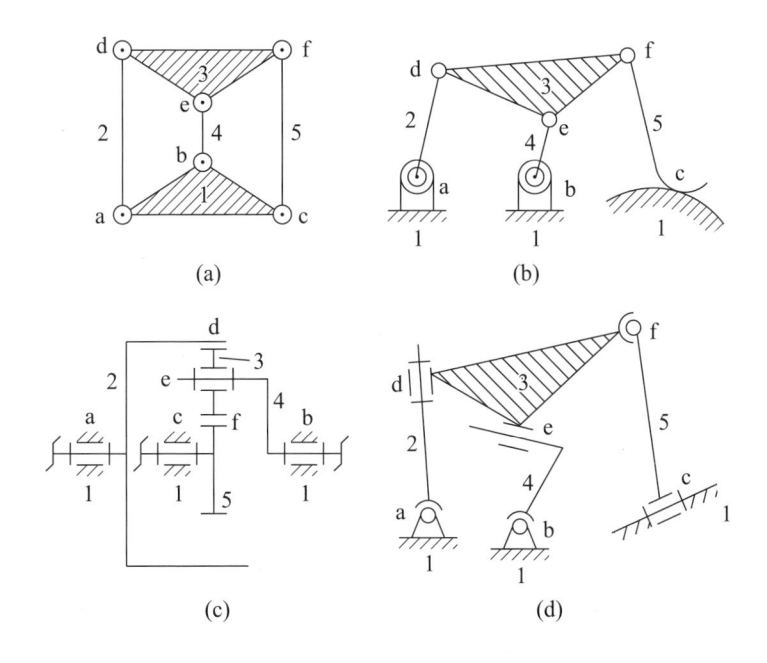

圖 8.3　一個 (5, 6) 一般化鏈及其衍生機構

$$F_P = 3(N_L - 1) - (N_{JR}C_{pR} + N_{JA}C_{pA})$$
$$= (3)(5-1) - [(5)(2) + (1)(1)]$$
$$= 1$$

即圖 8.3 (b) 所示者為一個單自由度的平面五桿機構。若接頭 $a$、$b$、$c$、$e$ 是旋轉對，接頭 $d$ 和 $f$ 是齒輪對，且桿 1 是固定桿，則根據方程式 (2.1)，$N_L = 5$、$C_{pR} = 2$、$N_{JR} = 4$、$C_{pG} = 1$、$N_{JG} = 2$，可得自由度 $F_p$ 為：

$$F_P = 3(N_L - 1) - (N_{JR}C_{pR} + N_{JG}C_{pG})$$
$$= (3)(5-1) - [(4)(2) + (2)(1)]$$
$$= 2$$

即圖 8.3 (c) 所示者是一個具有二個自由度的五桿行星齒輪系。若接頭 $a$、$b$、及 $f$ 是球面對，接頭 $c$ 和 $d$ 是旋轉對，接頭 $e$ 是圓柱對，且桿 1 是固定桿，則根據方程式 (2.2)，$N_L = 5$、$C_{sR} = 5$、$N_{JR} = 2$、$C_{sC} = 4$、$N_{JC} = 1$、$C_{sS} = 3$、$N_{JS} = 3$，可得此空間裝置的自由度 $F_s$ 為：

$$F_S = 6(N_L - 1) - (N_{JR}C_{sR} + N_{JC}C_{sC} + N_{JS}C_{sS})$$
$$= (6)(5-1) - [(2)(5) + (1)(4) + (3)(3)]$$
$$= 1$$

即圖 8.3 (d) 所示者為一個單自由度的空間五桿機構。

因此，運動鏈與呆鏈的圖譜，可以從一般化鏈圖譜中獲得。

## 8.2　連桿類配 Link Assortments

一般化鏈的**連桿類配** (Link assortment) $A_L$，是指該鏈中桿件的數目與類型。連桿類配是一組由雙接頭桿的數目 ($N_{L2}$)、參接頭桿數的數目 ($N_{L3}$)、肆接頭桿數的數目 ($N_{L4}$)、… 等所組成的數列，表示為：

$$A_L = [N_{L2} / N_{L3} / N_{L4} / ...]$$

由於一般化鏈必須是連接的、閉合的、且無任何分離桿，因此具有 $N_L$ 根連桿與 $N_J$ 個接頭之一般化鏈的連桿類配 $A_L$，可以經由求解下面兩個聯立方程式而得到：

$$N_{L2} + N_{L3} + ... + N_{Li} + ... + N_{Lm} = N_L \quad\quad\quad (8.1)$$
$$2N_{L2} + 3N_{L3} + ...iN_{Li} + ... + mN_{Lm} = 2N_J \quad\quad\quad (8.2)$$

其中，$N_{Li}$ 是有 $i$ 個附隨接頭的連桿數目，而 $m$ 是附隨於一根連桿的最大接頭數。再者，接頭數 $N_J$ 必須符合以下的限制：

$$N_L \leq N_J \leq N_L(N_L - 1)/2 \quad\quad\quad (8.3)$$

若 $m_{max}$ 是 $m$ 的最大值，則經由圖論的基本概念可表示為：

$$m_{max} = \begin{cases} N_J - N_L + 2 & \text{當 } N_L \leq N_J \leq 2N_L - 3 \\ N_L - 1 & \text{當 } 2N_L - 3 \leq N_J \leq N_L(N_L - 1)/2 \end{cases} \quad\quad (8.4)$$

求解方程式 (8.1) - (8.4)，可以得到一般化鏈的全部可能連桿類配。

## 範例 8.1

試列出 (6,7) 一般化鏈的連桿類配。

對於 (6,7) 一般化鏈而言，$N_L = 6$，$N_J = 7$，根據方程式 (8.4)，其 $m_{max}$ 為：

$$\begin{aligned} m_{max} &= N_J - N_L + 2 \\ &= 7 - 6 + 2 \\ &= 3 \end{aligned}$$

因此，方程式 (8.1) 和 (8.2) 成為：

$$N_{L2} + N_{L3} = 6$$
$$2N_{L2} + 3N_{L3} = 14$$

求解此兩個聯立方程式可得 $N_{L2} = 4$ 和 $N_{L3} = 2$，即其所對應的連桿類配為：

$$A_L = [4/2]$$

如圖 8.4(a) 所示。

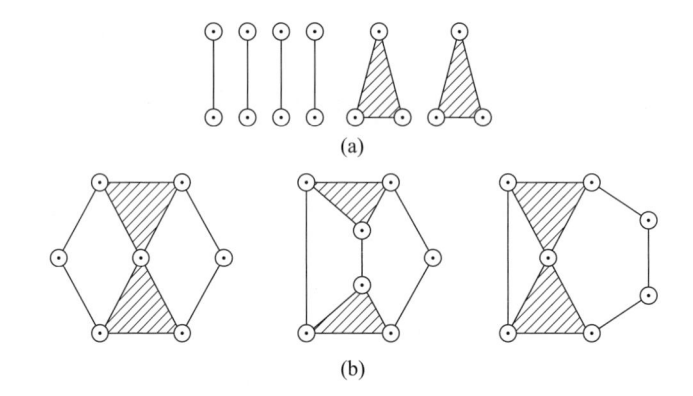

圖 8.4　$A_L=[4/2]$ 的 (6, 7) 一般化鏈圖譜

### 範例 8.2

試列出具有四根連桿之一般化鏈的連桿類配。

對於具有四根連桿 ($N_L = 4$) 的一般化鏈而言，根據方程式 (8.3)，其接頭 ($N_J$) 可以是 4、5、及 6。若 $N_J = 4$，根據方程式 (8.4)，其 $m_{max}$ 為：

$$\begin{aligned} m_{max} &= N_J - N_L + 2 \\ &= 4 - 4 + 2 \\ &= 2 \end{aligned}$$

若 $N_J = 5$，則其 $m_{max}$ 為：

$$\begin{aligned} m_{max} &= N_J - N_L + 2 \\ &= 5 - 4 + 2 \\ &= 3 \end{aligned}$$

若 $N_J = 6$，則其 $m_{max}$ 為：

$$m_{max} = N_L - 1$$
$$= 4 - 1$$
$$= 3$$

因此，若 $N_J = 4$ 且 $m_{max} = 2$，則方程式 (8.1) 和 (8.2) 可表示為：

$$N_{L2} = 4$$
$$2N_{L2} = 8$$

即 $N_{L2} = 4$ 的連桿類配為 $A_L = [4]$，其結果如圖 8.5(a) 所示。

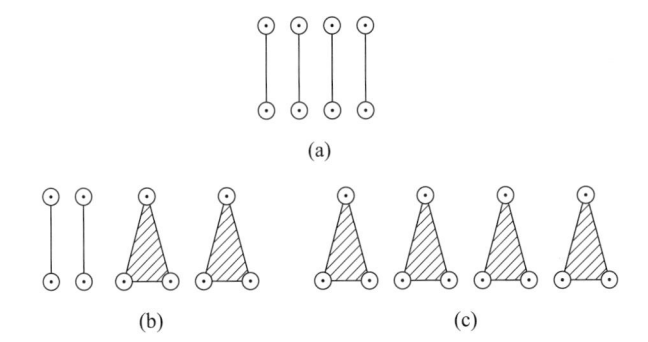

圖 8.5　具有四根連桿的一般化鏈連桿類配

若 $N_J = 5$ 且 $m_{max} = 3$，則方程式 (8.1) 和 (8.2) 可表示為：

$$N_{L2} + N_{L3} = 4$$
$$2N_{L2} + 3N_{L3} = 10$$

即 $N_{L2} = 2$ 和 $N_{L3} = 2$ 所對應的連桿類配為 $A_L = [2/2]$，其結果如圖 8.5(b) 所示。
若 $N_J = 6$ 且 $m_{max} = 3$，則方程式 (8.1) 和 (8.2) 可表示為：

$$N_{L2} + N_{L3} = 4$$
$$2N_{L2} + 3N_{L3} = 12$$

即 $N_{L2} = 0$ 和 $N_{L3} = 4$ 所對應的連桿類配為 $A_L = [0/4]$，其結果則如圖 8.5(c) 所示。

($N_L$, $N_J$) 一般化鏈的圖譜，可以經由組合具有 $N_L$ 根桿件與 $N_J$ 個接頭的連桿類配來得到。一個特定的連桿類配，可以多種方式進行組合，從而獲得不同的一般化鏈。在組合連桿類配以形成與其對應的一般化鏈時，必須滿足以下限制：

1. 必須用到所有的連桿，以形成連接鏈。
2. 必須用到所有的接頭，以形成封閉鏈。
3. 不應具有分離桿。
4. 一個接頭只能與兩根桿件附隨，以使得該鏈僅有單接頭。
5. 兩根連桿僅能有一個接頭連接。

圖 8.4 (a) 所示的連桿類配 $A_L$=[4/2]，可以組合成如圖 8.4 (b) 所示的三個 (6, 7) 一般化鏈；其中，第一個一般化鏈稱為**瓦特型鏈** (Watt-chain)，第二個稱為**史蒂芬生型鏈** (Stephenson-chain)。

## 8.3　圖畫與鏈 Graphs and Chains

從 1960 年代開始，**圖畫理論** (Graph theory) 即被提出並應用於各種類型之鏈與機構的構造分析與合成。為有效利用圖畫理論作為鏈之描述的數學模型，必須先介紹一些關於**圖畫** (Graph) 的定義。

一個圖畫 $G = (S_N, S_E)$ 是由 $p$ 個**點** (Node) 所形成的**集合** (Set) $S_N$ 及 $q$ 條**邊** (Edge) 所形成集合 $S_E$ 所定義的；其中，$S_N$ 是有限且不是空的集合，而每一邊是兩個不同點的集合。若一個圖畫中的每一對點皆由一個**路徑** (Path) 連結，稱此圖畫是**連接的** (Connected)；若一個圖畫是連接的，且每一點至少有二個以上的邊與之附隨，則稱此圖畫是**封閉的** (Closed)。若一個圖畫是連接的，且沒有分離點，則稱之為**塊圖** (Block)。若圖畫中的點被移除後會使原圖畫不連接，則稱此點為**分離點** (Bridge-node)。若能在平面中畫出塊圖且沒有交叉，則稱此塊圖為**平面塊圖** (Planar block)。一個具有 $p$ 個點與 $q$ 條邊的圖畫，稱之為

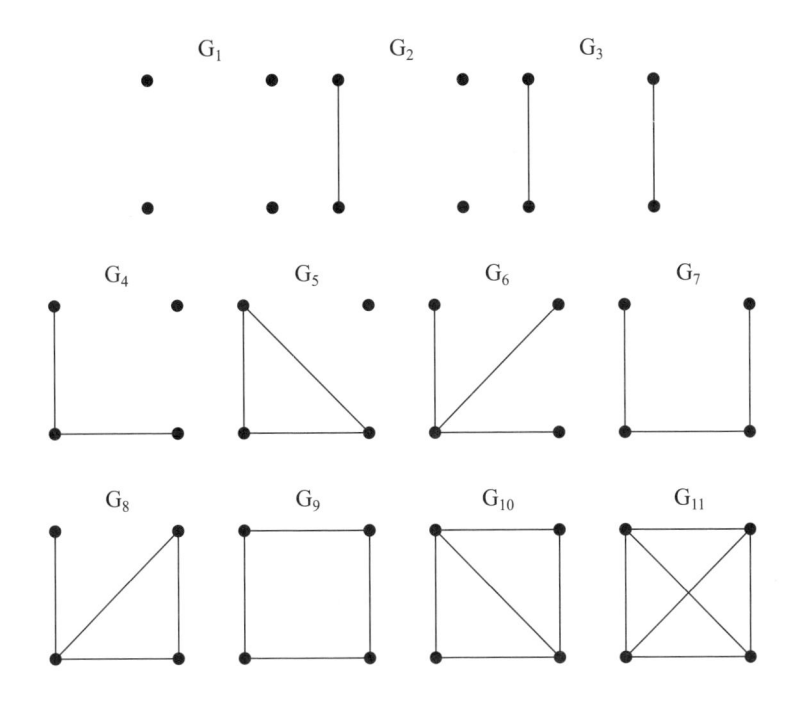

図 8.6 具有 4 個點的圖畫圖譜

$(p, q)$ 圖畫。在圖示上，一個點以一個黑色實心圓表示，一條邊則以一條線表示。圖 8.6 所示者，為具有四個點的所有 11 個圖畫；其中，有 5 個 $(G_1 - G_5)$ 是不連接的，最後 6 個 $(G_6 - G_{11})$ 是連接的，而最後 3 個 $(G_9 - G_{11})$ 是塊圖。再者，圖畫 $G_8$ 中左下角的點是個分離點，若將其去掉，則產生一個不連接的子圖畫。再者，圖畫 $G_9$、$G_{10}$、及 $G_{11}$ 是平面塊圖。

對於一個沒有**孤立點** (Isolated node) 的圖畫 $G$ 而言，其**線圖畫** $G_L$ (Line graph) 是以 $G$ 之邊數做為節點的集合。若滿足下述條件，稱線圖畫 $G_L$ 中的二個點 $p_1$ 和 $p_2$ 是相鄰接的：若將 $G$ 的每一條邊 $q_i$ 視為其所連接之兩個點所組成的集合，則 $p_1$ 和 $p_2$ 的交集 $(p_1 \cap p_2)$ 是唯一的，也就是說若 $G$ 的邊 $q_1$ 和邊 $q_2$ 僅與 $G$ 的一個共同點附隨，則將線圖畫 $G_L$ 的點 $p_1$ 和點 $p_2$ 以一邊連接。圖 8.7 (a) 所示的 (4, 5) 圖

(a)

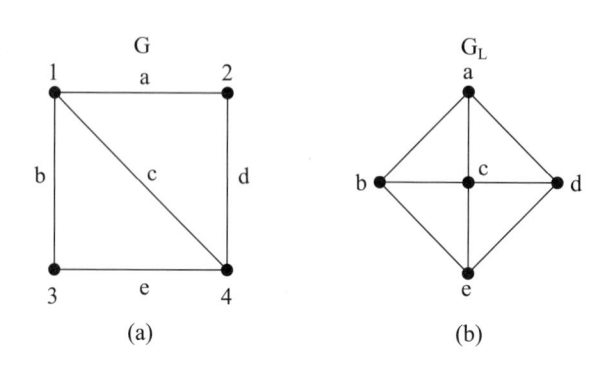

(b)

圖 8.7　(4, 5) 圖畫及其線圖畫

畫，其相對應線圖畫如圖 8.7 (b) 所示。

根據圖畫與**超圖畫** (Hypergraphs) 理論中的概念，一般化鏈可依下列步驟，從平面塊圖建構出來：

**步驟一**：對於給定的 $(p, q)$ 平面塊圖 $G$，在平面畫出不交叉的 $G$。

**步驟二**：列出附隨於每一點的所有邊。

**步驟三**：建構線圖畫 $G_L$。

**步驟四**：將線圖畫 $G_L$ 的每一點以一個中心有個點的小圓取代。

**步驟五**：將每個由一個與至少有三條邊附隨之 $G$ 的點決定之 $G_L$ 的完整子圖畫，以一個內畫斜線的多邊形代替。即當附隨的邊是四個或四個以上時，將其內邊去掉後，得到多邊形的周界，再在其內畫斜線即可。

最後結果所得的構形，即為該圖畫所對應的一般化鏈。

此外，一般化鏈與 (平面) 塊圖之間存在一對一的對應關係。即每個一般化鏈均有一個唯一與其對應的 (平面) 塊圖；反之，每個 (平面) 塊圖可產生一個唯一與其相對應的一般化鏈。經由上述對應關係，可得到以下論點：

1. 有關 (平面) 塊圖的每一個理論，均可轉化成有關一般化鏈的敘述。
2. 有關 (平面) 塊圖的每一個概念或其**不變的數值性** (Numerical invariant)，均有一個相對應於一般化鏈的含意，反之亦然。
3. 應用於每個一般鏈的所有定律，亦可轉化成相關 (平面) 塊圖的定理。

對於圖 8.8 (a) 所示的 (6, 7) 平面塊圖而言，可以建構出與相對應的一般化鏈，如圖 8.8 (b) 所示。

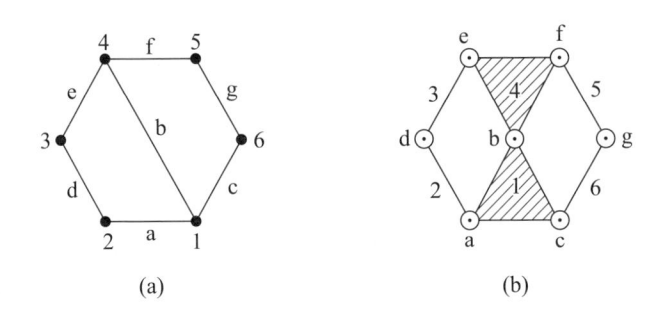

圖 8.8　(6, 7) 平面塊圖及其相對應的一般化鏈

## 8.4　一般化鏈數目
### Numbers of Generalized Chains

根據在 8.3 節中所討論之 (平面) 塊圖與一般化鏈的一對一對應關係，可將圖畫理論的結果，用於一般化鏈的數目合成。雖然演算平面圖畫或塊圖的數目，在數學上是一個尚未解決的困難問題，但是具不同點數的塊圖數目是有解的。表 8.1 列出點數至 10 點的塊圖總數 ($n_b$)，表 8.2 列出點數至 7 點的 $(p, q)$ 塊圖總數 ($n_g$)，而表 8.2 亦提供 $(N_L, N_J)$ 一般化鏈的總數，只是其所相對應之塊圖未必是平面的。

表 8.1　點數至 10 點的塊圖 ($n_b$) 總數

| $N_L$ | $n_b$ |
|---|---|
| 3 | 1 |
| 4 | 3 |
| 5 | 10 |
| 6 | 56 |
| 7 | 468 |
| 8 | 7,123 |
| 9 | 194,066 |
| 10 | 9,743,542 |

表 8.2　點數至 7 點的 $(p, q)$ 塊圖總數 ($n_g$)

| p | q | $n_g$ | p | q | $n_g$ | p | q | $n_g$ |
|---|---|---|---|---|---|---|---|---|
| 3 | 3 | 1 | 6 | 8 | 9 | 7 | 11 | 82 |
| 4 | 4 | 1 | 6 | 9 | 14 | 7 | 12 | 94 |
| 4 | 5 | 1 | 6 | 10 | 12 | 7 | 13 | 81 |
| 4 | 6 | 1 | 6 | 11 | 8 | 7 | 14 | 59 |
| 5 | 5 | 1 | 6 | 12 | 5 | 7 | 15 | 38 |
| 5 | 6 | 2 | 6 | 13 | 2 | 7 | 16 | 20 |
| 5 | 7 | 3 | 6 | 14 | 1 | 7 | 17 | 10 |
| 5 | 8 | 2 | 6 | 15 | 1 | 7 | 18 | 5 |
| 5 | 9 | 1 | 7 | 7 | 1 | 7 | 19 | 2 |
| 5 | 10 | 1 | 7 | 8 | 4 | 7 | 20 | 1 |
| 6 | 6 | 1 | 7 | 9 | 20 | 7 | 21 | 1 |
| 6 | 7 | 3 | 7 | 10 | 50 |   |   |   |

## 8.5 一般化鏈圖譜
### Atlas of Generalized Chains

各種 ($N_L$, $N_J$) 一般化鏈的圖譜，可由組合其所相對應的連桿類配求得，也可以從現有的 (平面) 塊圖中轉換得到。

在表 8.3 中，$N_{GC}$ 代表一般化鏈的數目。一些重要的一般化鏈圖譜，如圖 8.9 至圖 8.23 所示，可以涵蓋大多數的應用。

表 8.3　一般化鏈圖譜

| $N_L$ | $N_J$ | $N_{GC}$ | 圖 |
| --- | --- | --- | --- |
| 3 | 3 | 1 | 8.9 |
| 4 | 4-6 | 3 | 8.10 |
| 5 | 5-10 | 10 | 8.11 |
| 6 | 6 | 1 | 8.12 |
| 6 | 7 | 3 | 8.13 |
| 6 | 8 | 9 | 8.14 |
| 6 | 9 | 14 | 8.15 |
| 7 | 7 | 1 | 8.16 |
| 7 | 8 | 4 | 8.17 |
| 7 | 9 | 20 | 8.18 |
| 7 | 10 | 50 | 8.19 |
| 8 | 8 | 1 | 8.20 |
| 8 | 9 | 6 | 8.21 |
| 8 | 10 | 40 | 8.22 |
| 8 | 11 | 77 | 8.23 |

144　機械裝置的創意性設計

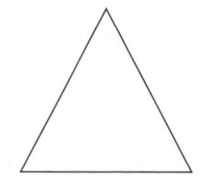

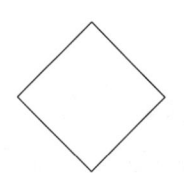

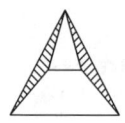

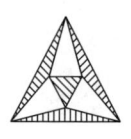

圖 8.9　具三根連桿的一般化鏈圖譜　　圖 8.10　具四根連桿的一般化鏈圖譜

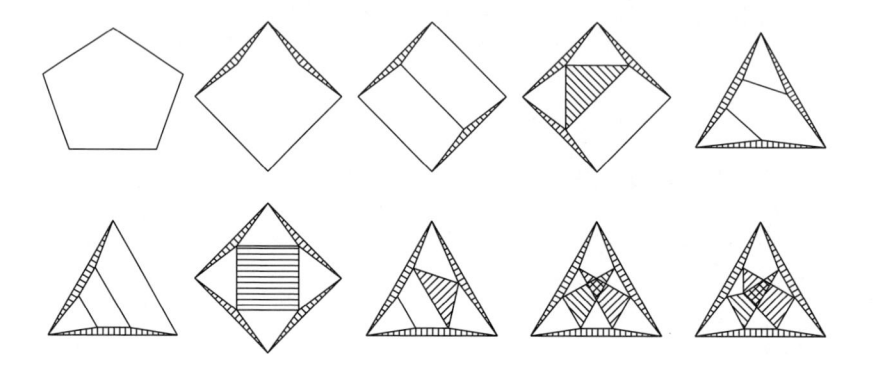

圖 8.11　具五根連桿的一般化鏈圖譜

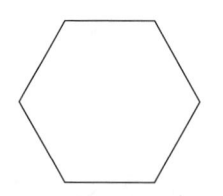

圖 8.12　(6, 6) 一般化鏈圖譜　　圖 8.13　(6, 7) 一般化鏈圖譜

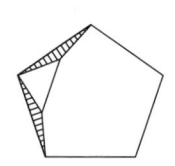

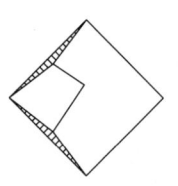

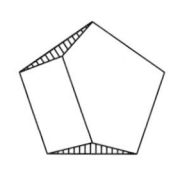

第八章 一般化鏈 145

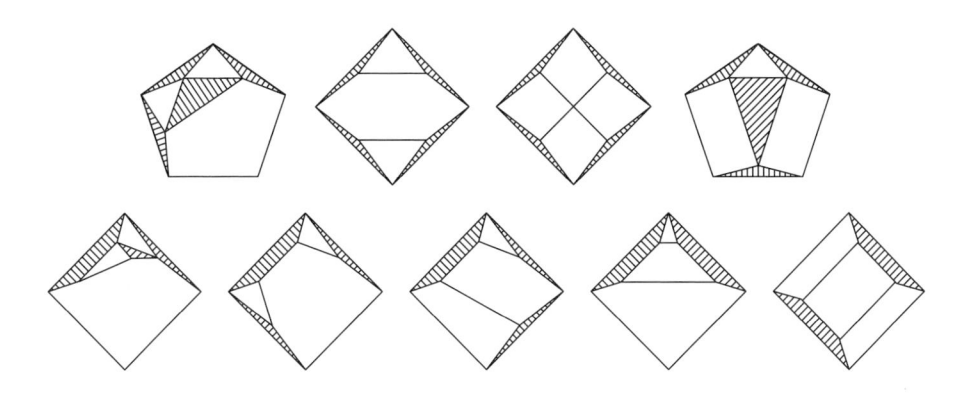

圖 8.14 (6, 8) 一般化鏈圖譜

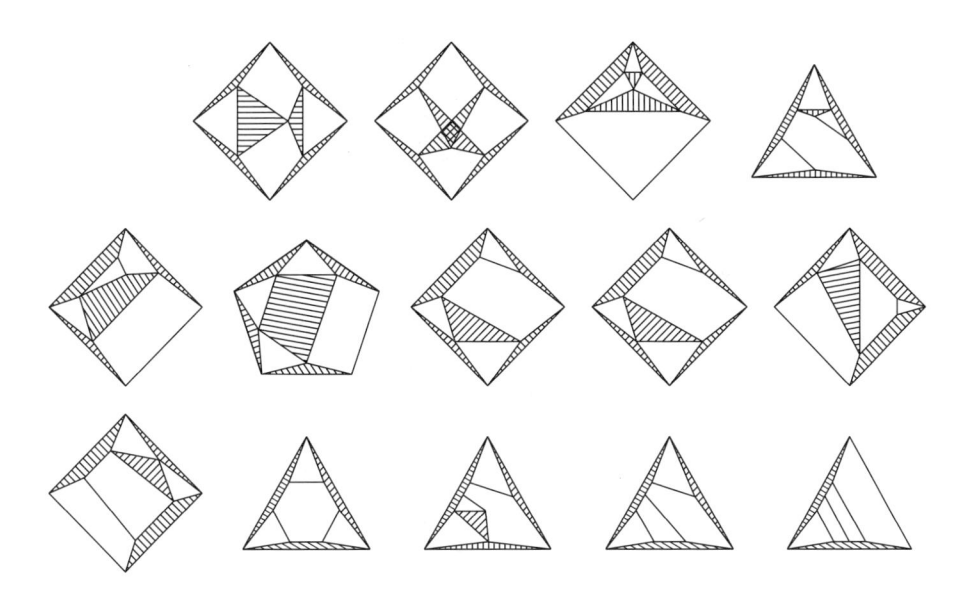

圖 8.15 (6, 9) 一般化鏈圖譜

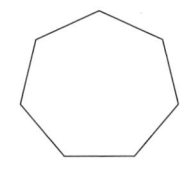

圖 8.16 (7, 7) 一般化鏈圖譜

146　機械裝置的創意性設計

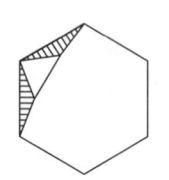

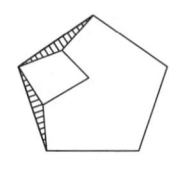

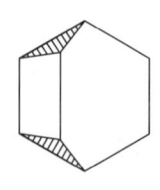

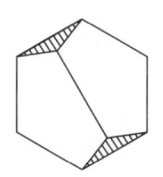

圖 8.17　(7, 8) 一般化鏈圖譜

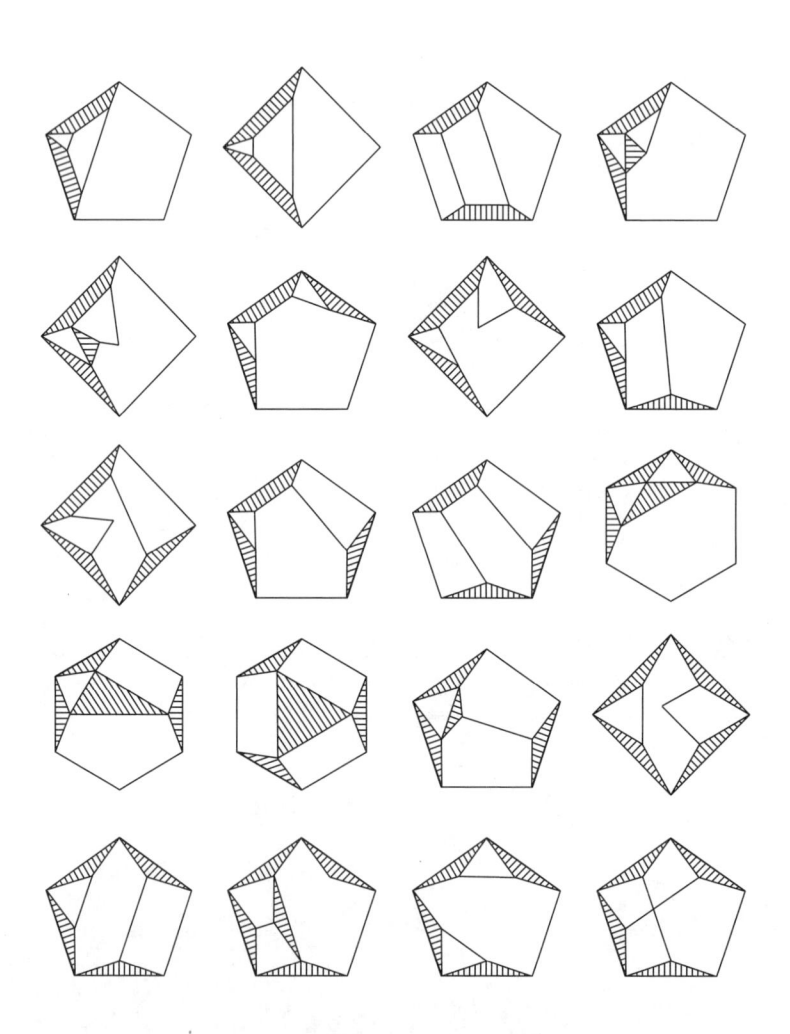

圖 8.18　(7, 9) 一般化鏈圖譜

圖 8.19　(7, 10) 一般化鏈圖譜

148　機械裝置的創意性設計

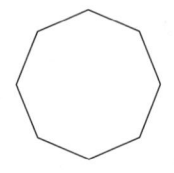

圖 8.20　(8, 8) 一般化鏈圖譜

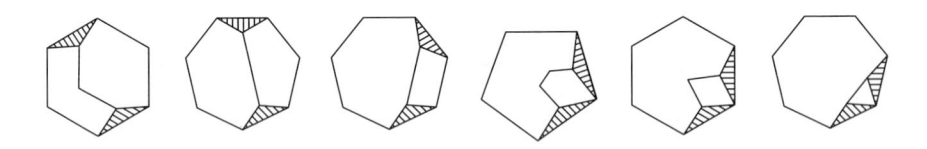

圖 8.21　(8, 9) 一般化鏈圖譜

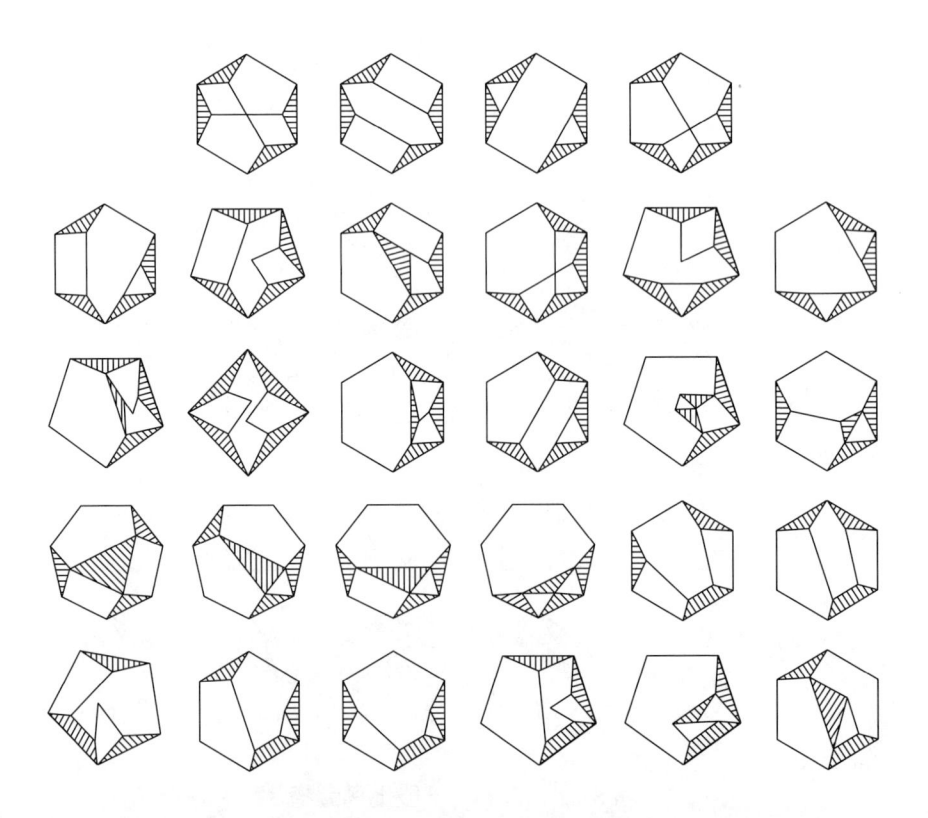

圖 8.22　(8, 10) 一般化鏈圖譜

第八章 一般化鏈 149

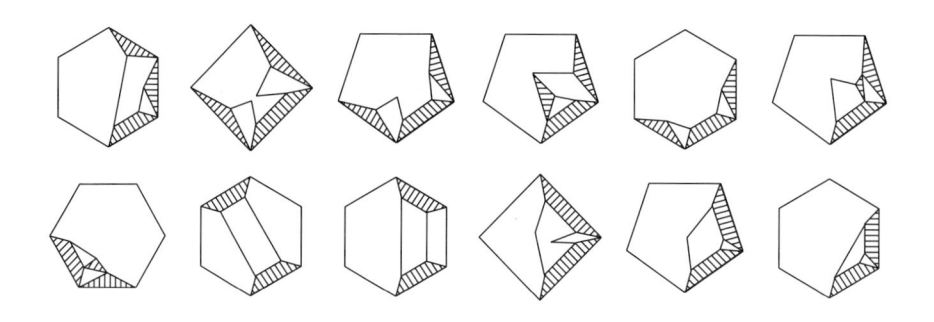

圖 8.22 （續）

圖 8.23 (8, 11) 一般化鏈圖譜

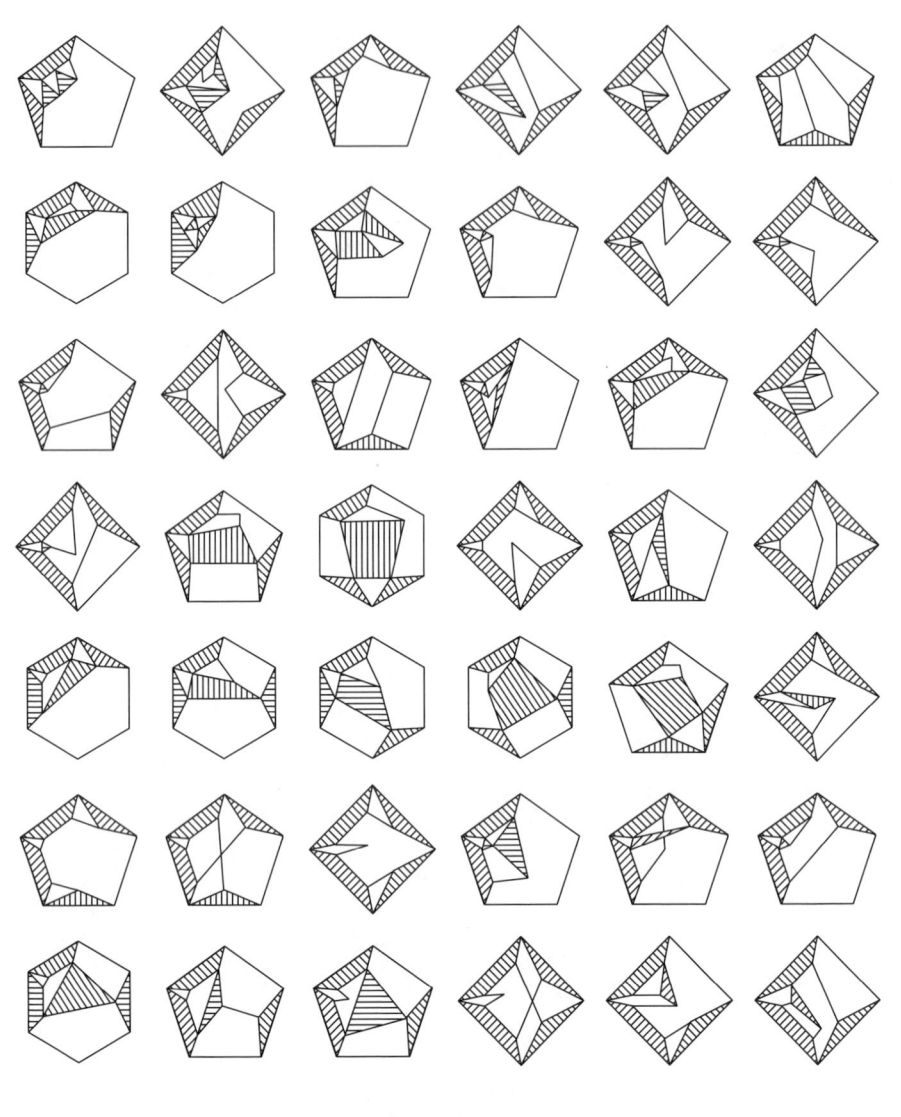

圖 8.23 （續）

## 8.6 小結 Summary

　　一般化鏈是由以一般化接頭連接的一般化連桿所組成。若一般化鏈中所有接頭的類型是已知，其自由度數是正的，且當指定機架後之一般化鏈的運動是受拘束的，則稱此鏈為運動鏈。若一般化鏈的自由度數不是正的，則成為呆鏈。

一般化鏈與 (平面) 塊圖之間存在著一對一的對映關係，每個一般化鏈有唯一的相對映 (平面) 塊圖，每個 (平面) 塊圖亦只可建構出唯一的一般化鏈。

一般化鏈的連桿類配，是此鏈之桿件的數目與類型。各種一般鏈的圖譜，可藉由連桿類配的排列組合來合成出，亦可由轉換既有的 (平面) 塊圖來獲得。

一般化鏈的觀念，涵蓋了用於機構的運動鏈及結構的呆鏈之應用。本章所列出的一般化鏈圖譜，提供了設計工程師所必須的資料庫，用以應用第六章的創意性設計方法來產出所有可能之機械裝置的拓樸構造。

## 習題 Problems

**8.1** 試找出八桿十接頭之一般化鏈的連桿類配。

**8.2** 試找出六桿一般化鏈的連桿類配。

**8.3** 試根據習題 8.2 所得的連桿類配，組合出其相對應的一般化鏈。

**8.4** 試畫出圖 8.6 所示之四點圖畫圖譜所對應的鏈。

**8.5** 試畫出圖 8.4 (b) 所示之六桿七接頭一般化鏈圖譜所對應的圖畫。

**8.6** 試畫出圖 2.7 所示之飛機水平尾翼操縱機構所對應的圖畫。

**8.7** 試舉出具有相同一般化鏈的一個連桿機構與一個凸輪機構。

**8.8** 試舉出具有相同一般化鏈的一個機構與一個結構。

## 參考文獻 References

Harary, F., Graph Theory, Addison-Wesley, 1969.

Harary, F. and Palmer, E. M., Graphical Enumeration, Academic Press,

1973.

Harary, F. and Yan, H. S., "Logical Foundations of Kinematic Chains: Graphs, Line Graphs, and Hypergraphs," ASME Transactions, Journal of Mechanical Design, Vol. 112, No. 1, 1990, pp. 79-83.

Hwang, W. M., Computer-aided Structural Synthesis of Planar Kinematic Chains with Multiple Joints, Ph.D. Dissertation, Department of Mechanical Engineering, National Cheng Kung University, Tainan, Taiwan, May 1984.

Hwang, W. M. and Yan, H. S., "Atlas of Basic Rigid Chains," Proceedings of the 9th Applied Mechanisms Conference, Session IV-B, No. 1, Kansas City, Missouri, October 28-30, 1985.

Hwang, Y. W., An Expert System for Creative Mechanism Design, Ph.D. dissertation, Department of Mechanical Engineering, National Cheng Kung University, Tainan, Taiwan, May 1990.

Robinson, R. W., "Enumeration of Nonseparable Graphs," Journal of Combinatorial Theory, Vol. 9, 1970, pp. 327-356.

Yan, H. S., "A Methodology for Creative Mechanism Design," Mechanism and Machine Theory, Vol. 27, No. 3, 1992, pp. 235-242.

Yan, H. S. and Harary, F., "On the Maximum Value of the Maximum Degree of Kinematic Chains," ASME Transactions, Journal of Mechanisms, Transmissions, and Automation in Design, Vol. 109, No. 4, 1987, pp. 487-490.

# 第九章
## KINEMATIC CHAINS
## 運動鏈

在創意性機構設計的過程中，需要用到運動鏈的圖譜。本章首先介紹如何從既有的一般化鏈獲得運動鏈。然後，提出各種運動矩陣與排列群的定義，並據此推導出非同構運動鏈的演算流程。最後，提供一些重要的運動鏈圖譜以供應用。

## 9.1 運動鏈 Kinematic Chains

運動鏈圖譜可以從第八章所推導出之既有的一般化鏈圖譜中獲得。對於一般化鏈，若指定其中所有接頭的類型，並且在指定一個機件為固定桿後其運動是受拘束的，則成為**運動鏈** (Kinematic chain)。

一般而言，**簡單運動鏈** (Simple kinematic chain) 是指僅具有旋轉對與單接頭的運動鏈。具有 $N_L$ 根連桿與 $N_J$ 個接頭的運動鏈圖譜，可以藉由刪除 $(N_L, N_J)$ 一般化鏈圖譜中之三桿迴路或具非正自由度的子鏈而獲得。例如，對於圖 9.1 所示的三個 (6, 7) 一般化鏈圖譜而言，由於圖 9.1 (c) 中含有一個三桿迴路，因此僅有圖 9.1 (a) 和 (b) 所示的兩個鏈是 (6, 7) 運動鏈。

(a)　　　　　　　　(b)　　　　　　　　(c)

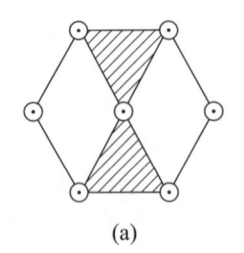

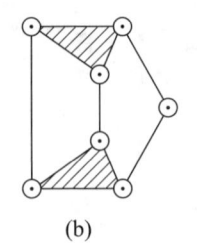

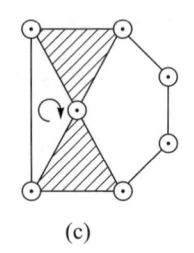

圖 9.1　(6, 7) 一般化鏈圖譜

## 9.2　呆鏈 Rigid Chains

**基本呆鏈** (Basic rigid chain) 是指不含任何子呆鏈的**呆鏈** (Rigid chain)。最簡單的 (基本) 呆鏈是如圖 9.2 所示的 (3, 3) 鏈。圖 9.3 (a) 所示的零自由度 (5, 6) 鏈是一個五桿呆鏈，因為它含有一個三桿基本呆鏈 (連桿 1-2-3)，所以不是一個五桿基本呆鏈。而圖 9.3 (b) 所示的 (5, 6) 鏈，則是一個基本呆鏈。

一個具有正自由度並包含任何基本呆鏈的運動鏈，稱為**退化運動鏈** (Degenerate kinematic chain)。將退化運動鏈中的基本呆鏈以單一桿件替代，則此退化鏈轉化為一個桿數較少的鏈。例如，圖 9.4 (a) 所示的 (10, 13) 運動鏈包含一個如圖 9.4 (b) 所示的七桿基本呆鏈，因此退化成為如圖 9.4 (c) 所示的 (4, 4) 運動鏈。

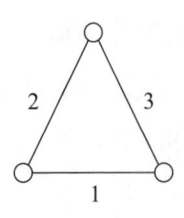

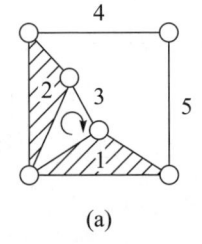

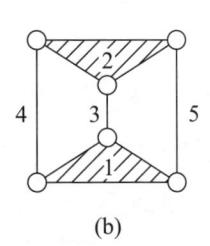

圖 9.2　三桿 (基本) 呆鏈　　　　圖 9.3　兩個五桿呆鏈

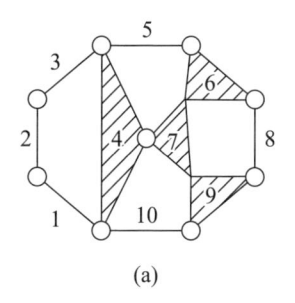

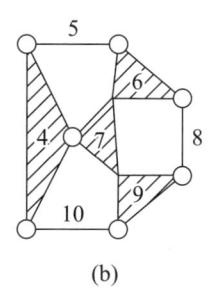

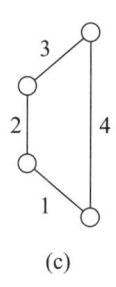

圖 9.4　一個 (10, 13) 運動鏈的退化

非同構運動鏈的圖譜，也可以根據**排列群** (Permutation group) 的概念來合成。為此，以下介紹有關運動矩陣與排列群的定義與術語。

## 9.3　**運動矩陣** Kinematic Matrices

矩陣的概念是一種用以表示各種鏈之拓樸構造的有力工具。以下介紹連桿鄰接矩陣、標號連桿鄰接矩陣、及縮桿鄰接矩陣的定義。

### 連桿鄰接矩陣

具有 $N_L$ 根連桿與 $N_J$ 個接頭之一般化 (運動) 鏈的**連桿鄰接矩陣** (Link adjacency matrix)，$M_{LA}$，是一個 $N_L \times N_L$ 矩陣。若桿 $i$ 和桿 $j$ 相鄰接，則其元素 $e_{ij} = 1$；否則 $e_{ij} = 0$。如圖 9.5(a) 所示的 (6, 7) 瓦特型鏈，其連桿鄰接矩陣 $M_{LA}$ 為：

$$M_{LA} = \begin{bmatrix} 0 & 1 & 0 & 1 & 0 & 1 \\ 1 & 0 & 1 & 0 & 0 & 0 \\ 0 & 1 & 0 & 1 & 0 & 0 \\ 1 & 0 & 1 & 0 & 1 & 0 \\ 0 & 0 & 0 & 1 & 0 & 1 \\ 1 & 0 & 0 & 0 & 1 & 0 \end{bmatrix}$$

156　機械裝置的創意性設計

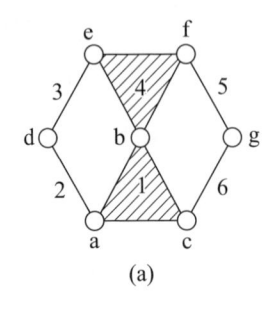

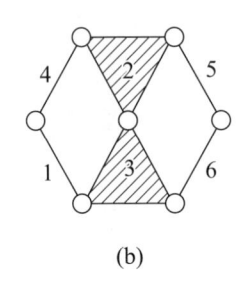

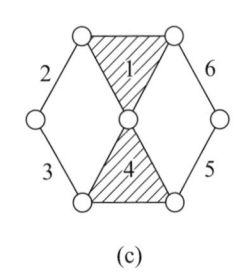

圖 9.5　標號的瓦特型鏈

## 標號連桿鄰接矩陣

若將一個鏈中的桿件以整數 {1, 2, 3, ..., i, ...} 標示，接頭以字母 {a, b, c, ..., k, ...} 標示，則此鏈稱之為**標號鏈** (Labeled chain)。一個具有 $N_L$ 根連桿與 $N_J$ 個接頭的標號一般化 (運動) 鏈，其**標號連桿鄰接矩陣** (Labeled link adjacency matrix)，$M_{LLA}$，是一個 $N_L \times N_L$ 矩陣。該矩陣中，元素 $e_{ii} = i$ 表示第 $i$ 根桿件；元素 $e_{ij} = k$ 表示接頭 $k$ 附隨於桿 $i$ 和桿 $j$，否則 $e_{ij} = 0$。

對於圖 9.5 (a) 所示的 (6, 7) 瓦特型鏈而言，其標號連桿鄰接矩陣 $M_{LLA}$ 為：

$$M_{LLA} = \begin{bmatrix} 1 & a & 0 & b & 0 & c \\ a & 2 & d & 0 & 0 & 0 \\ 0 & d & 3 & e & 0 & 0 \\ b & 0 & e & 4 & f & 0 \\ 0 & 0 & 0 & f & 5 & g \\ c & 0 & 0 & 0 & g & 6 \end{bmatrix}$$

## 縮桿鄰接矩陣

運動鏈中串聯在一起的雙接頭桿，可視為一個**縮桿** (Contracted link)。**縮桿鄰接矩陣** (Contracted link adjacency matrix) $M_{CLA}$ 中的對角線

元素 $e_{ii}$ 用於表示連桿 $i$ 的種類,稱之為**連桿元素** (Link element)。若桿 $i$ 為具有 $u$ 個接頭的多接頭桿,則 $e_{ii} = +u$;若桿 $i$ 是具有 $v$ 根雙接頭的縮桿,則 $e_{ii} = -v$。非對角線元素 $e_{ij}$ 用於表示桿 $i$ 和桿 $j$ 之間的附隨接頭數,稱為**接頭元素** (Joint element)。$e_{ij}$ 的值定義為:若桿 $i$ 和桿 $j$ 之間以 $w$ 個接頭連接,則 $e_{ij} = w$;其中,$w$ 的值只能為 0、1 或 2。唯有當兩相鄰連桿之一具有三個或三個以上之雙接頭桿的縮桿,而另一為多接頭桿,且此縮桿的兩端皆連接於此多接頭桿時,$w = 2$ 才成立。

以交換連桿的次序方式,將 $M_{CLA}$ 的對角線元素以遞減的順序排列之,所得的結果並不改變矩陣的一般性。例如,圖 9.6 (a) 所示之 (10, 13) 運動鏈的 $M_{CLA}$ 表示為:

$$M_{CLA} = \begin{bmatrix} 4 & 1 & 0 & 1 & | & 1 & 0 & 1 \\ 1 & 4 & 1 & 0 & | & 1 & 1 & 0 \\ 0 & 1 & 3 & 1 & | & 0 & 1 & 0 \\ 1 & 0 & 1 & 3 & | & 0 & 0 & 1 \\ - & - & - & - & + & - & - & - \\ 1 & 1 & 0 & 0 & | & -2 & 0 & 0 \\ 0 & 1 & 1 & 0 & | & 0 & -2 & 0 \\ 1 & 0 & 0 & 1 & | & 0 & 0 & -2 \end{bmatrix}$$

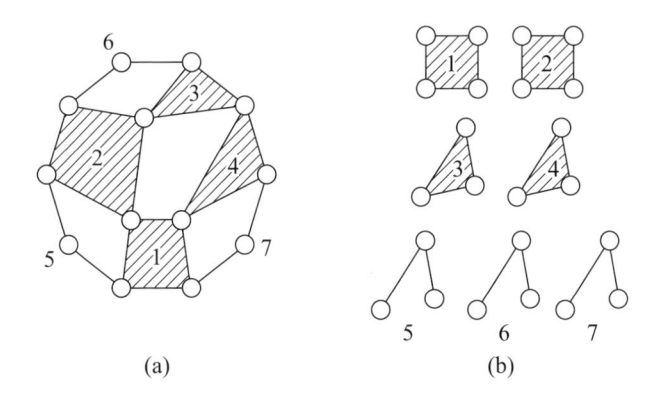

圖 9.6　一個 (10, 13) 運動鏈及其多接頭桿與縮桿

其中，對角線元素表明該運動鏈含有如圖 9.6(b) 所示的兩個肆接頭桿 (桿 1 和桿 2)、兩個參接頭桿 (桿 3 和桿 4)、及三個含有兩個雙接頭桿的縮桿 (桿 5、桿 6、及桿 7)。

為方便起見，矩陣 $M_{CLA}$ 可分割成如下所示的四個子矩陣，$M_{ul}$、$M_{ur}$、$M_{ll}$、及 $M_{lr}$：

$$M_{CLA} = \begin{bmatrix} M_{ul} & | & M_{ur} \\ - & + & - \\ M_{ll} & | & M_{lr} \end{bmatrix}$$

其中，位於左上方的子矩陣 $M_{ul}$，表示多接頭桿的構形；位於右下方的子矩陣 $M_{lr}$，由於任意兩個縮桿並不鄰接，故其非對角線元素皆為零；位於右上方的子矩陣 $M_{ur}$，表示多接頭桿與縮桿間的鄰接關係；位於左下方的子矩陣 $M_{ll}$，是 $M_{ur}$ 的轉置矩陣。

## 9.4　排列群 Permutation Groups

根據組合論的基本概念，可定義標號一般化 (運動) 鏈的三種排列群，分別稱為連桿群、接頭群、及鏈群。

**排列** (Permutation) $P$ 是指一個有限集合 $S$ 的一對一且映射至本身的對映。映射的一般組合，可提供在同一集合上進行二元運算的排列。此外，當一個排列集合為封閉的組合時，則稱其為**排列群** (Permutation group) $P_G$。例如，序列 (B, C, A, D) 是集合 $S$ = (A, B, C, D) 的一個排列，其中 A 對映至 B (A→B)、B 對映至 C (B→C)、C 對映至 A (C→A)、D 對映至 D (D→D)。在此排列中，A→B→C→A 構成一個**循環** (Cycle)，記為 [ABC]，其長度為 3；D→D 構成另一個循環 [D]，長度為 1。此排列的循環表示式，記為 $P$ = [ABC][D]。

## 連桿群

令 $S_{LL}=(1,2,3,...)$ 為一般化 (運動) 鏈之連桿標號的集合。將 $S_{LL}$ 的一個排列 $P$ 應用於鏈上，等效於將該鏈的連桿重新標號，即原鏈與重新標號過的鏈是同構鏈。例如，排列 $P=[13][24][5][6]$ 將圖 9.5(a) 所示的鏈，轉化為圖 9.5(b) 所示的同構鏈。

對於某些特殊的排列，重新標號過的鏈與原始的鏈相同，即兩者之連桿的鄰接關係與標號均相同。根據圖論，這兩個鏈是**自構的** (Automorphic)。例如，將圖 9.5(a) 所示之鏈的排列 $P=[14][23][56]$，轉化為圖 9.5(c) 所示之自構鏈的排列。將鏈的連桿重新標號，並將該鏈轉化為自構鏈的特殊排列，稱為該鏈的**連桿群** (Link group)，記為 $D_L$。例如圖 9.5(a) 所示之鏈的連桿群為：

$$D_L = \{P_{L1}, P_{L2}, P_{L3}, P_{L4}\}$$

其中，

$$P_{L1} = [1][2][3][4][5][6]$$
$$P_{L2} = [1/4][2/3][5/6]$$
$$P_{L3} = [1][2/6][3/5][4]$$
$$P_{L4} = [1/4][2/5][3/6]$$

## 接頭群

令 $S_{LJ}=(a,b,c,...)$ 為一般化 (運動) 鏈之接頭標號的集合，則必存在一組排列將該鏈轉化為自構鏈。這些排列形成一個群，稱為該鏈的**接頭群** (Joint group)，$D_J$。如圖 9.5(a) 所示之鏈的接頭群為：

$$D_J = \{P_{J1}, P_{J2}, P_{J3}, P_{J4}\}$$

其中，

$$P_{J1} = [a][b][c][d][e][f][g]$$
$$P_{J2} = [a/e][b][c/f][d][g]$$
$$P_{J3} = [a/c][b][e/f][d/g]$$
$$P_{J4} = [a/f][b][c/e][d/g]$$

### 鏈 群

若同時將鏈的連桿與接頭標號，可得到所謂的**鏈群** (Chain group)，$D_C$。如圖 9.5(a) 所示之鏈的鏈群為：

$$D_C = \{P_{C1}, P_{C2}, P_{C3}, P_{C4}\}$$

其中，

$$P_{C1} = [1][2][3][4][5][6][a][b][c][d][e][f][g]$$
$$P_{C2} = [1/4][2/3][5/6][a/e][b][c/f][d][g]$$
$$P_{C3} = [1][2/6][3/5][4][a/c][b][e/f][d/g]$$
$$P_{C4} = [1/4][2/5][3/6][a/f][c/e][d/g]$$

### 相似類

令 $S = (s_1, s_2, s_3, ..., s_k, ...)$ 為一般化 (運動) 鏈之連桿 (或接頭) 標號的集合。若存在一個屬於 $D_L$ (或 $D_J$) 的排列 $P$，使得 $s_i$ 轉化至 $s_j$，則稱 $s_i$ 和 $s_j$ 是因排列 $P$ 而**相似** (Similar)。此外，將相似元素集合為一類，可以把集合 $S$ 分為數個**相似類** (Similar class)。圖 9.5(a) 所示的瓦特型鏈，$\{1, 4\}$ 和 $\{2, 3, 5, 6\}$ 是兩個連桿的相似類，$\{b\}$、$\{a, c, e, f\}$、及 $\{d, g\}$ 則是三個接頭相似類。

### 排列群

一般化鏈的連桿群可從其連桿鄰接矩陣得到。若同構鏈中之列的連桿排列方式與行的連桿排列方式相同，則排列前與排列後的連桿鄰接矩陣是等效的。但是，自構鏈的連桿鄰接矩陣是相同的。

鏈之連桿群可經由以下的演算獲得：

1. 對於所研究的鏈，描述每一根連桿的屬性，即其自身以及與其鄰接之連桿所附隨的接頭數目。
2. 列出所有可能的連桿群，其中只有屬性相同的連桿之間可以重新標號。
3. 將每一個可能之連桿排列應用於該鏈的連桿鄰接矩陣。若所產生的連桿鄰接矩陣與原矩陣相同，則此排列即為該鏈之連桿群的數目。

對於圖 9.7 所示標號的 (6, 7) 史蒂芬生型鏈而言，桿 1 和桿 2 都含有三個附隨接頭，而且所有的鄰接桿都含有兩個附隨接頭。因此，桿 1 和桿 2 的屬性相同。同理，桿 3 和桿 4 以及桿 5 和桿 6 的屬性也相同。因此，可能之連桿排列的數目為 $2! \times 2! \times 2! = 8$，其所相對的排列群為：

$$P_{L1} = [1][2][3][4][5][6]$$
$$P_{L2} = [1/2][3][4][5][6]$$
$$P_{L3} = [1][2][3/4][5][6]$$
$$P_{L4} = [1][2][3][4][5/6]$$
$$P_{L5} = [1/2][3/4][5][6]$$
$$P_{L6} = [1/2][3][4][5/6]$$
$$P_{L7} = [1][2][3/4][5/6]$$
$$P_{L8} = [1/2][3/4][5/6]$$

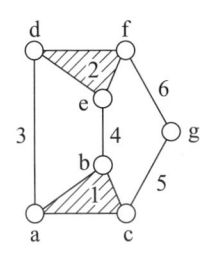

圖 9.7 標號的史蒂芬生型鏈

其中，$P_{L1}$、$P_{L3}$、$P_{L6}$、及 $P_{L8}$ 均將連桿鄰接矩陣轉化為其自身，因此該鏈的連桿群 $D_L$ 為 $\{P_{L1}, P_{L3}, P_{L6}, P_{L8}\}$。

從該鏈之標號連桿鄰接矩陣的每一個連桿排列，可藉著觀察連桿鄰接矩陣之非對角元素的轉換，獲得接頭群與鏈群。對於圖 9.7 所示的史蒂芬生型鏈而言，其所對應的標號連桿鄰接矩陣為：

$$\begin{bmatrix} 1 & 0 & a & b & c & 0 \\ 0 & 2 & d & e & 0 & f \\ a & d & 3 & 0 & 0 & 0 \\ b & e & 0 & 4 & 0 & 0 \\ c & 0 & 0 & 0 & 5 & g \\ 0 & f & 0 & 0 & g & 6 \end{bmatrix}$$

而由 $P_{L3}$ = [1][2][3/4][5][6] 轉換來的標號連桿鄰接矩陣為：

$$\begin{bmatrix} 1 & 0 & b & a & c & 0 \\ 0 & 2 & e & d & 0 & f \\ b & e & 4 & 0 & 0 & 0 \\ a & d & 0 & 3 & 0 & 0 \\ c & 0 & 0 & 0 & 5 & g \\ 0 & f & 0 & 0 & g & 6 \end{bmatrix}$$

從此兩個標號連桿鄰接矩陣的非對角元素可看出，$a{\rightarrow}b$、$b{\rightarrow}a$、$c{\rightarrow}c$、$d{\rightarrow}e$、$e{\rightarrow}d$、$f{\rightarrow}f$、$g{\rightarrow}g$。因此，與連桿排列 $P_{L3}$ 相對應存在如下的接頭排列：

$$P_{J3} = [a/b][c][d/e][f][g]$$

及鏈排列：

$$P_{C3} = [1][2][3/4][5][6][a/b][c][d/e][f][g]$$

## 9.5 列舉演算法 Enumerating Algorithm

根據排列群之概念所導出的演算法，可以合成出只含旋轉對與單接頭的非同構運動鏈圖譜。因為縮桿鄰接矩陣 ($M_{CLA}$) 表示一個運動鏈的拓樸構造，所以運動鏈的列舉可以經由建構全部可能的縮桿鄰接矩陣來達成。建構全部可能的非同構縮桿鄰接矩陣的演算法步驟如下(圖 9.8)：

**步驟一** 輸入連桿數 $N_L$ 與自由度 $F_p$。

**步驟二** 找出連桿類配 $A_L = [N_{L2}/N_{L3}/.../N_{Li}/...]$，其中 $N_{Li}$ 為具有 $i$ 個附隨接頭的連桿數目。

**步驟三** 對於每一個連桿類配，找出其縮桿類配 $A_{LC} = [N_{c1}/N_{c2}/.../N_{ci}/...]$，其中 $N_{ci}$ 是具有 $i$ 個雙接頭桿的縮桿數目。

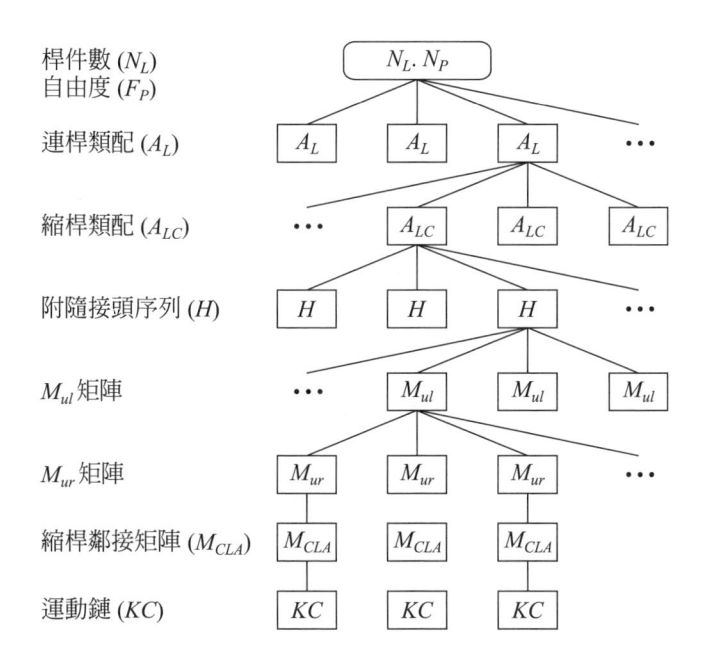

圖 9.8 運動鏈的列舉演算法

**步驟四** 對於每一個縮桿類配，找出多接頭桿間的**附隨接頭序列** (Incident joint sequences) $H=(a_1, a_2, ..., a_i, ..., a_{Nm})$，其中 $N_m$ 是多接頭桿的數目，$a_i$ 是多接頭桿 $i$ 與其它多接頭桿之間共同附隨的接頭數目。

**步驟五** 對於每一個附隨接頭序列，找出所有非同構的矩陣 $M_{ul}$ 如下：
(1) 找出矩陣 $M_{ul}$ 之接頭元素的排列群。
(2) 根據此排列群，分配 "0" 和 "1" 給接頭元素，以建構出所有非同構的矩陣 $M_{ul}$。

**步驟六** 對於每一個產生的矩陣 $M_{ul}$，找出所有非同構的矩陣 $M_{ur}$ 如下：
(1) 找出矩陣 $M_{ur}$ 之接頭元素的排列群。
(2) 根據此排列群，分配 "0"、"1"、及 "2" 給接頭元素，建構出所有非同構的矩陣 $M_{ur}$。

**步驟七** 由產生之矩陣 $M_{ur}$ 建構所對應的矩陣 $M_{CLA}$，並從中去除子呆鏈。

**步驟八** 將每一個所建構的 $M_{CLA}$，轉化為其所對應的圖示運動鏈。

茲詳細說明上述的每一個步驟如下。

## 9.5.1 步驟一

**輸入桿數與自由度數**

因為所考慮的是含旋轉對與單接頭的平面運動鏈，所以接頭數 ($N_J$) 可以根據方程式 (2.1) 計算如下：

$$N_J = \frac{[3(N_L - 1) - F_p]}{2} \quad\quad\quad (9.1)$$

其中，$F_p$ 是自由度數，$N_L$ 是連桿數。

對於單自由度 ($F_p = 1$) 的十桿 ($N_L = 10$) 運動鏈而言，根據方程式

(9.1)，可求得接頭數 $N_J$ 為 13。如圖 9.6(a) 所示即為一個 (10, 13) 運動鏈。

### 9.5.2 步驟二
**找出連桿類配**

一個具 $N_L$ 根連桿與 $N_J$ 個接頭之運動鏈的連桿類配 $A_L = [N_{L2}/N_{L3}/N_{L4}/...]$，可由以下三個方程求得：

$$N_{L2} + N_{L3} + N_{L4} + ... + N_{Lm} = N_L \quad\quad\quad (9.2)$$

$$2N_{L2} + 3N_{L3} + 4N_{L4} + ... + mN_{Lm} = 2N_J \quad\quad\quad (9.3)$$

$$m = \begin{cases} (N_L - F_P + 1)/2, & \text{若 } F_P = 0 \text{ 或 } 1 \\ \min\{(N_L - F_P - 1), (N_L + F_P - 1)/2\}, & \text{若 } F_P \geq 2 \end{cases} \quad (9.4)$$

對於 $N_L = 10$ 和 $F_p = 1$ 的運動鏈，$N_J = 13$ 之全部可能的連桿類配為：[4/6/0/0]、[5/4/1/0]、[6/2/2/0]、[7/0/3/0]、[6/3/0/1]、[7/1/1/1]、[8/0/0/2]。圖 9.6(a) 所示之 (10, 13) 運動鏈的連桿類配為 [6/2/2/0]。

### 9.5.3 步驟三
**找出縮桿類配** (Contracted link assortment)

本步驟等效於將 $N_{L2}$ 根雙接頭桿分割成 $N_c$ 個部份，而 $N_c$ 是縮桿的數目。因此，縮桿類配 $A_{LC} = [N_{c1}/N_{c2}/.../N_{ci}/...]$ 必須滿足以下方程式：

$$N_{c1} + N_{c2} + ... + N_{cr} = N_c \quad\quad\quad (9.5)$$

$$N_{c1} + 2N_{c2} + ... + rN_{cr} = N_{L2} \quad\quad\quad (9.6)$$

很顯然的，一個具有 $F_p$ 自由度之非退化運動鏈不能包含具 $F_p + 2$ 或更多雙接頭桿的縮桿，因此 $r = F_p + 1$。即 $N_c$ 的範圍為：

$$J_m - J'_m \leq N_c \leq \min.\{N_{L2}, J_m\} \quad\quad\quad (9.7)$$

其中，

$$2J_m = 3N_{L3} + 4N_{L4} + \ldots + qN_q \quad\quad\quad\quad\quad (9.8)$$

$$2J'_m = \begin{cases} 0, & \text{若} \quad N_m = 1 \\ 3(N_m - 1) - 1, & \text{若} \quad N_m = 2, 4, 6, \ldots \\ 3(N_m - 1) - 2, & \text{若} \quad N_m = 3, 5, 7, \ldots \end{cases} \quad (9.9)$$

根據方程式 (9.5) 至 (9.9)，對於給定的連桿類配，可以合成出全部可能的縮桿類配。例如，若 $N_L = 10$, $F_p = 1$，$A_L = [6/2/2/0]$，則 $r = 2$，$N_m = 4$, $J_m = 7$, $3 \leq N_c \leq 6$，且所有可能的縮桿類配為：[0/3]、[2/2]、[4/1]、及 [6/0]。

一旦獲得縮桿類配之後，$M_{CLA}$ 的 $e_{ii}$ 值即可由以大至小的序列獲得。例如，若 $A_L = [6/2/2/0]$ 和 $A_{LC} = [2/2]$，則兩根肆接頭桿必須標示為 1 和 2，兩根參接頭桿必須標示為 3 和 4，兩個具一根雙接頭桿的縮桿必須標示為 5 和 6，兩個具兩根雙接頭桿的縮桿必須標示為 7 和 8。$e_{ii}$ 值的序列為 (4, 4, 3, 3, −1, −1, −2, −2)。

### 9.5.4 步驟四

**找出附隨接頭序列** (Incidence joint sequence)

建構矩陣 $M_{ul}$ 之前，必須先找出多接頭桿之間的所有可能的附隨接頭序列 $H = (a_1, a_2, ..., a_i, ..., a_{N_m})$，其中 $a_i$ 是多接頭桿 $i$ 與其它多接頭桿之間所共同附隨的接頭數目。換言之，矩陣 $M_{ul}$ 中第 $i$ 列非對角線元素之和為 $a_i$，即：

$$\sum_{\substack{j=1 \\ j \neq i}}^{N_m} e_{ij} = a_i, \quad i = 1, ..., N_m \quad\quad\quad\quad (9.10)$$

方程式 (9.10) 稱為矩陣 $M_{ul}$ 的**相容性限制** (Compatibility constraint)。再者，令 $a_i$ 之和為 $2J_d$，則 $2J_d$ 可由下式獲得：

$$2J_d = 2J_m - 2N_c \quad\quad\quad\quad\quad\quad\quad\quad (9.11)$$

決定附隨接頭序列的問題，相當於將整數 $2J_d$ 分割成 $k$ 部份，再分配給序列 $H$ 的 $N_m$ 個元素。因為某些多接頭桿可能不與其它多接頭桿鄰接，故 $k \leq N_m$。

為避免多接頭桿的構形有子呆鏈，所分割的 $k$ 部份必須滿足下列限制：

1. 所分割之部份數的最大值 $t$，不能大於多接頭桿的接頭數最大值，即 $t < e_{11}$，且必須小於所分割的部份數 $k$，即 $t < k$。
2. 多接頭桿所組成的構形，其自由度必須為正，即 $3(k-1) - 2J_d > 0$。

例如，若連桿元素的序列為 $(4, 4, 3, 3, -1, -1, -2, -2)$，則 $J_m = 7$, $N_m = 4$, $N_c = 4$, $J_d = 3$，且 $k \leq 4$。根據第二個限制，$k > 3$，因此可得 $k = 4$。根據第一個限制，$t < 4$，將 $2J_d (= 6)$ 分割為四個部份，其可能結果為：$3+1+1+1$ 和 $2+2+1+1$。

在分割完畢後，將分割的結果分配給 $a_i$。因為 $e_{ii}$ 是屬於多接頭桿 $i$ 的總接頭數，而 $a_i$ 只是與其它多接頭桿附隨的接頭數，所以 $a_i < e_{ii}$。為避免多接頭桿的構形為同構，因此設定一個規則為：若 $e_{ii} = e_{jj}$ 且 $i > j$，則 $a_i < a_j$。承上例，所獲得的附隨接頭序列為：$(3, 1, 1, 1)$、$(1, 1, 3, 1)$、$(2, 2, 1, 1)$、$(2, 1, 2, 1)$、及 $(1, 1, 2, 2)$。

## 9.5.5　步驟五

**建構 $M_{ul}$ 矩陣**

在獲得附隨接頭序列之後，可決定矩陣 $M_{ul}$ 連桿元素的排列群。

令 $S_{ML} = (L_1, L_2, ..., L_{Nm})$ 為多接頭桿的集合。連桿的屬性是此連桿的所有相關資料，如 $e_{ii}$、$a_i$、$e_{ij}$、…等。至目前為止，一個多接頭桿有兩項屬性，即所包含的接頭數 ($e_{ii}$) 及其與其它多接頭桿附隨的接頭數 ($a_i$)。例如，若 $S_{ML} = (L_1, L_2, L_3, L_4)$，$e_{ii}$ 值為 $(4, 4, 3, 3)$，$a_i$ 值為 $(2, 2, 2, 2)$，則集合 $S_{ML}$ 的連桿群 $D_L$ 為：

$$D_L = \{P_{L1}, P_{L2}, P_{L3}, P_{L4}\}$$

其中，

$$P_{L1} = [L_1][L_2][L_3][L_4]$$
$$P_{L2} = [L_1/L_2][L_3][L_4]$$
$$P_{L3} = [L_1][L_2][L_3/L_4]$$
$$P_{L4} = [L_1/L_2][L_3/L_4]$$

爲決定每一個桿 $i$ 的 $e_{ij}$ 值，需知到矩陣 $M_{ul}$ 之集合 $e_{ij}$ 的接頭群 $D_J$。若 $L_i$ 對映至 $L_p$、且 $L_j$ 對映至 $L_q$，則可利用 $e_{ij}$ 對映至 $e_{pq}$，得到每一個連桿群的排列及其所對應之接頭群的排列。承上例，其接頭群爲：

$$D_J = \{P_{J1}, P_{J2}, P_{J3}, P_{J4}\}$$

其中，

$$P_{J1} = [e_{12}][e_{13}][e_{14}][e_{23}][e_{24}][e_{34}]$$
$$P_{J2} = [e_{12}][e_{13}/e_{23}][e_{14}/e_{24}][e_{34}]$$
$$P_{J3} = [e_{12}][e_{13}/e_{14}][e_{23}/e_{24}][e_{34}]$$
$$P_{J4} = [e_{12}][e_{13}/e_{24}][e_{14}/e_{23}][e_{34}]$$

而 $D_J$ 有三個相似類：$\{e_{12}\}$、$\{e_{13}, e_{14}, e_{23}, e_{24}\}$、及 $\{e_{34}\}$。

接著，根據接頭群 $D_J$ 分配 $J_d$ 個 "1" 給元素 $e_{ij}$，而未分配的元素則設定爲 "0"。在分配過程中，必須滿足方程式 (9.10) 的相容性限制。以下提供一個遞迴程式來作分配的工作。本程式 ASSIGNMENT 具有四個引數：ESET、GROUP、JD、及 PATH。這些引數的初始值分別設定爲：元素集合、排列群、分配的 "1" 的數目、及一個空串列。

# ASSIGNMENT (ESET, GROUP, JD, PATH)

1. if EMPTY (ESET) , return;

    若 EMPTY 的引數 ESET 為空串列，則其值為真。一旦 ESET 為空串列，則此程序返回。

2. CLASSLIST <- SIMILAR (ESET, GROUP) ;

    SIMILAR 是一個函數，它根據排列群 GROUP 將 ESET 分割為數個相似類，並將其按順序存放在串列 CLASSLIST 中。

3. CLASS <- ADDLAST (FIRST (CLASSLIST) , CLASSEND) ;

    選擇第一個相似類，並在此相似類末端加入符號 CLASSEND。

4. RSET <- REMOVE (CLASS, ESET) ;

    REMOVE 是一個可從 ESET 中除去 CLASS 之元素的函數，而其餘元素則構成集合 RSET，以為下次遞迴之用。

5. PATHS <- LIST (PATH) ;

    LIST 是將引數變為一個串列的函數。在此，一條路徑代表一連串被分配的元素。

6. until EMPTY (PATHS) , do:

7. begin

8. PATHS <- EXPAND (PATHS, CLASS) ;

    EXPAND 是將 PATHS 中的每一條路徑 $PA_i$ 的端點 $n_i$，擴充新的元素，以產生一組新的路徑之函數。接續點 $n_i$ 的擴充元素於 CLASS 中順序應小於 $n_i$。

9. for each path, PA, in the PATHS, do:

10. begin

11. if LAST (PA) =CLASSEND.

    then NGROUP <- MODIFY (GROUP, PA) ,

ASSIGNMENT (RSET, NGROUP, REMOVELAST (PA) ) ;

若在現有 CLASS 中的路徑已無法擴充，則於其餘元素遞迴呼叫 ASSIGNMENT。MODIFY 是一個函數，其作用是根據路徑 PA 將被破壞的排列從 GROUP 中去除。在此，一個受到破壞的排列，是指在同一循環的排列中之某一元素具有不同的值。

12. if NOT (MAXIMAL (PA, GROUP) ) ,

   then PATHS <- REMOVE (PA, PATHS) , go end;

MAXIMAL 為一個函數，若第一個引數 PA 為最大路徑，則此函數值為真。所謂最大路徑，是指一條路徑及其它經由 GROUP 中之排列所對映的路徑比較，其元素的順序為最高者。若此元素與其它所有元素的順序比較後是相同的，則此順序是最高的。若 PA 不是最大路徑，則其必與一條最大路徑同構，可將其從 PATHS 中去除。

13. if LENGTH (PA) =JD,

   then REMOVE (PA, PATHS) ,

   if COMPATIBLE (PA) , OUTPUT (PA) ;

若 PA 包含 $J_d$ 個已分配元素，則將其從 PATHS 中去除。若 PA 滿足相容性限制，則 PA 為其結果，並將其輸出。

14. end

15. end

16. return

承上例，若矩陣 $M_{ul}$ 的接頭元素集合為 $S_{je}$ = ($e_{12}$, $e_{13}$, $e_{14}$, $e_{23}$, $e_{24}$, $e_{34}$)，附隨接頭序列為 $H$ = (2, 2, 2, 2)，$J_d$ = 4，接頭群 $D_J$ = {$P_{J1}$, $P_{J2}$, $P_{J3}$, $P_{J4}$}，其中：

$$P_{J1}=[e_{12}][e_{13}][e_{14}][e_{23}][e_{24}][e_{34}]$$
$$P_{J2}=[e_{12}][e_{13}/e_{23}][e_{14}/e_{24}][e_{34}]$$
$$P_{J3}=[e_{12}][e_{13}/e_{14}][e_{23}/e_{24}][e_{34}]$$
$$P_{J4}=[e_{12}][e_{13}/e_{24}][e_{14}/e_{23}][e_{34}]$$

執行分配程序時，設定初始值為 ESET $= S_{je}$，GROUP $= D_J$，JD $= 4$，PATH $= $ nil，其中 nil 表示一個空串列。如此可得第一個矩陣 $M_{ul}$ 的接頭群與原接頭群相同；而第二個矩陣的接頭群，可由原接頭群中去掉 $P_{J2}$ 和 $P_{J3}$ 後得到與其對應的連桿群也縮減為 $D_L = \{P_{L1}, P_{L4}\}$。

## 9.5.6 步驟六

**建構矩陣 $M_{ur}$**

步驟五已經建構了矩陣 $M_{ul}$。接著，開始針對每一個矩陣 $M_{ul}$ 建構矩陣 $M_{ur}$。建構矩陣 $M_{ur}$ 與建構矩陣 $M_{ul}$ 的流程非常類似，可視為將 $2N_c$ 接頭分配給矩陣 $M_{ur}$ 中的元素。步驟五與步驟六的不同點有兩個：

1. 若矩陣 $M_{ur}$ 的元素為 "2"，則分配流程必須分兩次執行。第一次分配 $J_2$ 個 "2" 給矩陣 $M_{ur}$ 的元素，第二次分配 $2N_c - 2J_2$ 個 "1" 給矩陣的元素，而未分配的元素其值設為 "0"。
2. 所分配的元素必須滿足如下矩陣 $M_{ur}$ 的相容性限制：

$$\sum_{\substack{j=1\\j\neq i}}^{N_m+N_c} e_{ij}=e_{ii},\ i=1,...,N_m$$

$$\sum_{j=1}^{N_m} e_{ij}=2,\ i=N_m+1,...,N_m+N_c$$

令 $S_{Lmc} = (L_1, L_2, ..., L_n)$ 為多接頭桿與縮桿的集合。針對每一個由步驟五所建構的矩陣 $M_{ul}$ 而言，其多接頭桿的連桿群已經獲得。縮桿的連桿群是一組將 $e_{ii}$ 值對映至自身排列的集合。將多接頭桿與縮桿的連桿群組合，可獲得集合 $S_{Lmc}$ 的連桿群。例如，若 $N_L = 10, F_p = 1, A_L = [6/2/2/0], A_{LC} = [0/3]$，並且

$$M_{CLA} = \begin{bmatrix} 4 & 1 & 1 & 0 & e_{15} & e_{16} & e_{17} \\ 1 & 4 & 0 & 1 & e_{25} & e_{26} & e_{27} \\ 1 & 0 & 3 & 1 & e_{35} & e_{36} & e_{37} \\ 0 & 1 & 1 & 3 & e_{45} & e_{46} & e_{47} \\ e_{51} & e_{52} & e_{53} & e_{54} & -2 & 0 & 0 \\ e_{61} & e_{62} & e_{63} & e_{64} & 0 & -2 & 0 \\ e_{71} & e_{72} & e_{73} & e_{74} & 0 & 0 & -2 \end{bmatrix}$$

則由步驟五可得多接頭桿的連桿群有兩個排列：$[L_1][L_2][L_3][L_4]$ 和 $[L_1/L_2][L_3/L_4]$；而縮桿的連桿群有六個排列：$[L_5][L_6][L_7]$、$[L_5][L_6/L_7]$、$[L_6][L_5/L_7]$、$[L_7][L_5/L_6]$、$[L_5/L_6/L_7]$、及 $[L_5/L_7/L_6]$。將以上兩個連桿群組合，則 $S_{Lmc}$ 的連桿群 $D_L$ 有十二個排列，即：

$$D_L = \{P_{L1}, P_{L2}, P_{L3}, P_{L4}, P_{L5}, P_{L6}, P_{L7}, P_{L8}, P_{L9}, P_{L10}, P_{L11}, P_{L12}\}$$

其中，

$P_{L1} = [L_1][L_2][L_3][L_4][L_5][L_6][L_7]$

$P_{L2} = [L_1][L_2][L_3][L_4][L_5][L_6/L_7]$

$P_{L3} = [L_1][L_2][L_3][L_4][L_6][L_5/L_7]$

$P_{L4} = [L_1][L_2][L_3][L_4][L_5/L_6][L_7]$

$P_{L5} = [L_1][L_2][L_3][L_4][L_5/L_6/L_7]$

$P_{L6} = [L_1][L_2][L_3][L_4][L_5/L_7/L_6]$

$P_{L7} = [L_1/L_2][L_3/L_4][L_5][L_7][L_6]$

$P_{L8} = [L_1/L_2][L_3/L_4][L_5][L_6/L_7]$

$P_{L9} = [L_1/L_2][L_3/L_4][L_6][L_5/L_7]$

$$P_{L10} = [L_1/L_2][L_3/L_4][L_5/L_6][L_7]$$
$$P_{L11} = [L_1/L_2][L_3/L_4][L_5/L_6/L_7]$$
$$P_{L12} = [L_1/L_2][L_3/L_4][L_5/L_7/L_6]$$

此外,集合 $S_{Lmc} = (e_{15}, e_{16}, e_{17}, e_{25}, e_{26}, e_{27}, e_{35}, e_{36}, e_{37}, e_{45}, e_{46}, e_{47})$ 的接頭群 $D_J$ 為:

$$D_J = \{P_{J1}, P_{J2}, P_{J3}, P_{J4}, P_{J5}, P_{J6}, P_{J7}, P_{J8}, P_{J9}, P_{J10}, P_{J11}, P_{J12}\}$$

其中,

$$P_{J1} = [e_{15}][e_{16}][e_{17}][e_{25}][e_{26}][e_{27}][e_{35}][e_{36}][e_{37}][e_{45}][e_{46}][e_{47}]$$
$$P_{J2} = [e_{15}][e_{16}/e_{17}][e_{25}][e_{26}/e_{27}][e_{35}][e_{36}/e_{37}][e_{45}][e_{46}/e_{47}]$$
$$P_{J3} = [e_{16}][e_{15}/e_{17}][e_{26}][e_{25}/e_{27}][e_{36}][e_{35}/e_{37}][e_{46}][e_{45}/e_{47}]$$
$$P_{J4} = [e_{15}/e_{16}][e_{17}][e_{25}/e_{26}][e_{27}][e_{35}/e_{36}][e_{37}][e_{45}/e_{46}][e_{47}]$$
$$P_{J5} = [e_{15}/e_{16}/e_{17}][e_{25}/e_{26}/e_{27}][e_{35}/e_{36}/e_{37}][e_{45}/e_{46}/e_{47}]$$
$$P_{J6} = [e_{15}/e_{17}/e_{16}][e_{25}/e_{27}/e_{26}][e_{35}/e_{37}/e_{36}][e_{45}/e_{47}/e_{46}]$$
$$P_{J7} = [e_{15}/e_{25}][e_{16}/e_{26}][e_{17}/e_{27}][e_{35}/e_{45}][e_{36}/e_{46}][e_{37}/e_{47}]$$
$$P_{J8} = [e_{15}/e_{25}][e_{16}/e_{27}][e_{17}/e_{26}][e_{35}/e_{45}][e_{36}/e_{47}][e_{37}/e_{46}]$$
$$P_{J9} = [e_{15}/e_{27}][e_{16}/e_{26}][e_{17}/e_{25}][e_{35}/e_{47}][e_{36}/e_{46}][e_{37}/e_{45}]$$
$$P_{J10} = [e_{15}/e_{26}][e_{16}/e_{25}][e_{17}/e_{27}][e_{35}/e_{46}][e_{36}/e_{45}][e_{37}/e_{47}]$$
$$P_{J11} = [e_{15}/e_{26}/e_{17}/e_{25}/e_{16}/e_{27}][e_{35}/e_{46}/e_{37}/e_{45}/e_{36}/e_{47}]$$
$$P_{J12} = [e_{15}/e_{27}/e_{16}/e_{25}/e_{17}/e_{26}][e_{35}/e_{47}/e_{36}/e_{45}/e_{37}/e_{46}]$$

最後,設定初始值 ESET = $S_{je}$、GROUP = $D_J$、JD = $2Nc$、及 PATH = nil,以執行程式 ASSIGNMENT,可獲得的矩陣 $M_{ur}$ 為:

$$\begin{bmatrix} 1 & 1 & 0 \\ 1 & 1 & 0 \\ 0 & 0 & 1 \\ 0 & 0 & 1 \end{bmatrix} \begin{bmatrix} 1 & 1 & 0 \\ 1 & 0 & 1 \\ 0 & 1 & 0 \\ 0 & 0 & 1 \end{bmatrix} \begin{bmatrix} 1 & 1 & 0 \\ 1 & 0 & 1 \\ 0 & 0 & 1 \\ 0 & 1 & 0 \end{bmatrix}$$

## 9.5.7 步驟七

**建構矩陣 $M_{CLA}$**

本步驟是根據步驟六所獲得之 $M_{ur}$ 矩陣來建構相對應的矩陣 $M_{CLA}$。例如在步驟六獲得的三個矩陣，其所對應的矩陣 $M_{CLA}$ 為：

$$\begin{bmatrix} 4 & 1 & 1 & 0 & 1 & 1 & 0 \\ 1 & 4 & 0 & 1 & 1 & 1 & 0 \\ 1 & 0 & 3 & 1 & 0 & 0 & 1 \\ 0 & 1 & 1 & 3 & 0 & 0 & 1 \\ 1 & 1 & 0 & 0 & -2 & 0 & 0 \\ 1 & 1 & 0 & 0 & 0 & -2 & 0 \\ 0 & 0 & 1 & 1 & 0 & 0 & -2 \end{bmatrix} \begin{bmatrix} 4 & 1 & 1 & 0 & 1 & 1 & 0 \\ 1 & 4 & 0 & 1 & 1 & 0 & 1 \\ 1 & 0 & 3 & 1 & 0 & 1 & 0 \\ 0 & 1 & 1 & 3 & 0 & 0 & 1 \\ 1 & 1 & 0 & 0 & -2 & 0 & 0 \\ 1 & 0 & 1 & 0 & 0 & -2 & 0 \\ 0 & 1 & 0 & 1 & 0 & 0 & -2 \end{bmatrix} \begin{bmatrix} 4 & 1 & 1 & 0 & 1 & 1 & 0 \\ 1 & 4 & 0 & 1 & 1 & 0 & 1 \\ 1 & 0 & 3 & 1 & 0 & 0 & 1 \\ 0 & 1 & 1 & 3 & 0 & 1 & 0 \\ 1 & 1 & 0 & 0 & -2 & 0 & 0 \\ 1 & 0 & 0 & 1 & 0 & -2 & 0 \\ 0 & 1 & 1 & 0 & 0 & 0 & -2 \end{bmatrix}$$

再者，每一個包含基本呆鏈的 $M_{CLA}$ 矩陣，必須予以去除。

## 9.5.8 步驟八

**轉換矩陣 $M_{CLA}$ 為運動鏈**

最後之步驟是將每一個由步驟七所獲得的矩陣 $M_{CLA}$，轉化為與其對應的圖示運動鏈。圖 9.9 所示者為由步驟七獲得之三個 $M_{CLA}$ 矩陣所對應的運動鏈。

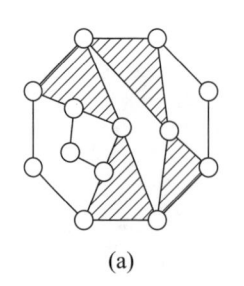

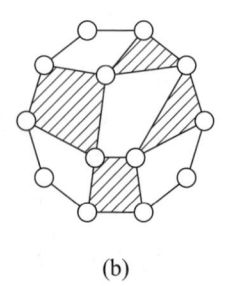

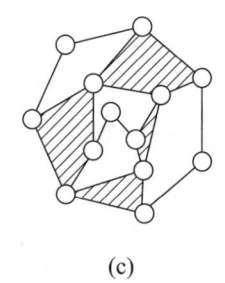

圖 9.9　例題中所產生的運動鏈

## 9.6 運動鏈圖譜 Atlas of Kinematic Chains

表 9.1 總結出具有 6 至 12 根連桿及 1 至 5 個自由度的運動鏈數目。

表 9.1　6 至 12 根連桿的運動鏈數目

| $N_L$ \ $F$ | 1 | 2 | 3 | 4 | 5 |
|---|---|---|---|---|---|
| 6 | 2 | | | | |
| 7 | | 4 | | | |
| 8 | 16 | | 7 | | |
| 9 | | 40 | | 10 | |
| 10 | 230 | | 98 | | 14 |
| 11 | | 839 | | 189 | |
| 12 | 6,862 | | 2,442 | | 354 |

簡單運動鏈圖譜於設計機械裝置時非常有用，以下列出一些重要的圖譜。

對單自由度的裝置而言：

1. 簡單 (4, 4) 運動鏈有 1 個，如圖 9.10 所示。
2. 簡單 (6, 7) 運動鏈有 2 個，如圖 9.11 所示。
3. 簡單 (8, 10) 運動鏈有 16 個，如圖 9.12 所示。

176　機械裝置的創意性設計

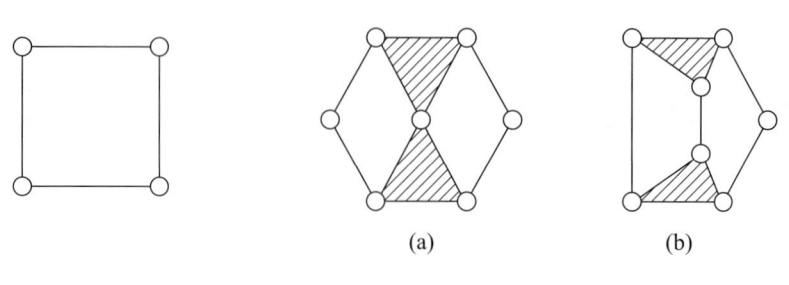

圖 9.10　(4, 4) 運動鏈圖譜

圖 9.11　(6, 7) 運動鏈圖譜

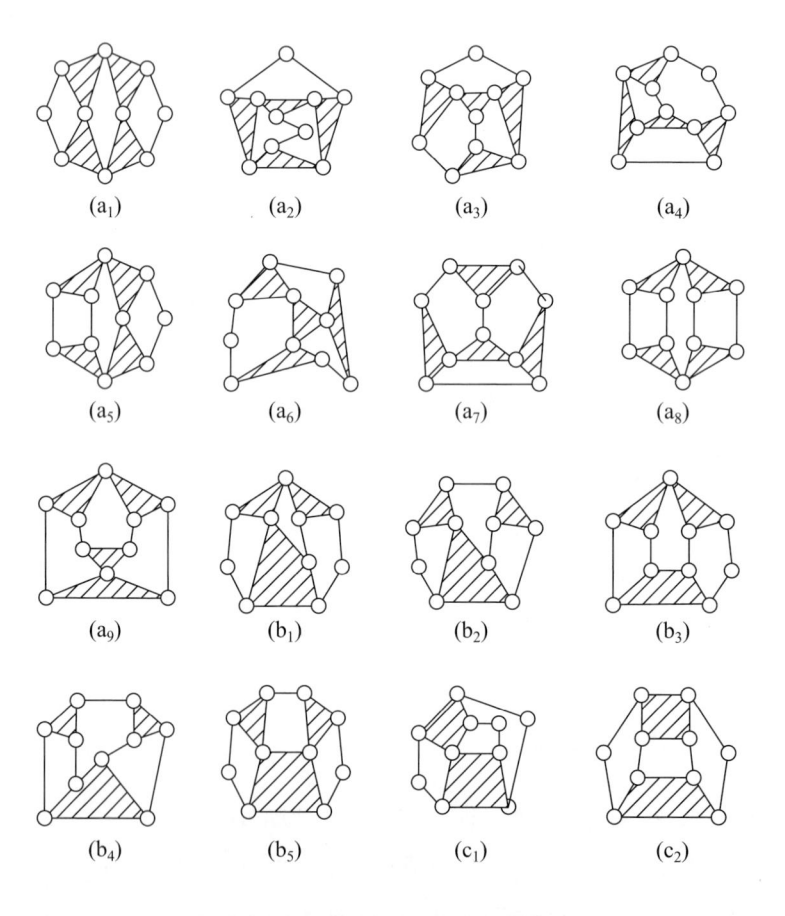

(a)　　(b)

($a_1$)　($a_2$)　($a_3$)　($a_4$)

($a_5$)　($a_6$)　($a_7$)　($a_8$)

($a_9$)　($b_1$)　($b_2$)　($b_3$)

($b_4$)　($b_5$)　($c_1$)　($c_2$)

圖 9.12　(8, 10) 運動鏈圖譜

對兩個自由度的裝置而言：

1. 簡單 (5, 5) 運動鏈有 1 個，如圖 9.13 所示。

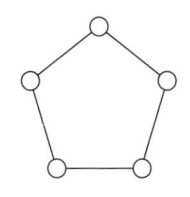

圖 9.13　(5, 5) 運動鏈圖譜

2. 簡單 (7, 8) 運動鏈有 3 個，如圖 9.14 所示。

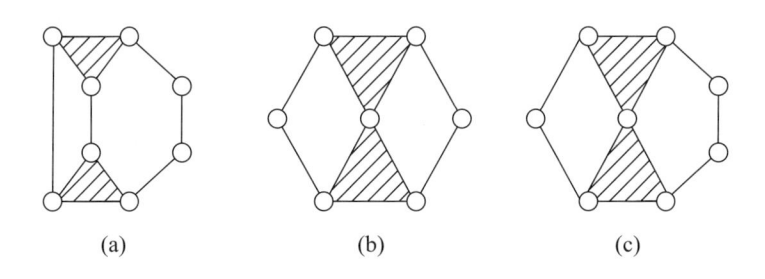

(a)　　　　　　(b)　　　　　　(c)

圖 9.14　(7, 8) 運動鏈圖譜

3. 簡單 (9, 11) 運動鏈有 40 個，如圖 9.15 所示。

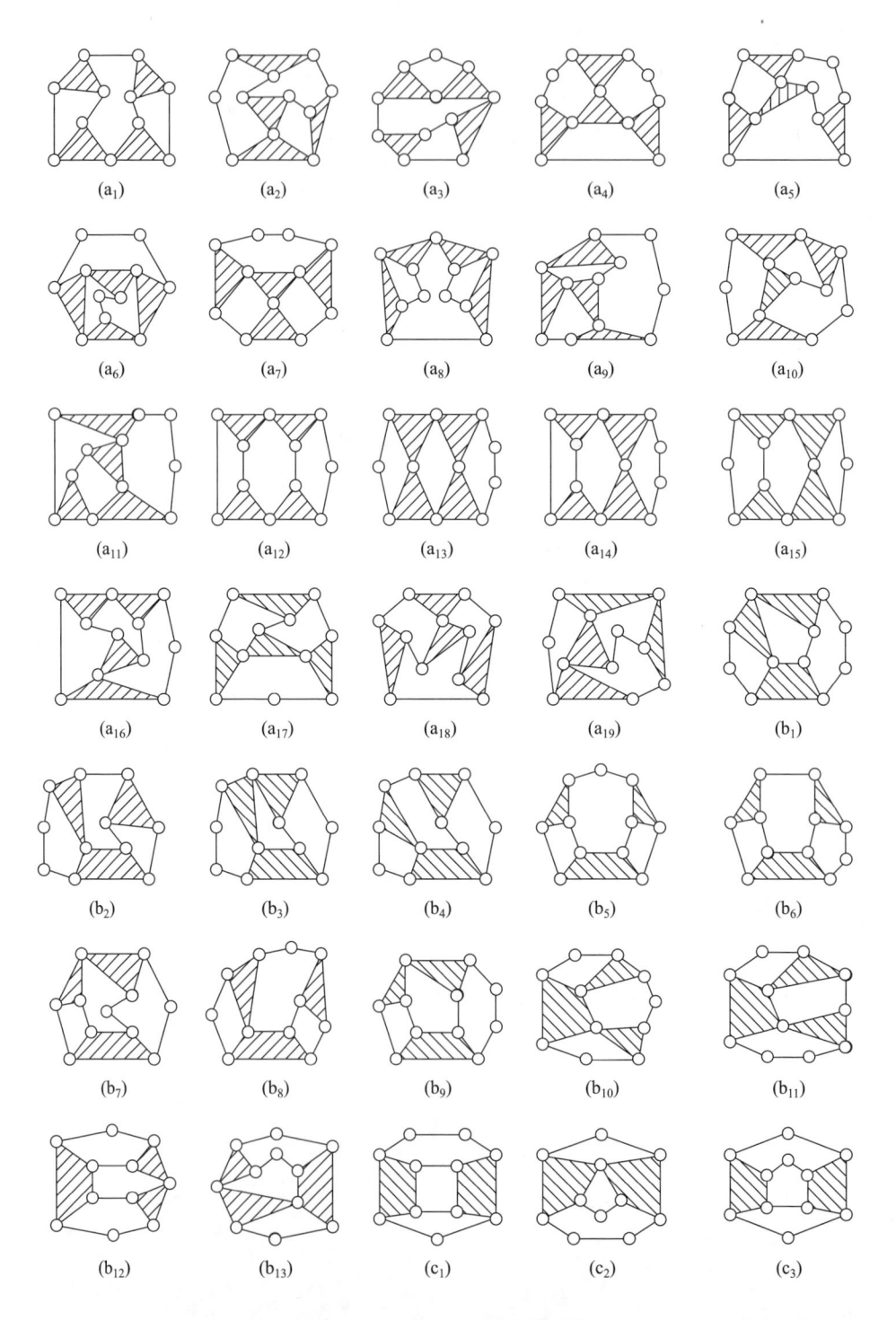

圖 9.15 (9, 11) 運動鏈圖譜

對三個自由度的裝置而言：

1. 簡單 (6, 6) 運動鏈有 1 個，如圖 9.16 所示。

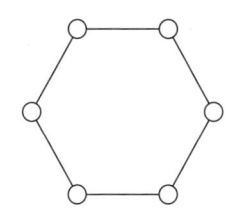

圖 9.16　(6,6) 運動鏈圖譜

2. 簡單 (8, 9) 運動鏈有 4 個，如圖 9.17 所示。

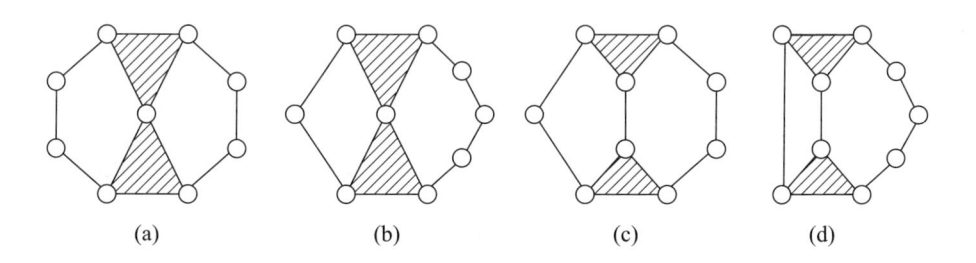

(a)　　　　(b)　　　　(c)　　　　(d)

圖 9.17　(8, 9) 運動鏈圖譜

## 9.7　小結 Summary

　　簡單運動鏈是指只含旋轉對與單接頭的運動鏈，而基本呆鏈是指不含任何子呆鏈的呆鏈。具有正的自由度並包含任何基本呆鏈的運動鏈，可退化成具較少桿數的運動鏈。

　　根據組合論的基本概念，可定義包含連桿群、接頭群、及鏈群等排列群。進一步根據排列群的概念，可合成出非同構的運動鏈圖譜。

運動鏈中串聯在一起的雙接頭桿可視為縮桿。由於縮桿鄰接矩陣可表示出運動鏈的拓樸構造，可藉由建構全部可能的縮桿鄰接矩陣來列舉得到運動鏈。

本章列出的簡單運動鏈圖譜，提供設計工程師必要的資料庫，以根據第六章中所介紹之機械裝置的創意性設計方法，合成出所有可能之機構的拓樸構造。

## 習題 Problems

**9.1** 試列出圖 9.17 所示之四個八桿九接頭運動鏈所對應的連桿鄰接矩陣。

**9.2** 試列出圖 9.14 所示之三個七桿八接頭運動鏈所對應的標號連桿鄰接矩陣。

**9.3** 試列出圖 9.11 所示之二個六桿七接頭運動鏈所對應的縮桿鄰接矩陣。

**9.4** 試說明機構的拓樸構造矩陣及與其對應運動鏈之連桿鄰接矩陣的差異性。

**9.5** 試找出圖 9.12($a_1$) 所示之八桿十接頭運動鏈所對應的連桿群。

**9.6** 試找出圖 9.12($b_1$) 所示之八桿十接頭運動鏈所對應的接頭群。

**9.7** 試找出圖 9.15($b_5$) 所示之九桿十一接頭運動鏈所對應的相似類。

**9.8** 試找出圖 9.15($c_3$) 所示之九桿十一接頭運動鏈所對應的排列群。

**9.9** 試列舉十四桿且具單自由度之運動鏈的數目。

## 參考文獻 References

Hwang, W. M., Computer-aided Structural Synthesis of Planar Kinematic Chains with Multiple Joints, Ph.D. Dissertation, Department of Mechanical Engineering, National Cheng Kung

University, Tainan, Taiwan, May 1984.

Hwang, W. M. and Yan, H. S., "Atlas of Basic Rigid Chains," Proceedings of the 9th Applied Mechanisms Conference, Session IV-B, No. 1, Kansas City, Missouri, October 28-30, 1985.

Hwang, Y. W., Computer-Aided Structural Synthesis of Planar Kinematic Chains with Simple Joints, Master Thesis, Department of Mechanical Engineering, National Cheng Kung University, Tainan, Taiwan, May 1986.

Hwang, Y. W., An Expert System for Creative Mechanism Design, Ph.D. Dissertation, National Cheng Kung University, Tainan, Taiwan, May 1990.

Yan, H. S., "A Methodology for Creative Mechanism Design," Mechanism and Machine Theory, Vol. 27, No. 3, 1992, pp. 235-242.

Yan, H. S. and Hwang, Y. W., "Number Synthesis of Kinematic Chains Based on Permutation Groups," Mathematical and Computer Modeling, Vol. 13, No. 8, 1990, pp. 29-42.

# 第十章

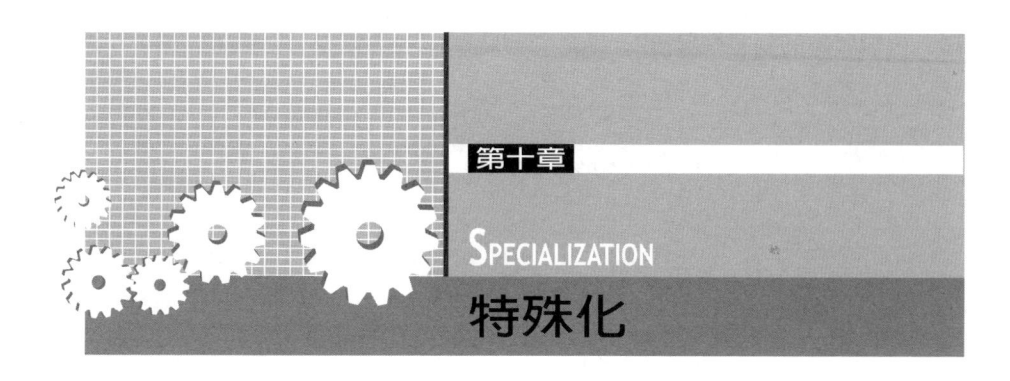

## SPECIALIZATION
## 特殊化

第六章所介紹之創意性設計方法的第四個步驟為特殊化過程。本章首先針對特殊化進行定義，接著介紹可產生所有非同構特殊化裝置的演算法，最後提出數學表示式來計算特殊化裝置的數目。以本章所發展的演算法為基礎，設計者將能夠獲得符合設計需求與限制、且具有特定類型機件與接頭之特殊化裝置的完整圖譜。

## 10.1　特殊化鏈 Specialized Chains

根據特定的設計需求與限制，在既有的一般化鏈圖譜中指定機件與接頭之類型的過程，稱為**特殊化** (Specialization)。一般化 (運動) 鏈在根據設計需求進行特殊化之後，即稱為**特殊化鏈** (Specialized chain)。而滿足設計限制的特殊化鏈，則稱為**可行特殊化鏈** (Feasible specialized chain)。

以圖 10.1(a) 所示的 (5, 6) 一般化鏈為例，令設計需求為該鏈需含有五個旋轉對 ($J_R$)、一個凸輪對 ($J_A$)、及一根固定桿 ($K_F$)，則可得如圖 10.1(b)、(c)、(d)、及 (e) 所示的四個特殊化鏈。若限制固定桿必須為多接頭桿，則可得兩個可行特殊化鏈，分別如圖 10.1(b) 和 (c) 所示。

以下介紹特殊化的演算法。

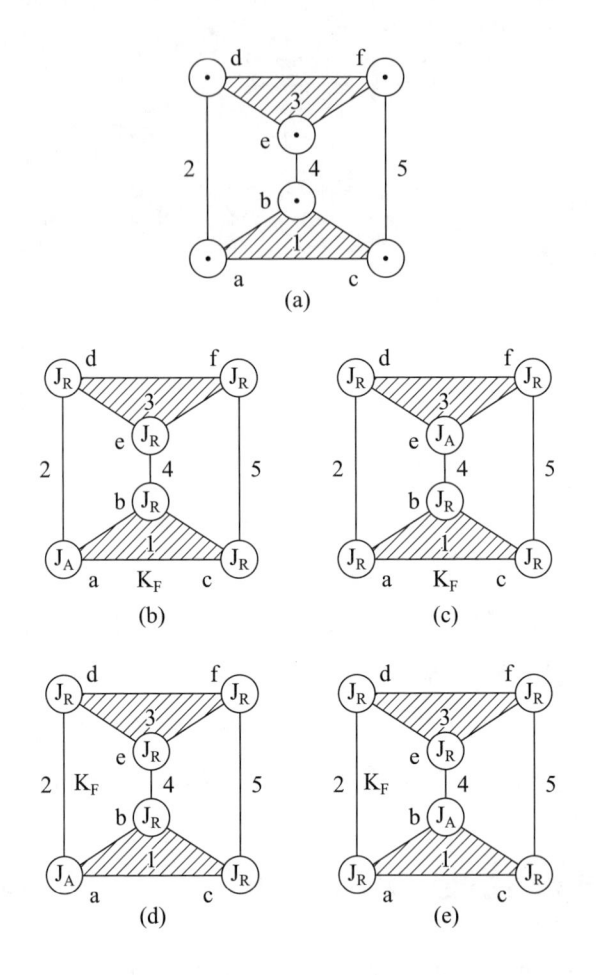

圖 10.1　(5, 6) 一般化鏈及其 (可行) 特殊化鏈

## 10.2　特殊化演算法　Specializing Algorithm

　　因為排列群之每一個排列都表現出鏈的對稱性，所以指定桿件或接頭之類型至相似元素將會產生同構的機構。因此，必須將同一相似類元素排序，優先分配次序較前的元素。當一組次序較後的元素經排列而轉化成另一組次序較前的元素時，則需放棄此次元素的指定，以避免產生同構的機構。在選定一個相似元素之後，可除去受到破壞的

排列以修正此排列群,即同一循環內之相似元素可選定為不同的類型。根據新的修正群,可導出其餘相似類型,以繼續元素選定的動作。

　　選定一般化 (運動) 鏈中每一桿件或接頭類型的步驟如下:

一、將所選定之一般化鏈中的每一個元素 (桿件與接頭) 標號。
二、根據桿件鄰接矩陣及標號桿件鄰接矩陣,找出標號一般化 (運動) 鏈的排列群。
三、根據步驟二獲得的排列群,找出尚未選定之元素的相似類。
四、選定第一個相似類的類別,其子步驟如下:
　　(a) 任意設定該相似類型元素的次序。
　　(b) 根據元素的次序,一次選定一個類別至一個元素。當一組選定元素經排列轉化成另一組次序較前的元素時,放棄此組選定元素。
　　(c) 重複步驟 (b),直至該類的選定結束。
五、對於步驟四所獲得的每一個結果,移除受到破壞的排列以修正排列群。然後,重複步驟三至步驟五來選定類別至其餘的相似類。

### 範例 10.1

試分配固定桿 ($K_F$) 至圖 10.2(a) 所示的 (6, 7) 一般化瓦特型鏈。

1. 如圖 10.2 (b) 所示,將此一般化鏈的所有桿件標號。
2. 此一般化鏈的桿件群 $D_L$ 為:

$$D_L = \{P_{L1}, P_{L2}, P_{L3}, P_{L4}\}$$

其中

$$P_{L1} = [1][2][3][4][5][6]$$
$$P_{L2} = [1/4][2/3][5/6]$$
$$P_{L3} = [1][2/6][3/5][4]$$
$$P_{L4} = [1/4][2/5][3/6]$$

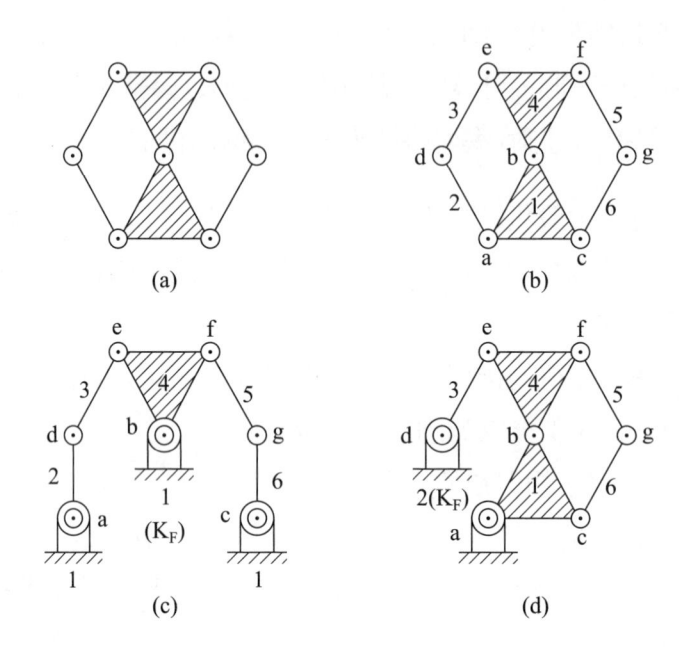

圖 10.2 (6, 7) 瓦特型鏈及其機構

3. 此一排列群的相似類為 {1, 4} 和 {2, 3, 5, 6}。
4. 開始選定固定桿 ($K_F$) 至第一個相似類型 {1, 4}，並令此相似類型元素的次序為 {1, 4}。分配少於一個固定桿 $K_F$ 至序列 (1, 4)，可得兩個結果，即 (0, 0) 和 ($K_F$, 0)。此處，"$K_F$" 表示該元素分配為固定桿，"0" 表示該元素未予選定。要注意的是，不能選定固定桿至桿 4，原因是 (0, $K_F$) 能夠由 $P_{L2}$ (或 $P_{L4}$) 轉化為 ($K_F$, 0)。
5. 若將第一類型分配為 ($K_F$, 0)，則固定桿的選定即完成，可求得如圖 10.2 (c) 所示的瓦特 II 型機構。若第一類型選定為 (0, 0)，並以修正群作為原始群，則必須將固定桿分配至其它相似類。根據此修正群，相似類為 {2, 3, 5, 6}。選定固定桿至 (2, 3, 5, 6)，可產生唯一的 ($K_F$, 0, 0, 0) 結果。至於其它序列 (0, $K_F$, 0, 0)、(0, 0, $K_F$, 0)、及 (0, 0, 0, $K_F$) 可分別由 $P_{L2}$、$P_{L4}$、及 $P_{L3}$ 轉化為 ($K_F$, 0, 0, 0)。如此所獲得的機構，即為如圖 10.2 (d) 所示的瓦特 I 型機構。

因此，對於圖 10.2 (a) 所示的瓦特型鏈，可得兩個已確定固定桿 ($K_F$) 的非同構機構，如圖 10.2 (c) 和 (d) 所示。

### 範例 10.2

試分配兩個滑行對 $(J_P)$ 與五個旋轉對 $(J_R)$ 至圖 10.2 (c) 所示瓦特 II 型機構的接頭。

1. 如圖 10.2 (c) 所示,將此機構的所有接頭標號。
2. 因為範例 10.1 中桿件排列 $P_{L2}$ 和 $P_{L4}$ 已受到破壞,所以與其對應的接頭排列 $P_{J2}$ 和 $P_{J4}$ 也受破壞,該機構的接頭群為:

$$D_J = \{P_{J1}, P_{J3}\}$$

其中,

$$P_{J1} = [a][b][c][d][e][f][g]$$
$$P_{J3} = [a/c][b][e/f][d/g]$$

3. 這個排列群的相似類為 $\{a, c\}$、$\{b\}$、$\{e, f\}$、$\{d, g\}$。
4. 開始分配 $J_P$ 接頭至第一個相似類,並令第一相似類型元素的次序為 $(a, c)$。選定少於二個 $J_P$ 接頭至接頭序列 $(a, c)$ 的結果為 $(J_P, J_P)$、$(J_P, 0)$、及 $(0, 0)$。因為 $(0, J_P)$ 可經由 $P_{J3}$ 轉化為 $(J_P, 0)$,故可放棄此次選定。

    (a) 若分配 $(a, c)$ 為 $(J_P, J_P)$,則分配程序完成,可獲得如圖 10.3 (a) 所示的

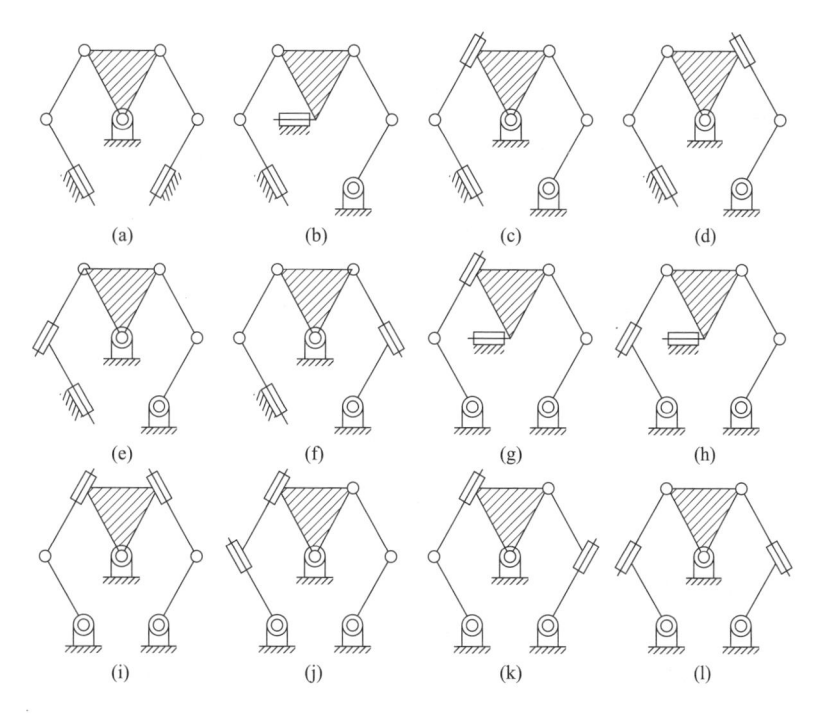

圖 10.3 具兩個滑行對的瓦特 II 型機構

機構。

(b) 若選定 $(a, c)$ 為 $(J_P, 0)$，如圖 10.4(a) 所示，則修正群即為 $\{P_{J1}\}$。然而，還有一個 $J_P$ 接頭等待選定至其它相似類。根據此修正群，未選定元素的相似類為 $\{b\}$、$\{e\}$、$\{f\}$、$\{d\}$、及 $\{g\}$。因此，其它 $J_P$ 接頭可以分別選定為接頭 $b$、$e$、$f$、$d$、或 $g$，而其相對應的機構如圖 10.3(b) - (f) 所示。

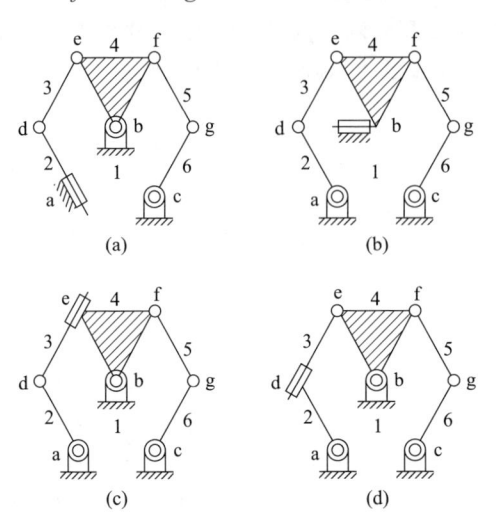

圖 10.4　具一個滑行對的瓦特 II 型機構

(c) 若選定 $(a, c)$ 為 $(0, 0)$，則沒有排列被破壞。還有兩個 $J_P$ 接頭等待選定至相似類 $\{b\}$、$\{e, f\}$、及 $\{d, g\}$。選定 $J_P$ 接頭至第一個相似類 $\{b\}$ 的結果為 $(J_P)$ 或 $(0)$。

　c1. 若 $(a, c) = (0, 0)$ 且 $(b) = (J_P)$，如圖 10.4(b) 所示，則沒有排列受到破壞。其餘的相似類為 $\{e, f\}$ 和 $\{d, g\}$。選定 $J_P$ 接頭至 $(e, f)$ 的結果為 $(J_P, 0)$ 和 $(0, 0)$。第一種情況，$(e, f) = (J_P, 0)$，可得到如圖 10.3(g) 所示的機構；第二種情況，$(e, f) = (0, 0)$，必須選定另一個 $J_P$ 接頭至 $(d, g)$ 為 $(J_P, 0)$，可獲得如圖 10.3(h) 所示的機構。

　c2. 若 $(a, c) = (0,0)$ 且 $(b) = (0)$，則沒有排列受到破壞。其它相似類為 $\{e, f\}$ 和 $\{d, g\}$。選定 $J_P$ 接頭至 $(e, f)$ 的結果為 $(J_P, J_P)$、$(J_P, 0)$、及 $(0, 0)$。第一種情況，若 $(e, f) = (J_P, J_P)$，則選定完成，所得的機構如圖 10.3 (i) 所示。第二種情況，$(e, f) = (J_P, 0)$，如圖 10.4(c) 所示，其它相似類為 $\{d\}$ 和 $\{g\}$；因此，其它 $J_P$ 接頭可以分別選定至 $\{d\}$ 和 $\{g\}$，所得的機構分別如圖 10.3 (j) 和 (k) 所示。第三種情況，$(e, f) = (0, 0)$，其它相似類為 $\{d, g\}$，分配少於兩個 $J_P$ 接頭至 $(d, g)$ 的結果是 $(J_P, J_P)$ 和 $(J_P, 0)$，所得的機構如圖 10.3 (l) 和圖 10.4(d) 所示。

因此，具有兩個滑行對的非同構瓦特 II 型機構有 12 個，如圖 10.3 所示；具有一個滑行對的非同構瓦特 II 型機構有 4 個，如圖 10.4 所示。

5. 因為此鏈有七個接頭，所以圖 10.3 所示的每個情形中所剩下的五個未選定接頭，必須是旋轉對。

概括而言，對於圖 10.2(c) 所示的瓦特 II 機構，具有兩個滑行對與五個旋轉對的可行非同構機構共有 12 個，如圖 10.3 所示。

## 10.3 特殊化裝置數目
### Numbers of Specialized Devices

經特殊化後之非同構機械裝置的數目，可以根據**波利亞定理** (Polya theory) 所導出的數學公式來計算。

令 $P_G$ 為集合 $S$ 的排列群。因為 $P_G$ 中的每一個排列 $P$ 均可唯一地表示為**分離循環** (Disjoint cycle)，所以一個**排列的循環構造項** (Cycle structure representation of a permutation)，$P_{csr}$，定義為：

$$P_{csr} = x_1^{n_1} x_2^{n_2} \ldots x_k^{n_k} \quad \ldots\ldots\ldots\ldots\ldots\ldots\ldots(10.1)$$

其中，$x_k$ 是一個循環的啞變數，$k$ 是循環的長度，$n_k$ 是長度為 $k$ 之循環的數目。例如，根據方程式 (10.1)，排列 $P$ = [1][2/6][3/5][4] 的循環構造項為 $P_{csr} = x_1^2 x_2^2$。

排列群的**循環指數** (Cycle index)，$P_{ci}$，定義為組成排列群之所有排列的循環構造項之和除以排列的數目，即：

$$P_{ci}(x_1, x_2, x_3, \ldots) = \frac{1}{|P_G|} \sum_{P \in P_G} x_1^{n_1} x_2^{n_2} x_3^{n_3} \quad \ldots\ldots\ldots (10.2)$$

圖 10.2(b) 所示的瓦特型鏈，其連桿群的循環指數為：

$$P_{ci}(x_1, x_2, x_3, \ldots) = \frac{x_1^6 + x_1^2 x_2^2 + 2x_2^3}{4}$$

其接頭群的循環指數為：

$$P_{ci}(y_1, y_2) = \frac{y_1^7 + y_1^1 y_2^3 + y_1^3 y_2^2 + y_1^1 y_2^3}{4}$$

而鏈群的循環指數則為：

$$P_{ci}(x_1, x_2; y_1, y_2) = \frac{x_1^6 y_1^7 + x_1^2 x_2^2 y_1^1 y_2^3 + x_2^3 y_1^3 y_2^2 + x_2^3 y_1^1 y_2^3}{4}$$

令 $S$ 為選定的一般化鏈之桿件與接頭的集合，$S_M$ 是桿件類型 ($u$) 的集合，$S_J$ 是接頭類型 ($v$) 的集合，$D_C$ 是 $S$ 的鏈群排列，則特殊化鏈或機構的**目錄** (Inventory)，$I$，為：

$$I = P_{ci}(\sum u, \sum u^2, \sum u^3, \ldots; \sum v, \sum v^2, \sum v^3, \ldots) \quad \ldots\ldots\ldots\ldots (10.3)$$

方程式 (10.3) 中的每一項係數，表示特殊化鏈或機構的數目。

### 範例 10.3

試計算如圖 10.2 (c) 所示具有兩個滑行對 ($J_P$) 與五個旋轉對 ($J_R$) 瓦特 II 型機構的數目。

本例中，$S = \{a, b, c, d, e, f, g\}$，$S_J = \{J_P, J_R\}$，$D_C = D_J = \{P_{J1}, P_{J3}\}$，$P_{ci} = (y_1^7 + y_1^1 y_2^3)/2$。將 $y_1 = (J_P + J_R)$ 和 $y_2 = (J_P^2 + J_R^2)$ 代入方程式 (10.3)，可求得目錄 $I$ 的表示式如下：

$$I = J_P^7 + 4J_P^6 J_R + 12 J_P^5 J_R^2 + 19 J_P^4 J_R^3 + 19 J_P^3 J_R^4 + 12 J_P^2 J_R^5 + 4 J_P J_R^6 + J_R^7$$

其中，$J_P^i J_R^j$ 的係數表示具有 $i$ 個滑行對與 $j$ 個旋轉對的運動鏈數目。因為 $J_P^2 J_R^5$ 的係數為 12，所以具有兩個滑行對與五個旋轉對的機構有 12 個，結果與範例10.2 所示者相符。

## 範例 10.4

若選定一個固定桿 ($K_F$) 與兩個滑行對 ($J_P$) 至圖 10.2 (b) 所示的瓦特型鏈，試計算所得機構的數目。

在此情形下，根據方程式 (10.3)，該鏈之鏈群的循環指數 $P_{ci}$ 為：

$$P_{ci}(x_1, x_2; y_1, y_2) = \frac{x_1^6 y_1^7 + x_1^2 x_2^2 y_1^1 y_2^3 + x_2^3 y_1^3 y_2^2 + x_2^3 y_1^1 y_2^3}{4}$$

將 $x_1 = (K_F + K_L)$、$x_2 = (K_F^2 + K_L^2)$、$y_1 = (J_P + J_R)$、及 $y_2 = (J_P^2 + J_R^2)$ 代入方程式 (10.3)，則目錄 $I$ 可表示為：

$$I = [(K_F + K_L)^6 (J_P + J_R)^7 + (K_F + K_L)^2 (K_F^2 + K_L^2)^2 (J_P + J_R)(J_P^2 + J_R^2)^3$$
$$+ (K_F^2 + K_L^2)^3 (J_P + J_R)^3 (J_P^2 + J_R^2)^2$$
$$+ (K_F^2 + K_L^2)^3 (J_P + J_R)(J_P^2 + J_R^2)^3]/4$$

而 $K_F K_L^5 J_P^2 J_R^5$ 的係數為：

$$\left(\frac{1}{5!2!5!}\right)\left(\frac{d^{13} I}{dK_F d^5 K_L d^2 J_P d^5 J_R}\right) = 33$$

因此，確認固定桿、兩個滑動對、及五個旋轉對的特殊化瓦特機構共有 33 個。

在實際的設計中，所要求的機構可能受限於各種設計限制，如某種類型只能分配給具有某些特定屬性的桿件。而受特定限制之特殊化機構的數目，也可以根據方程式 (10.3) 來計算。

## 範例 10.5

試計算圖 10.2 (a) 所示瓦特型鏈的特殊化機構數目，但需受限於以下的設計規格：(1) 連桿類型包括一個固定桿 ($K_F$)、彈簧 ($K_S$)、及運動連桿 ($K_L$)，(2) 固定桿必須是多接頭桿，以及 (3) 彈簧僅能有兩個附隨接頭。

在此情形下，桿件集合 $S$ 可分為 $S_1$ 和 $S_2$ 兩個子集合：其中，$S_1$ 是雙接頭桿的集合，$S_2$ 是多接頭桿的集合。因而，$S_1 = \{2, 3, 5, 6\}$，$S_2 = \{1, 4\}$。該桿件群的循環指數 $P_{ci}$ 必須包括 $x$ 和 $y$ 兩個啞變數，分別表示雙接頭桿與多接頭桿，而 $P_{ci}$ 為：

$$P_{ci} = \frac{x_1^4 y_1^2 + 2x_2^2 y_1^1 y_2^1 + x_2^2 y_1^2}{4}$$

將 $x_1 = (K_S + K_L)$、$x_2 = (K_S^2 + K_L^2)$、$y_1 = (K_F + K_L)$、及 $y_2 = (K_F^2 + K_L^2)$ 代入 $P_{ci}$，則目錄 I 可表示為：

$$I = \frac{(K_S + K_L)^4 (K_F + K_L)^2 + 2(K_S^2 + K_L^2)^2 (K_F^2 + K_L^2) + (K_S^2 + K_L^2)^2 (K_F + K_L)^2}{4}$$
$$= K_F^2 (K_S^4 + K_S^3 K_L + 3K_S^2 K_L^2 + K_S K_L^3 + K_L^4)$$
$$+ K_F (K_S^4 K_L + 2K_S^3 K_L^2 + 4K_S^2 K_L^3 + 2K_S K_L^4 + K_L^5)$$
$$(K_S^4 K_L^2 + K_S^3 K_L^3 + 3K_S^2 K_L^4 + K_S K_L^5 + K_L^6)$$

具有一個 $K_F$ 的目錄為：

$$K_F (K_S^4 K_L + 2K_S^3 K_L^2 + 4K_S^2 K_L^3 + 2K_S K_L^4 + K_L^5)$$

所有的 10 個可行特殊化機構，如圖 10.5 所示。

$K_F K_S^4 K_L$

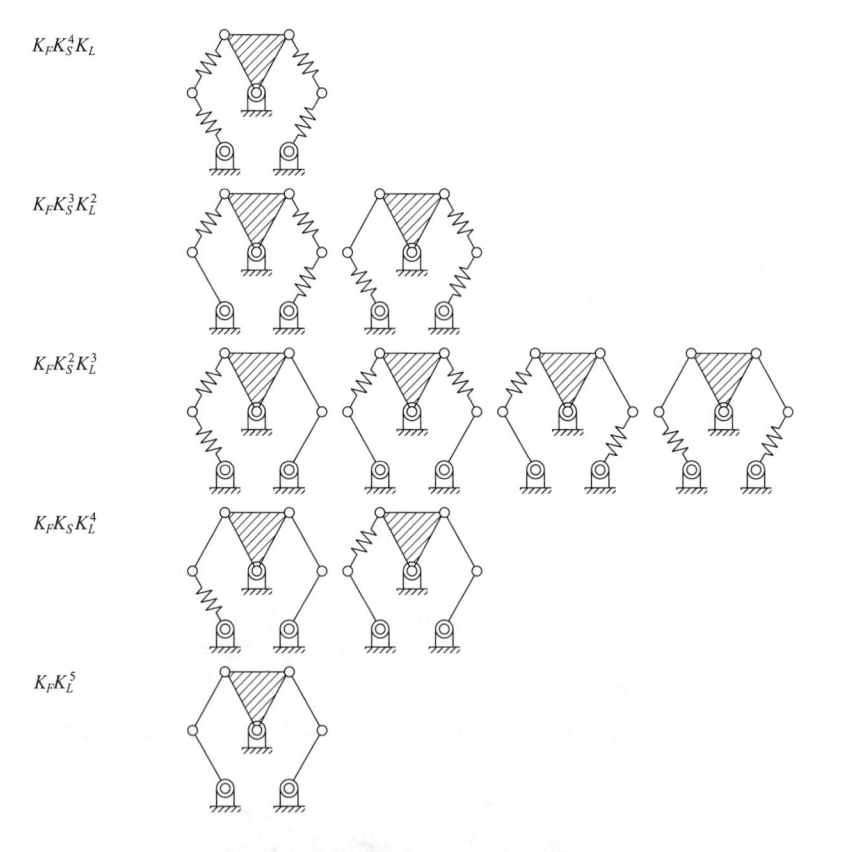

$K_F K_S^3 K_L^2$

$K_F K_S^2 K_L^3$

$K_F K_S K_L^4$

$K_F K_L^5$

圖 10.5　具彈簧的瓦特 II 型機構

## 10.4 小結 Summary

特殊化是第六章所介紹之創意性設計方法的主要步驟之一。

根據一定的設計需求與限制，在既有的一般化鏈圖譜中，選定機件與接頭之類型的過程稱為特殊化。一般化 (運動) 鏈在根據設計要求進行特殊化之後，即為特殊化鏈；而滿足設計限制的特殊化鏈，稱為可行特殊化鏈。

本章根據排列群與相似類的概念，提出用於產生所有非同構特殊化鏈的演算法；並根據波利亞定理，提出數學公式來計算非同構特殊化鏈的數目，其中特殊化鏈之目錄中的每一項係數，表示該特殊化鏈的數目。

根據本章所提出的演算法，設計者能夠獲得具有特定類型桿件與接頭之 (可行) 特殊化鏈的完整圖譜。如此，一般化鏈可以特殊化為各種不同拓樸構造的機械裝置。

## 習題 Problems

**10.1** 對於圖 8.14 所示的六桿八接頭一般化鏈圖譜，試選定一根固定桿，並計算與畫出所獲得的非同構特殊化機構。

**10.2** 對於圖 9.12 所示的八桿十接頭運動鏈圖譜，試選定一根固定桿，並計算與畫出所獲得的非同構特殊化機構。

**10.3** 對於圖 8.13 所示的六桿七接頭一般化鏈圖譜，試選定一根固定桿與一條彈簧，並計算與畫出獲得的非同構特殊化機構。

**10.4** 對於圖 9.7 所示的六桿七接頭運動鏈圖譜，試選定兩個滑行對與五個旋轉對，並計算與畫出所獲得的非同構特殊化機構。

**10.5** 對於圖 9.12 (a7) 所示的八桿十接頭運動鏈圖譜，試選定三個滑行對與七個旋轉對，並計算與畫出所獲得的非同構特殊化機構。

10.6 對於圖 9.7 所示的六桿七接頭運動鏈，試選定一根固定桿與兩個滑行對，並計算與畫出所獲得的非同構特殊化機構。

10.7 對於圖 9.7 所示的六桿七接頭一般化鏈，試根據以下設計規格計算並畫出其非同構的特殊化機構：(1) 連桿類型包括一根固定桿、一個致動器、及四個運動連桿；(2) 固定桿必須是多接頭桿；以及 (3) 彈簧只有兩個附隨接頭。

10.8 對於圖 9.1(c) 所示的六桿七接頭一般化鏈，試根據以下設計規格計算並畫出其非同構的特殊化機構：(1) 連桿類型包括一個固定桿與五個運動連桿；(2) 固定桿必須是多接頭桿；以及 (3) 接頭類型包括一個凸輪對、一個滑行對、及五個旋轉對。

10.9 對於圖 9.1(a) 所示的六桿七接頭一般化鏈，試問根據以下設計規格，能夠找出多少個非同構的特殊化機構：(1) 有一根桿件為固定桿；及 (2) 接頭類型可為旋轉對、滾動對、或者齒輪對。

## 參考文獻 References

Hwang, Y. W., An Expert System for Creative Mechanism Design, Ph.D. Dissertation, Department of Mechanical Engineering, National Cheng Kung University, Tainan, Taiwan, May 1990.

Yan, H. S., "A Methodology for Creative Mechanism Design," Mechanism and Machine Theory, Vol. 27, No. 3, 1992, pp. 235-242.

Yan, H. S. and Hwang, Y. W., "The Specialization of Mechanisms," Mechanism and Machine Theory, Vol. 26, No. 6, 1991, pp. 541-551.

# 設計範例

# 第十一章

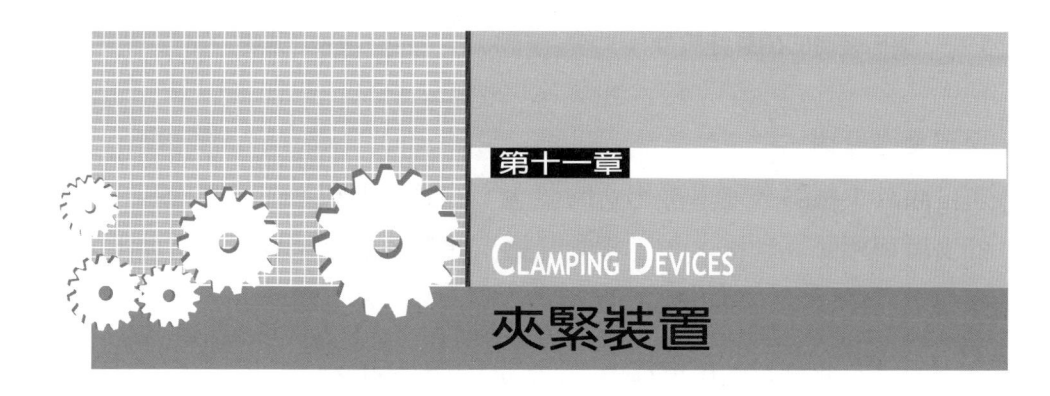

## CLAMPING DEVICES
## 夾緊裝置

夾緊裝置 (Clamping devices) 通常用在加工時夾持工件，或者用在壓花或印刷時施加大的力量。本章合成出與一個純屬理論概念上的夾緊裝置具有相同拓樸構造特性之所有可能的設計構形，以說明第六章中所介紹的創意性設計方法。

## 11.1　現有設計 Existing Design

圖 11.1 所示為一個現有的彈簧施力夾緊裝置之示意圖，且該構想

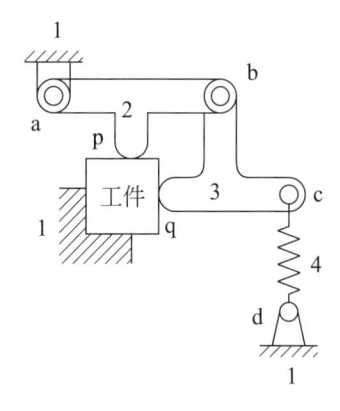

圖 11.1　一個彈簧施力夾緊裝置

已經獲得專利。

　　設計工程師被要求提出新的概念,並避開專利。在詳細搜尋可用的文獻與相關專利後,該工程師歸納出此類型之夾緊裝置具有如下的拓樸構造特性:

1. 它是一個具有四根機件與六個接頭的平面裝置。
2. 它有一個包含工件的固定桿 (機件 1)、兩個夾緊桿 (機件 2 和 3)、及一條彈簧 (機件 4)。
3. 它有四個旋轉對 (接頭 $a$、$b$、$c$、及 $d$) 與兩個直接接觸 (接頭 $p$ 和 $q$)。
4. 它是一個自由度為 –1 的結構。

## 11.2　一般化　Generalization

　　根據第七章所定義的一般化原則與規則,將該彈簧施力夾緊裝置一般化為與其對應的一般化鏈,如圖 11.2 所示,其步驟如下:

1. 固定桿 (機件 1) 釋放,並一般化為肆接頭桿 1。
2. 夾緊桿 2 (機件 2) 一般化為參接頭桿 2。
3. 夾緊桿 3 (機件 3) 一般化為參接頭桿 3。

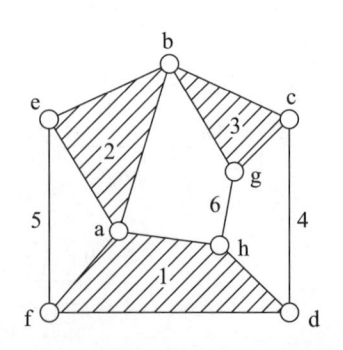

圖 11.2　夾緊裝置的一般化鏈

4. 作為夾緊功能作用力的彈簧 (機件 4)，一般化為雙接頭桿 4。
5. 直接接觸 $p$ 的功能類似於凸輪對，將其轉化成兩端各有個一般化旋轉對 $e$ 和 $f$ 的雙接頭桿 5。
6. 直接接觸 $q$ 的功能也類似於一個凸輪對，將其轉化成兩端各有個一般化旋轉對 $g$ 和 $h$ 的雙接頭桿 6。

因此，它是一個具有六個一般化連桿及八個一般化接頭的 (6, 8) 一般化鏈。

## 11.3　數目合成 Number Synthesis

根據第八章所介紹的一般化鏈的數目合成，並從圖 8.14 得知，(6, 8) 一般化鏈共有九個，如圖 11.3 所示。

## 11.4　特殊化 Specialization

在獲得一般化鏈圖譜之後，根據以下的步驟，可以找出所有可能的特殊化鏈：

一、對於每個一般化鏈，指定所有可能情形下的固定桿與工件 (機件 1)。
二、對於在步驟一中獲得的每一個情形，指定直接接觸。
三、對於在步驟二中獲得的每一個情形，指定夾緊桿。
四、對於在步驟三中獲得的每一個情形，指定彈簧。

這些步驟的執行必須遵守以下的設計需求與限制：

### 固定桿

1. 必須有一個固定桿作為機架並夾持工件。
2. 固定桿必須為多接頭桿，並與兩個直接接觸附隨，以作為機架。
3. 作為固定桿一部份的工件必須與兩個直接接觸附隨，亦即必須至

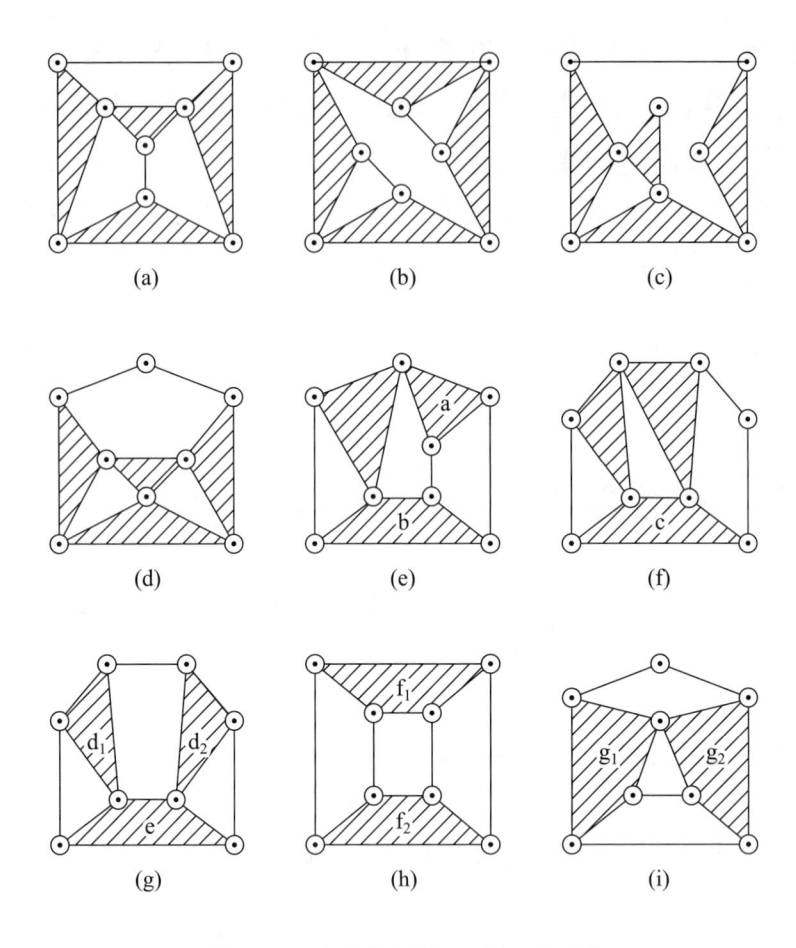

圖 11.3　夾緊裝置的一般化鏈圖譜

少有兩根雙接頭桿與工件鄰接。

### 直接接觸

1. 必須有兩個直接接觸，即有兩根雙接頭桿。
2. 每一個直接接觸必須與工件附隨。

### 夾緊桿

1. 必須至少有一根夾緊桿。
2. 每一個夾緊桿必須與一個直接接觸附隨。

## 彈　簧

1. 必須有一條彈簧，即必須有一根雙接頭桿。
2. 彈簧不能與直接接觸附隨。

對於圖 11.3 所示的九個 (6, 8) 一般化鏈而言，其特殊化鏈可如下確定：

## 可行一般化鏈

由於該夾緊裝置必須有兩個直接接觸與一條彈簧，所以一個可行一般化鏈應至少有三根雙接頭桿。因此，只有圖 11.3 (e) - (i) 所示的五個一般化鏈能夠用來進行特殊化。

## 固定桿

由於固定桿必須為多接頭桿且至少有兩根雙接頭桿與其鄰接，所以在圖 11.3 (e) - (i) 所示的五個可行一般化鏈中，只有桿 $a$、$b$、$c$、$d_1$、$d_2$、$f_1$、$f_2$、$g_1$、及 $g_2$ 能夠作為固定桿。固定桿的指定步驟如下：

1. 對於圖 11.3 (e) 所示的運動鏈，參接頭桿 $a$ 或肆接頭桿 $b$ 均可作為固定桿，其所對應的一般化裝置，分別如圖 11.4 (a) 和 (b) 所示。
2. 對於圖 11.3 (f) 所示的運動鏈，只有肆接頭桿可以作為機架，其所對應的一般化裝置，如圖 11.4 (c) 所示。
3. 對於圖 11.3 (g) 所示的運動鏈，根據相似類的概念，參接頭桿 $d_1$ (或 $d_2$) 和肆接頭桿 $e$ 可作為固定桿，其所對應的一般化裝置，分別如圖 11.4 (d) 和 (e) 所示。
4. 對於圖 11.3(h) 所示的運動鏈，根據相似類的概念，肆接頭桿 $f_1$ (或 $f_2$) 可作為固定桿，其所對應的一般化裝置，如圖 11.4(f) 所示。
5. 對於圖 11.3 (i) 所示的運動鏈，根據相似類的概念，肆接頭桿 $g_1$ (或 $g_2$) 可作為固定桿，其所對應的一般化裝置，如圖 11.4 (g) 所示。

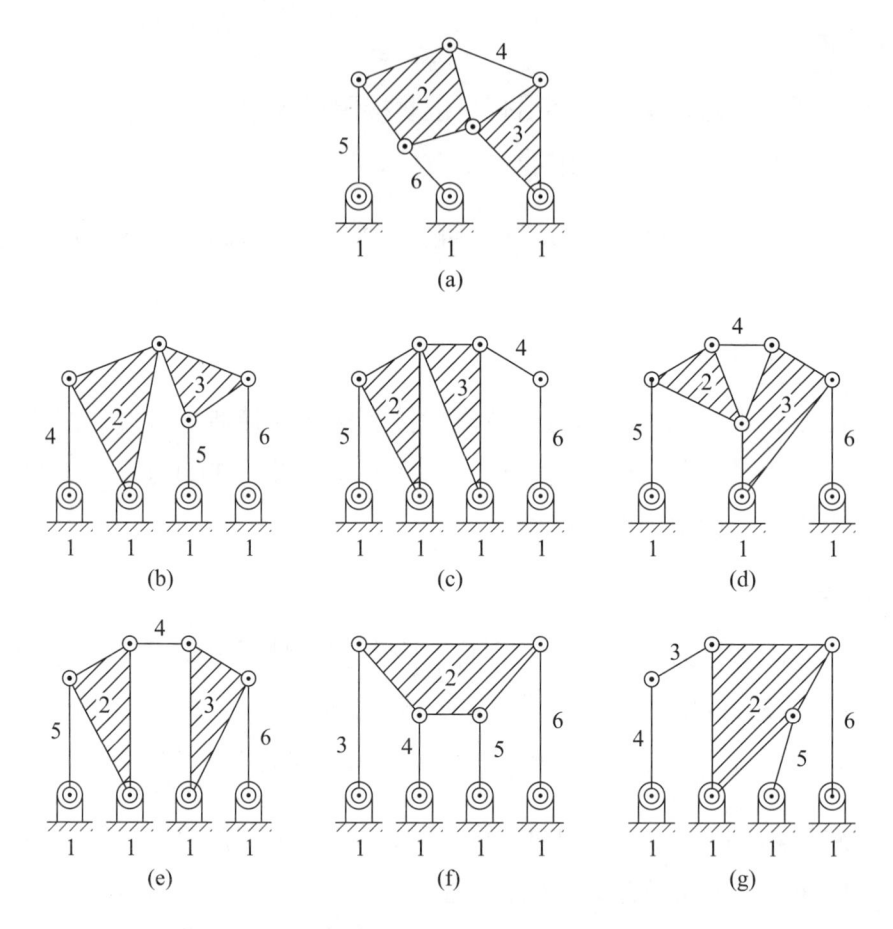

圖 11.4　指定固定桿後的特殊化夾緊裝置

因此，有七個確定固定桿後的一般化裝置是可行的，如圖 11.4 所示。

## 直接接觸

　　由於直接接觸附隨於工件（即固定桿），並且一般化成兩端各有個一般化旋轉對的雙接頭桿，因此兩個直接接觸可以根據以下步驟指定：

1. 對於圖 11.4(a) 所示的一般化裝置，雙接頭桿 5 和桿 6 是兩個直接接觸，如圖 11.5(a) 所示。

2. 對於圖 11.4(b) 所示的一般化裝置，根據桿 5 和桿 6 的相似類的

第十一章　夾緊裝置　203

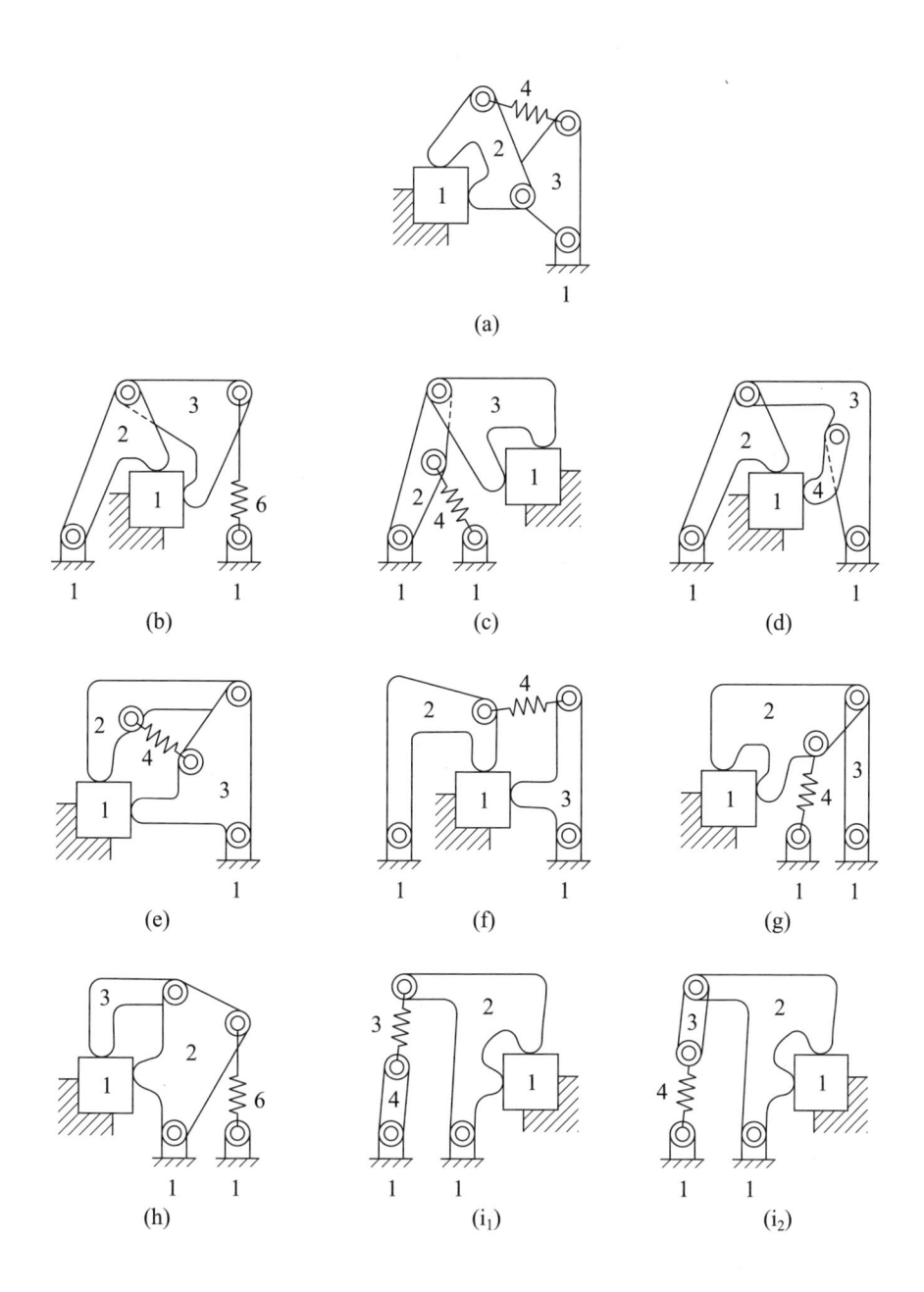

圖 11.5　指定固定桿、直接接觸、夾緊桿、及彈簧後的特殊化夾緊裝置

概念，有以下兩種情形：

  (a) 雙接頭桿 4 和桿 5 是兩個直接接觸，如圖 11.5 (b) 所示。

  (b) 雙接頭桿 5 和桿 6 是兩個直接接觸，如圖 11.5 (c) 所示。

3. 對於圖 11.4 (c) 所示的一般化裝置，雙接頭桿 5 和桿 6 是兩個直接接觸，如圖 11.5 (d) 所示。

4. 對於圖 11.4 (d) 所示的一般化裝置，雙接頭桿 5 和桿 6 是兩個直接接觸，如圖 11.5 (e) 所示。

5. 對於圖 11.4 (e) 所示的一般化裝置，雙接頭桿 5 和桿 6 是兩個直接接觸，如圖 11.5 (f) 所示。

6. 對於圖 11.4 (f) 所示的一般化裝置，根據桿 3、桿 4、桿 5、及桿 6 的相似類的概念，桿 3、4、5、及 6 中任何兩桿均可作為直接接觸。本設計選取桿 5 和桿 6 為兩個直接接觸，如圖 11.5 (g) 所示。

7. 對於圖 11.4 (g) 所示的一般化裝置，根據桿 5 和桿 6 的相似類的概念，有以下兩種情形：

  (a) 雙接頭桿 4 和桿 5 是兩個直接接觸，如圖 11.5 (h) 所示。

  (b) 雙接頭桿 5 和桿 6 是兩個直接接觸，如圖 11.5 (i) 所示。

因此，指定一個固定桿與兩個直接接觸後，可行的裝置共有九個，如圖 11.5(a) - (i) 所示。

## 夾緊桿

由於必須至少有一個夾緊桿，且每一個夾緊桿必須附隨於一個直接接觸，因此夾緊桿可以根據以下步驟指定：

1. 對於圖 11.5 (a) 所示的特殊化裝置，桿 2 是夾緊桿。
2. 對於圖 11.5 (b) 所示的特殊化裝置，桿 2 和桿 3 是夾緊桿。
3. 對於圖 11.5 (c) 所示的特殊化裝置，桿 3 是夾緊桿。
4. 對於圖 11.5 (d) 所示的特殊化裝置，桿 2 和桿 4 是夾緊桿。
5. 對於圖 11.5 (e) 所示的特殊化裝置，桿 2 和桿 3 是夾緊桿。

6. 對於圖 11.5 (f) 所示的特殊化裝置,桿 2 和桿 3 是夾緊桿。
7. 對於圖 11.5 (g) 所示的特殊化裝置,桿 2 是夾緊桿。
8. 對於圖 11.5 (h) 所示的特殊化裝置,桿 2 和桿 3 是夾緊桿。
9. 對於圖 11.5 (i) 所示的特殊化裝置,桿 2 是夾緊桿。

因此,指定一個固定桿、兩個直接接觸、及一個或兩個夾緊桿後,共有九個可行的裝置,如圖 11.5 (a) - (i) 所示。

## 彈　簧

由於彈簧一般化成兩端各有個一般化旋轉對的雙接頭桿,並且不能鄰接於直接接觸,因此彈簧可以根據以下步驟指定:

1. 對於圖 11.4 (a) 所示的裝置,由於桿 5 和桿 6 是直接接觸,因此雙接頭桿 4 是彈簧,如圖 11.5(a) 所示。
2. 對於圖 11.4(b) 所示的裝置,有以下兩種情形可行:
   (a) 由於雙接頭桿 4 和桿 5 是直接接觸,因此雙接頭桿 6 是彈簧,如圖 11.5(b) 所示。
   (b) 由於雙接頭桿 5 和桿 6 是直接接觸,因此雙接頭桿 4 是彈簧,如圖 11.5(c) 所示。
3. 對於圖 11.4 (c) 所示的裝置,由於桿 5 和桿 6 是直接接觸,雙接頭桿 4 是夾緊桿,但找不出其它的雙接頭桿作爲彈簧。因此,這個裝置是不可行的,如圖 11.5(d) 所示。
4. 對於圖 11.4 (d) 所示的裝置,由於雙接頭桿 5 和桿 6 是直接接觸,因此雙接頭桿 4 是彈簧,如圖 11.5(e) 所示。
5. 對於圖 11.4 (e) 所示的裝置,由於雙接頭桿 5 和桿 6 是直接接觸,因此雙接頭桿 4 是彈簧,如圖 11.5(f) 所示。
6. 對於圖 11.4(f) 所示的一般化裝置,根據桿 3、桿 4、桿 5、及桿 6 的相似類的概念,由於雙接頭桿 5 和桿 6 是直接接觸,雙接頭桿 3 和桿 4 中任何一個均可作爲彈簧。本設計取桿 4 爲彈簧,如圖

11.5(g) 所示。
7. 對於圖 11.4(g) 所示的裝置，有以下兩種情形：
   (a) 由於雙接頭桿 4 和桿 5 是直接接觸，雙接頭桿 3 是夾緊桿，因此雙接頭桿 6 是彈簧，如圖 11.5(h) 所示。
   (b) 對於雙接頭桿 2 是夾緊桿的情形，雙接頭桿 3 或桿 4 可以是彈簧，如圖 11.5($i_1$) 或 ($i_2$) 所示。

因此，共合成得到八個夾緊裝置，如圖 11.5(a) - (c) 和 (e) - ($i_1$ 或 $i_2$) 所示。

為了使圖 11.5($i_1$) 和 ($i_2$) 所示的兩個裝置可行，機件 3 和桿 4 必需共線。這意味著在每一種情形下均有一個連接機件 (機件 3 或 4) 是多餘的，如此該裝置將退化成三個機件，所以這兩個裝置都不可行。因此，只有七個可行特殊化夾緊裝置是可行的，如圖 11.5(a) - (c) 和 (e) - (h) 所示。

## 11.5　具體化　Particularization

重新繪出如圖 11.5 (a) - (c) 和 (e) - (h) 所示的七個可行裝置，使其看起來像夾緊裝置，所得到夾緊裝置的圖譜分別如圖 11.6 (a)、(b)、(c)、(d)、(e)、(f)、及 (g) 所示。

## 11.6　新型夾緊裝置圖譜　Atlas of New Clamping Devices

圖 11.6 (b) 所示的裝置是原有的夾緊裝置。因此，圖 11.6 所示的其餘六個夾緊裝置即為新的設計概念。

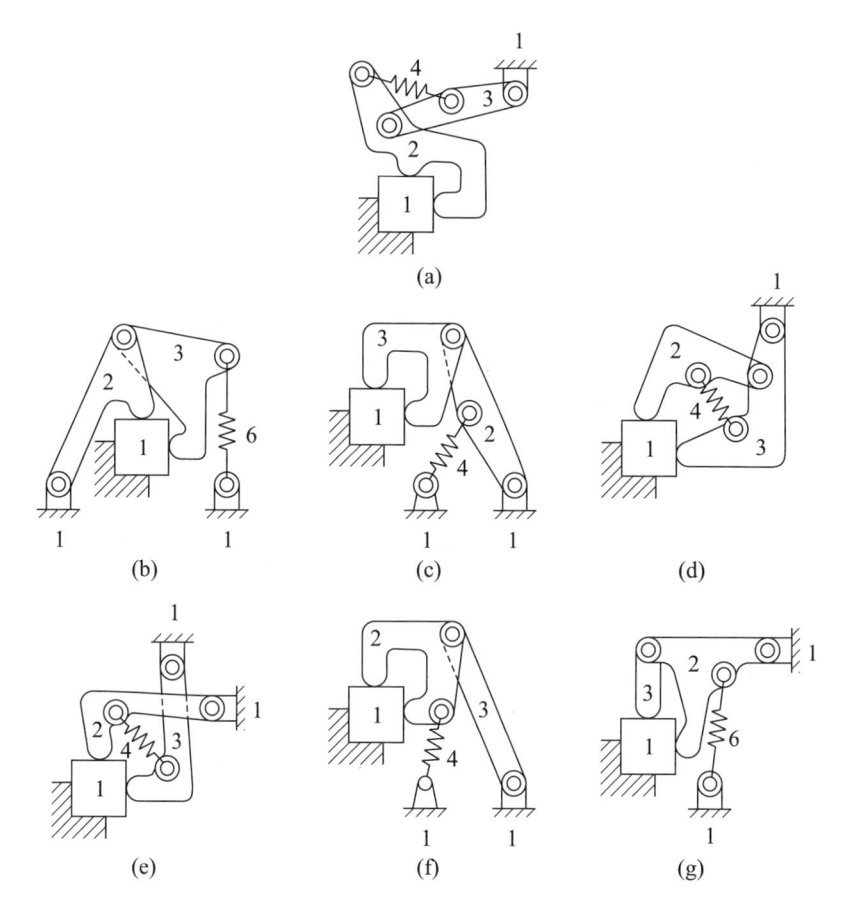

圖 11.6　夾緊裝置的圖譜

## 11.7　討論 Remarks

若將圖 11.6(f) 所示的雙接頭桿 3 進一步特殊化為一個直接接觸，則有另外一個新的設計概念也是可行的，如圖 11.7 所示。為了活化這些設計概念，應進行力量分析來找到最佳的彈簧位置。

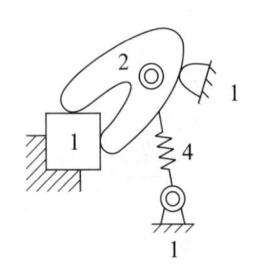

圖 11.7　有三個直接接觸的夾緊裝置

## 習題 Problems

**11.1** 對於圖 11.6 所示的夾緊裝置，試找出其拓樸構造矩陣。

**11.2** 對於圖 11.6 所示的夾緊裝置，試找出與其對應的一般化鏈。

**11.3** 根據屬性列舉法，試歸納圖 11.6 所示夾緊裝置的拓樸特性。

**11.4** 對於圖 11.3 所示的九個 (6, 8) 一般化鏈，若不對固定桿加以限制，試計算指定固定桿之特殊化夾緊裝置的數目。

**11.5** 對於圖 11.3 所示的九個 (6, 8) 一般化鏈，在所要求的設計限制下，試計算指定固定桿之特殊化夾緊裝置的數目。

**11.6** 試合成出與圖 11.6(a) 所示的夾緊裝置具有相同拓樸特性之所有可能的設計構想。

**11.7** 試合成出與圖 11.7 所示的夾緊裝置具有相同拓樸特性之所有可能的設計構想。

**11.8** 在每一個夾緊桿只能有一個直接接觸的設計限制下，試合成出與圖 11.1 所示的夾緊裝置具有相同拓樸特性之所有可能的設計構想。

**11.9** 若機件的數目多於四個，試合成出與圖 11.1 所示的夾緊裝置具有相同夾緊功能之一些夾緊裝置的拓樸構造。

## 參考文獻 References

Hall, A. S. Jr., Generalized Linkages Forms of Mechanical Devices,

ME261 Class Notes, Purdue University, West Lafayette, Indiana, spring 1978.

Yan, H. S., "A Methodology for Creative Mechanism Design," Mechanism and Machine Theory, Vol. 27, No. 3, 1992, pp. 235-242.

Yan, H. S. and Hwang, Y. W., "The Generalization of Mechanical Devices," Journal of the Chinese Society of Mechanical Engineers (Taiwan), Vol. 9, No. 4, 1988, pp. 283-293.

# 第十二章

# MOTORCROSS SUSPENSION MECHANISMS
# 越野摩托車懸吊機構

摩托車的懸吊系統用於吸收因車輪撞擊道路上的孔洞或凸起而產生的路面衝擊。越野摩托車單槍後輪懸吊的設計目的，在於提供適當的駕駛舒適性，同時盡可能地保持後輪與地面的接觸。本章根據第六章所介紹的創意性設計方法，合成出越野摩托車單槍後輪懸吊之所有可能的設計構想，這些構想與一些現有設計具有相同的拓樸構造特性。

## 12.1 現有設計 Existing Designs

摩托車的**後懸吊機構** (Rear suspension mechanisms) 通常是一個筒型伸縮式或四連桿機構。然而，這種設計無法提供可變的槓桿比以使後輪具有較大的行程。因此，有些設計是採用六連桿機構的構想，以作為**越野摩托車** (Motorcross) 的後輪懸吊。例如圖 12.1 (a) 所示的本田 (Honda) CR250R Pro-link 為其中一個設計範例。

某位工程師被指定提出與本田 Pro-link 的懸吊機構具有相同拓樸特性之新設計的任務。他首先根據第四章所介紹之理性的問題解決方法，找到另外兩個利用六連桿機構構想的產品，即五十鈴 (Suzuki) RM250X Full-floater 懸吊機構，圖 12.2 (a)，及川崎 (Kawasaki) KX250

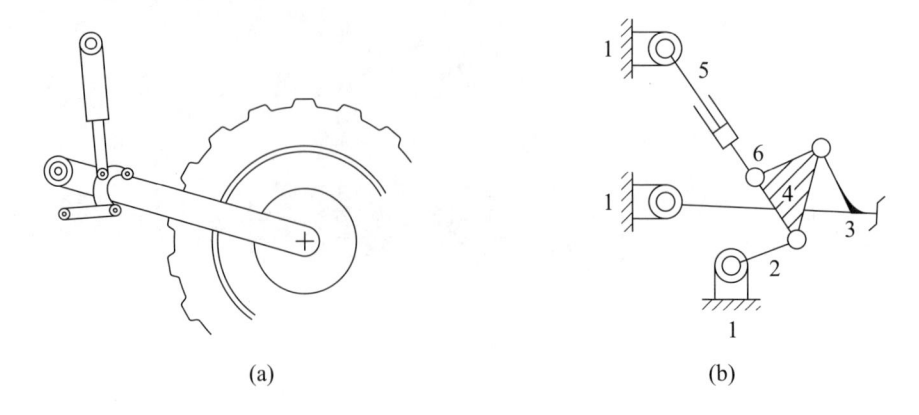

圖 12.1　本田 Pro-link 摩托車懸吊機構

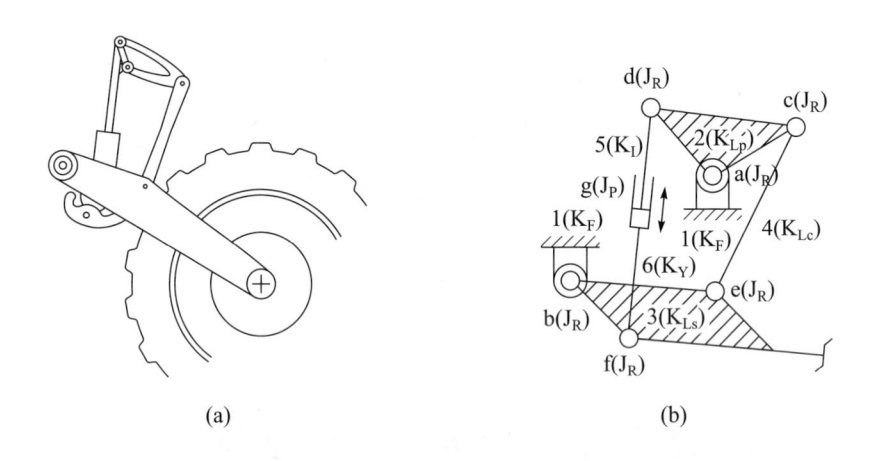

圖 12.2　五十鈴 Full-floater 摩托車懸吊機構

Uni-trak 懸吊機構，圖 12.3 (a)。該工程師研究這些現有設計，並歸納出它們的拓樸構造特性如下：

1. 具有七個接頭的平面六連桿機構。
2. 具有一個固定桿 (機件 1，$K_F$)、一個轉動臂 (機件 2，$K_{Lp}$)、一個擺動臂 (機件 3，$K_{Ls}$)、一個連接桿 (機件 4，$K_{Lc}$)、及一個由活塞 (機件 5，$K_I$) 與汽缸 (機件 6，$K_Y$) 組成的減震器 ($K_T$)。
3. 具有六個旋轉對 (接頭 $a$、$b$、$c$、$d$、$e$、$f$; $J_R$) 與一個滑行對 (接

(a)  (b)

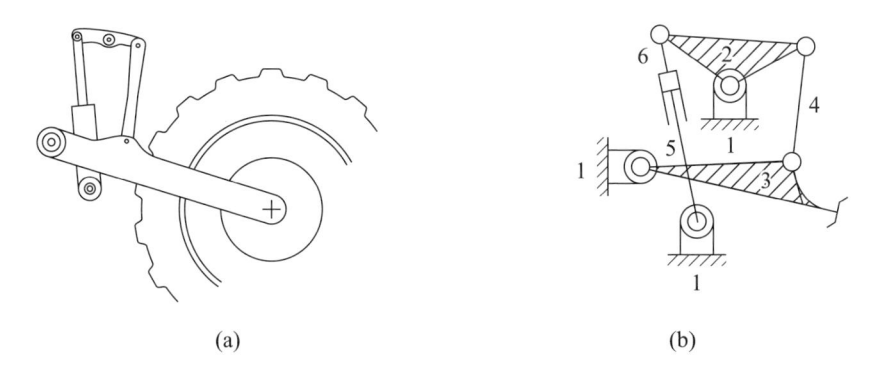

圖 12.3　川崎 Uni-trak 摩托車懸吊機構

頭 $g$; $J_P$)。

4. 是單自由度的機構。

圖 12.1(b)、12.2(b)、及 12.3(b) 所示分別是圖 12.1(a)、12.2(a)、及 12.3(a) 所示的三個現有設計的構造簡圖。根據第二章的定義，圖 12.2 所示五十鈴之設計的拓樸構造矩陣 $M_T$ 為：

$$M_T = \begin{bmatrix} K_F & J_R & J_R & 0 & 0 & 0 \\ a & K_{Lp} & 0 & J_R & J_R & 0 \\ b & 0 & K_{Ls} & J_R & 0 & J_R \\ 0 & c & e & K_{Lc} & 0 & 0 \\ 0 & d & 0 & 0 & K_I & J_P \\ 0 & 0 & f & 0 & g & K_Y \end{bmatrix}$$

## 12.2　一般化 Generalization

任選圖 12.2 所示的五十鈴 Full-floater 摩托車懸吊機構作為一般化過程的原始機構。根據第七章所定義的一般化規則，可獲得與其對應的一般化鏈，如圖 12.4 所示，其程序如下：

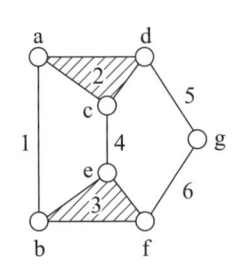

圖 12.4　五十鈴 Full-floater 摩托車懸吊機構的一般化運動鏈

1. 固定桿 (機件 1) 釋放，並一般化為雙接頭桿 1。
2. 轉動臂 (機件 2) 一般化為參接頭桿 2。
3. 擺動臂 (機件 3) 一般化為參接頭桿 3。
4. 連接桿 (機件 4) 一般化為雙接頭桿 4。
5. 減震器的活塞 (機件 5) 與缸體 (機件 6) 一般化為兩根串連的雙接頭桿 (雙接頭桿 5 與 6)。
6. 滑行對 (接頭 g) 一般化為旋轉對 g。

因此，該一般化鏈具有六根一般化連桿與七個一般化旋轉對，它是一個 (6, 7) 一般化運動鏈。

## 12.3　數目合成 Number Synthesis

根據第九章所介紹的運動鏈數目合成及圖 9.11，共有兩個 (6, 7) 運動鏈，如圖 12.5 所示。

## 12.4　特殊化 Specialization

在獲得運動鏈圖譜之後，根據以下的步驟，可以確定所有可能的特殊化鏈：

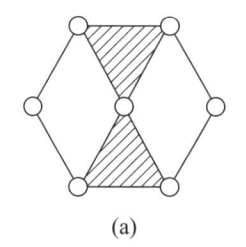

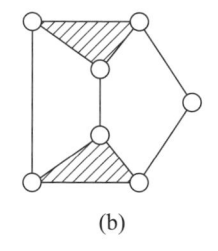

圖12.5　越野摩托車懸吊機構的 (6, 7) 運動鏈圖譜

一、對於每一個運動鏈，指定所有可能情形下的固定桿。
二、對於在步驟一中獲得的每一個情形，指定減震器。
三、對於在步驟二中獲得的每一個情形，指定擺動臂。
四、對於在步驟三中獲得的每一個情形，指定轉動臂。
五、對於在步驟四中獲得的每一個情形，指定連接桿。

再者，根據所歸納出的越野摩托車懸吊機構的特性，這些步驟之執行須遵守以下的設計需求與限制：

1. 必須有一個固定桿作為機架。
2. 必須有一個減震器。
3. 必須有一個擺動臂。
4. 必須有一個轉動臂。
5. 必須有一個連接桿。
6. 固定桿、減震器、及擺動臂必須為不同機件。

對於圖 12.5 所示的兩個 (6, 7) 運動鏈，可如下找出所有可能的可行特殊化鏈：

## 固定桿 ($K_F$)

因為必須有一個固定桿作為機架，且固定桿的指定並無限制條件，所以可如下指定固定桿：

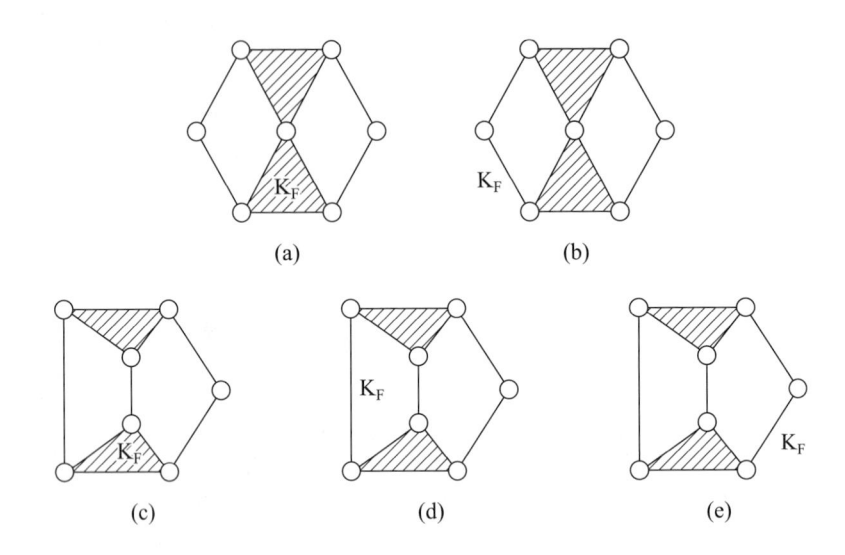

圖 12.6　指定固定桿後的特殊化鏈

1. 對於圖 12.5(a) 所示的運動鏈，根據相似類的概念，指定固定桿的結果可得到兩個非同構鏈，如圖 12.6(a) 和 (b) 所示。
2. 對於圖 12.5(b) 所示的運動鏈，根據相似類的概念，指定固定桿的結果可得到三個非同構鏈，如圖 12.6(c) - (e) 所示。

因此，固定桿指定後的特殊化鏈有五個可行的結果，如圖 12.6 所示。

### 減震器 ($K_T$)

因為必須有一個由一對雙接頭桿組成的減震器，且無論活塞或汽缸均不能固定於機架上，所以如下指定出減震器：

1. 對於圖 12.6 (a) 所示的情形，兩組兩根串連雙接頭桿中的任何一組均可指定為減震器，如圖 12.7 (a) 所示。
2. 對於圖 12.6 (b) 所示的情形，尚未指定的兩根串連雙接頭桿即為減震器，如圖 12.7 (b) 所示。
3. 對於圖 12.6 (c) 所示的情形，指定兩根串連雙接頭桿為減震器，如圖 12.7 (c) 所示。

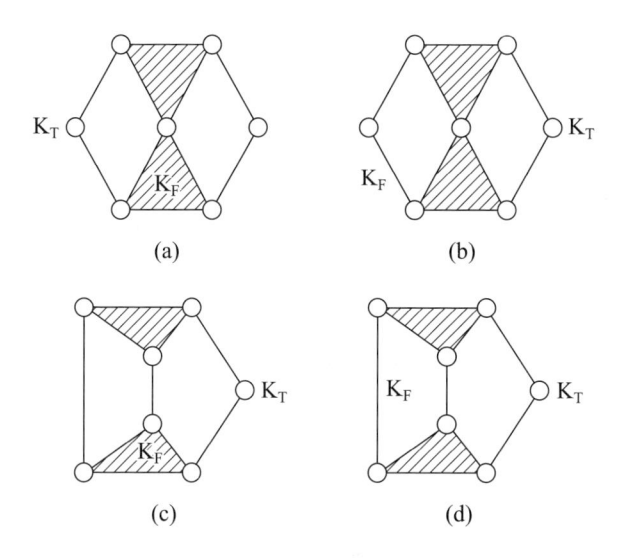

圖 12.7　指定固定桿與減震器後的特殊化鏈

4. 對於圖 12.6 (d) 所示的情形，指定兩根串連雙接頭桿為減震器，如圖 12.7 (d) 所示。
5. 對於圖 12.6 (e) 所示的情形，沒有兩根串連雙接頭桿能夠指定為減震器。

因此，固定桿與減震器指定後的特殊化鏈有四個是可行的，如圖 12.7 所示。

**擺動臂 ($K_{Ls}$)**

　　由於必須有一個擺動臂，且不能指定固定桿與減震器為擺動臂，所以可如下指定出擺動臂：

1. 對於圖 12.7 (a) 所示的情形，指定擺動臂的結果有三個，如圖 12.8 (a) - (c) 所示。
2. 對於圖 12.7 (b) 所示的情形，指定擺動臂的結果有三個，如圖 12.8 (d) - (f) 所示。

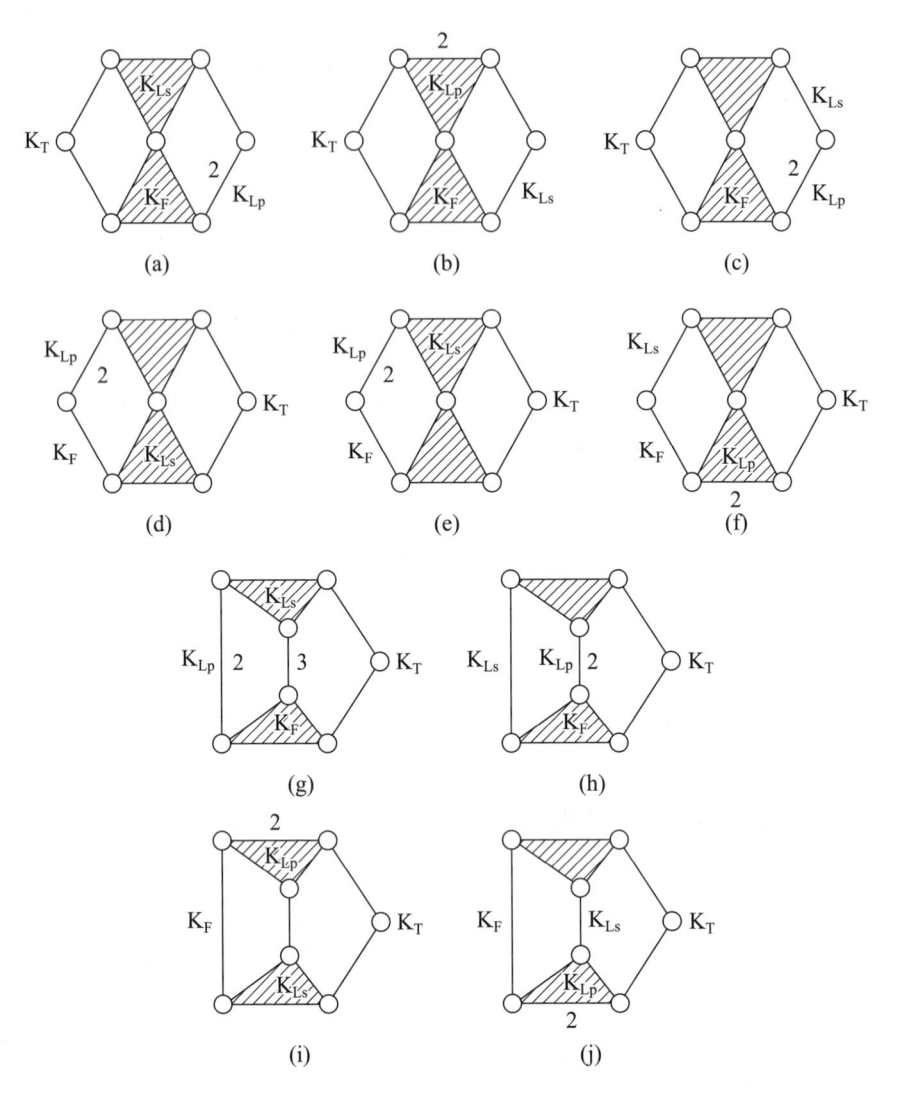

圖 12.8 越野摩托車懸吊機構的可行特殊化鏈圖譜

3. 對於圖 12.7 (c) 所示的情形，根據相似類的概念，指定擺動臂的結果可得到兩個非同構鏈，如圖 12.8 (g) - (h) 所示。
4. 對於圖 12.7 (d) 所示的情形，根據相似類的概念，指定擺動臂的結果可得到兩個非同構鏈，如圖 12.8 (i) - (j) 所示。

因此，固定桿、減震器、及擺動臂指定後的特殊化鏈有十個可行的結果，如圖 12.8 所示。

### 轉動臂 (*K<sub>Lp</sub>*)

因為必須有一個鄰接於固定桿的轉動臂，所以可如下指定出轉動臂：

1. 對於圖 12.8 (a) 所示的情形，雙接頭桿 2 是轉動臂。
2. 對於圖 12.8 (b) 所示的情形，參接頭桿 2 是轉動臂。
3. 對於圖 12.8 (c) 所示的情形，雙接頭桿 2 是轉動臂。
4. 對於圖 12.8 (d) 所示的情形，雙接頭桿 2 是轉動臂。
5. 對於圖 12.8 (e) 所示的情形，雙接頭桿 2 是轉動臂。
6. 對於圖 12.8 (f) 所示的情形，參接頭桿 2 是轉動臂。
7. 對於圖 12.8 (g) 所示的情形，根據雙接頭桿 2 和桿 3 的相似類的概念，雙接頭桿 2 或 3 均可作為轉動臂，本設計指定桿 2 為轉動臂。
8. 對於圖 12.8(h) 所示的情形，雙接頭桿 2 是轉動臂。
9. 對於圖 12.8(i) 所示的情形，參接頭桿 2 是轉動臂。
10. 對於圖 12.8 (j) 所示的情形，根據參接頭桿 2 和桿 3 的相似類之概念，桿 2 或桿 3 均可作為轉動臂，本設計指定桿 2 為轉動臂。

因此，固定桿、減震器、擺動臂、及轉動臂指定後的特殊化鏈有十個可行的結果，如圖 12.8(a) - (j) 所示。

### 連接桿 (*K<sub>Lc</sub>*)

圖 12.8(a) - (j) 所示的每一個情形中，尚未指定的機件即為連接桿。綜上所述，共獲得十個可行的特殊化鏈，如圖 12.8(a) - (j) 所示。

## 12.5 具體化 Particularization

創意性設計方法的下一個步驟，是反用一般化規則來將每一個可

# 220　機械裝置的創意性設計

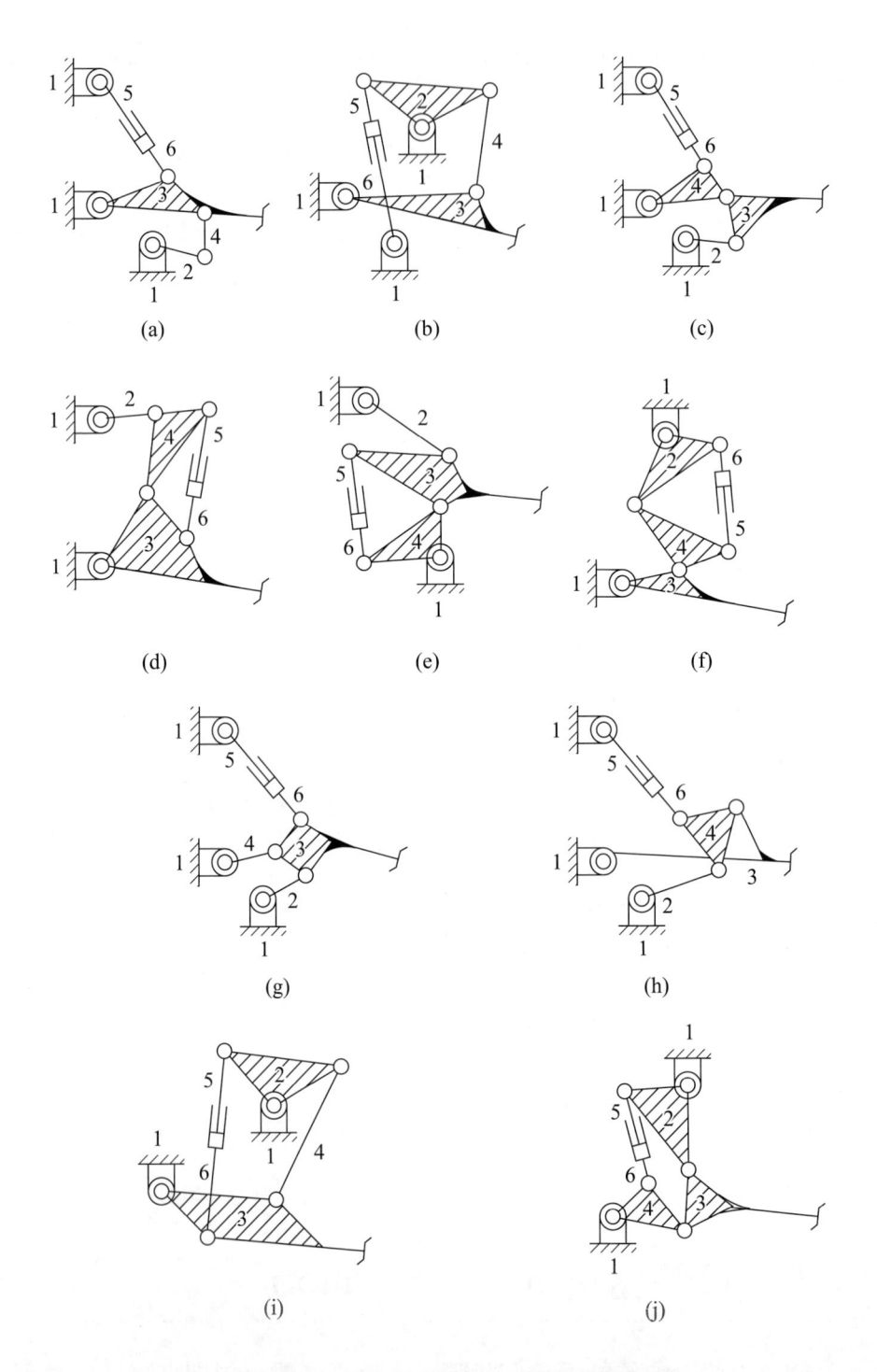

圖 12.9　越野摩托車懸吊機構的圖譜

行的特殊化鏈具體化，以獲得所對應之越野摩托車懸吊機構的構造簡圖。具體化後，與圖 12.8 (a) - (j) 所示的十個可行特殊化鏈所相對應的機構分別如圖 12.9 (a) - (j) 所示。

## 12.6 新型越野摩托車懸吊機構的圖譜 Atlas of New Motorcross Suspension Mechanisms

值得注意的是圖 12.9(b) 是圖 12.3 所示川崎 Uni-track 的摩托車懸吊機構，圖 12.9(h) 是圖 12.1 所示本田 Pro-link 的摩托車懸吊機構，圖 12.9(i) 是圖 12.2 所示五十鈴 Full-floater 的摩托車懸吊機構。因此，其它的七個設計概念，圖 12.9 (a)、(c)、(d)、(e)、(f)、(g)、及 (j)，即為新型的越野摩托車後輪懸吊機構。

## 12.7 討論 Remarks

設計需求是一定要滿足的，用以保證設計結果具有期望的拓樸構造特性。然而，設計限制則可視問題而調整。在正常的情況下，設計限制是根據實際工程問題及設計者的決策來訂定。第五章所介紹的創意技法，有助於歸納設計限制。不同的設計限制，將產出不同的可行特殊化鏈圖譜；例如，若放寬固定桿、避震器、及擺動臂必須為不同機件的設計限制，將會合成出更多的設計構想。

## 習題 Problems

**12.1** 對於圖 12.9 所示的越野摩托車後輪懸吊，試找出與其對應的拓樸構造矩陣。

**12.2** 對於圖 12.9 所示的越野摩托車後輪懸吊，試找出與其對應的一般化鏈。

12.3 試召開一個腦力激盪會議來訂定越野摩托車後輪懸吊的設計需求與限制。

12.4 對於指定固定桿的越野摩托車後輪懸吊，如圖 12.5 所示的兩個 (6, 7) 一般化運動鏈，試計算其特殊化鏈的數目。

12.5 對於指定固定桿與減震器的越野摩托車後輪懸吊，即圖 12.5 所示的兩個 (6, 7) 一般化運動鏈，試計算其特殊化鏈的數目。

12.6 試合成出與圖 12.3 所示的越野摩托車後輪懸吊具有相同拓樸特性之所有可能的設計構想。

12.7 在擺動臂必須鄰接於固定桿的設計限制下，試合成出與圖 12.1 所示的越野摩托車後輪懸吊具有相同拓樸特性之所有可能的設計構想。

12.8 若解除固定桿、減震器、及擺動臂必須為不同機件的設計限制，試合成出與圖 12.1 所示的越野摩托車後輪懸吊具有相同拓樸特性之所有可能的設計構想。

12.9 若機件數目是八個而非六個，試合成出與圖 12.2 所示的越野摩托車後輪懸吊具有相同拓樸特性之所有可能的設計構想。

## 參考文獻 References

Yan, H. S., "A Methodology for Creative Mechanism Design," Mechanism and Machine Theory, Vol. 27, No. 3, 1992, pp. 235-242.

Yan, H. S. and Chen, J. J., "Creative Design of a Wheel Damping Mechanism," Mechanism and Machine Theory, Vol. 20, No. 6, 1985, pp. 597-600.

# 第十三章

INFINITELY VARIABLE TRANSMISSIONS

# 無限變速器

行星齒輪系是一種定轉速比的機構,其中至少有一個機件在繞其自身軸自轉的同時也繞著另外一個軸旋轉。由於行星齒輪系具有重量輕、體積小、及轉速比大等優點,廣泛應用於各種傳動系統中。無限變速器是行星齒輪系的一個應用實例。本章根據第六章中介紹的創意性設計方法,合成出與一個現有設計具有相同拓樸構造特性之所有可能的行星齒輪系的設計構想。

## 13.1　現有設計 Existing Design

基本上,**無限變速器** (Infinitely variable transmission, IVT) 是由一個**連續變速單元** (Continuous variable unit, CVU) 及一個自由度為二的**行星齒輪系** (Planetary gear train, PGT) 所組成。因為 IVT 具有零轉速比的運動特性,可用來作為跑步練習機的傳動機構。圖 13.1 所示者為一種跑步練習機的設計簡圖,由一個輸入耦合型的 CVU 及一個自由度為二的五桿 PGT 所組成。

行星齒輪系之拓樸構造是決定無限變速器性能的一個重要特性。圖 13.2 所示者為此行星齒輪系的構造簡圖。它有個行星架 (機件 2,

**224 機械裝置的創意性設計**

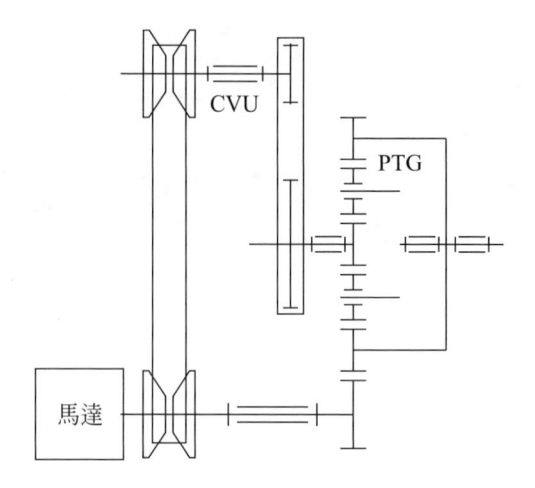

圖 13.1　無限變速器

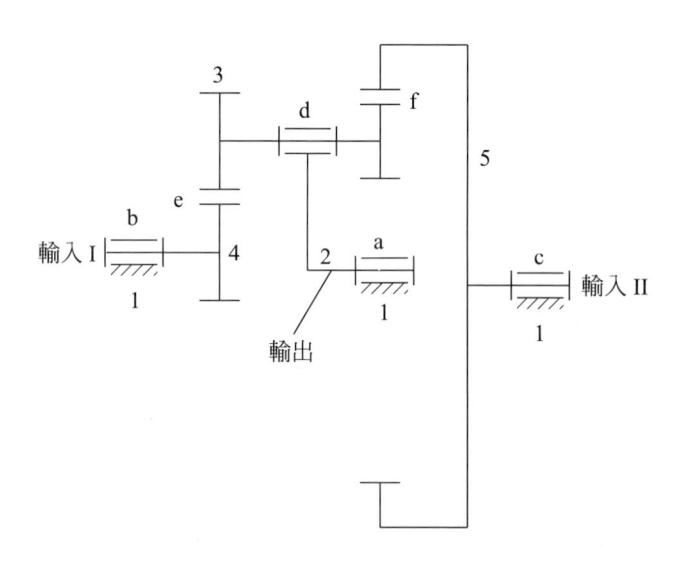

圖 13.2　無限變速器的行星齒輪系

$K_{Lc}$) 作為輸出機件，行星架以一個旋轉對 (接頭 $a$，$J_R$) 與固定桿 (機件 1，$K_F$) 鄰接，並以一個旋轉對 (接頭 $d$，$J_R$) 與行星齒輪 (機件 3，$K_{Gp}$) 鄰接。它有個太陽齒輪 (機件 4，$K_{Gs}$) 作為一個輸入 (輸入 I)，太陽齒輪以一個旋轉對 (接頭 b，$J_R$) 與固定桿鄰接，並以一個齒輪對 (接頭 e，$J_G$) 與行星齒輪相嚙合。它有個環齒輪 (機件 5，$K_{Gr}$) 作為另一個輸入 (輸入 II)，環齒輪以一個旋轉對 (接頭 c，$J_R$) 與固定桿鄰接，並以一個齒輪對 (接頭 f，$J_G$) 與行星齒輪相嚙合。根據第二章的定義，該機構的拓樸構造矩陣 $M_T$ 為：

$$M_T = \begin{bmatrix} K_F & J_R & 0 & J_R & J_R \\ a & K_{Lc} & J_R & 0 & 0 \\ 0 & d & K_{Gp} & J_G & J_G \\ b & 0 & e & K_{Gs} & 0 \\ c & 0 & f & 0 & K_{Gr} \end{bmatrix}$$

再者，根據第四章中介紹的理性化解題方法研究此現有設計，可發現無限變速器之行星齒輪系具有如下的拓樸構造特性：

1. 它由五個機件組成，其中至少有一個固定桿、一個行星架、一個行星齒輪、一個太陽齒輪、及一個環齒輪。
2. 它有六個接頭，包括四個旋轉對與兩個齒輪對。
3. 它是個回歸齒輪系。
4. 太陽齒輪與環齒輪為兩個輸入，行星架為輸出。
5. 所有齒輪皆為正齒輪。
6. 它有兩個自由度。

根據可動性分析方程式 (2.1)，對於具有兩個自由度 ($F_p=2$)、$N_L$ 個機件、$N_{JR}$ 個旋轉對、及 $N_{JG}$ 個齒輪對的行星齒輪系，可得：

$$2N_{JR} + N_{JG} - 3N_L + 5 = 0 \quad\quad (13.1)$$

對於具有 $N_J$ 個接頭的行星齒輪系，可得：

$$N_{JR} + N_{JG} - N_J = 0 \quad\quad\quad (13.2)$$

此外,在一個有齒輪的運動鏈中,每根桿至少含有一個旋轉對。從齒輪運動鏈中去除所有的齒輪對,將形成一個樹狀圖形。由圖論可知,一個具有 $p$ 個點 ($N_L$ 根桿件) 的樹狀圖形,有 $q-1$ 條邊 ($N_J-1$ 個接頭)。因此,對於行星齒輪系而言,可得:

$$N_{JR} - N_L + 1 = 0 \quad\quad\quad (13.3)$$

聯立解方程式 (13.1)、(13.2)、及 (13.3),可推導出自由度為二的行星齒輪系之接頭數 ($N_J$、$N_{JR}$、及 $N_{JG}$) 與桿數 ($N_L$) 的關係如下:

$$N_J = 2N_L - 4 \quad\quad\quad (13.4)$$

$$N_{JR} = N_L - 1 \quad\quad\quad (13.5)$$

$$N_{JG} = N_L - 3 \quad\quad\quad (13.6)$$

由方程式 (13.4)、(13.5)、及 (13.6) 可知,一個具有五個機件且自由度為二的行星齒輪系,總是含有六個接頭,包括四個旋轉對與兩個齒輪對。

## 13.2　一般化 Generalization

當確定一個現有設計並獲得無限變速器行星齒輪系的特性之後,創意性設計方法的下一個步驟,是根據第七章所定義的一般化規則,將此設計轉化成其所對應的一般化鏈。對於圖 13.2 所示的行星齒輪系,其一般化的步驟如下:

1. 固定桿 (機件 1) 釋放,並一般化為參接頭桿 1。
2. 行星架 (機件 2) 一般化為雙接頭桿 2。
3. 行星齒輪 (機件 3) 一般化為參接頭桿 3。

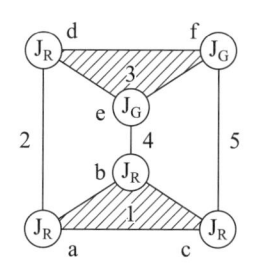

圖 13.3　行星齒輪系的一般化鏈

4. 太陽齒輪 (機件 4) 一般化為雙接頭桿 4。
5. 環齒輪 (機件 5) 一般化為雙接頭桿 5。
6. 固定桿與行星架之間、固定桿與太陽齒輪之間、固定桿與環齒輪之間、以及行星架與行星齒輪之間的旋轉對，分別一般化為一般化旋轉對 $a$、$b$、$c$、及 $d$。
7. 行星齒輪與太陽齒輪之間及行星齒輪與環齒輪之間的齒輪對，分別一般化為一般化齒輪對 $e$ 和 $f$。

因此，圖 13.2 所示之行星齒輪系所對應的一般化鏈，具有五個一般化連桿及六個一般化接頭，如圖 13.3 所示。

## 13.3　數目合成 Number Synthesis

當獲得現有設計的一般化鏈之後，創意性設計方法的下一個步驟，是根據第八章所介紹之一般化鏈的數目合成步驟，找出具有所需求之機件與接頭數目的一般化鏈圖譜。從應用的觀點來看，設計者可簡單地從第八章中提供之各種圖譜中找出所需求的鏈即可。例如，可由圖 8.11 得到兩個合乎需求的 (5, 6) 一般化鏈，如圖 13.4 所示。

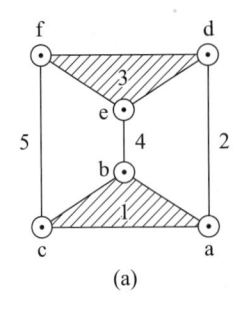

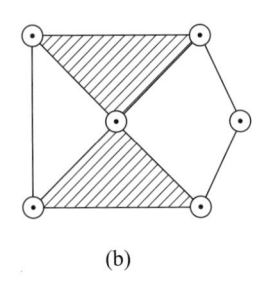

圖 13.4　無限變速器的 (5, 6) 一般化鏈圖譜

## 13.4 設計需求與限制
## Design Requirements and Constraints

　　根據可行現有設計的拓樸構造以及第五章所提供的創意技法，可歸納無限變速器行星齒輪系的設計需求與限制如下：

### 固定桿

1. 每個一般化鏈中，必有一根桿件為固定桿。
2. 由於必須要有兩個輸入桿與一個輸出桿，因此固定桿必須是多接頭桿。
3. 因為行星傳動機構是個回歸齒輪系，所以固定桿不可包含在三桿迴路中。

### 行星齒輪

1. 必須至少有一個行星齒輪。
2. 與固定桿不鄰接的桿件必為行星齒輪。
3. 一個不與其它行星齒輪鄰接的行星齒輪，不可包含在三桿迴路中。
4. 為避免機構的退化，行星齒輪必須是多接頭桿，包括至少一個齒輪對及一個附隨於行星架的旋轉對。

## 行星架

1. 每個行星齒輪必須有與之對應的行星架。
2. 行星架必須鄰接於行星齒輪與固定桿。
3. 兩個或更多個行星齒輪相串接時，必須共用一個行星架，以保持它們的中心距不變。

## 太陽齒輪

1. 必須至少有一個太陽齒輪。
2. 一個與固定桿鄰接但不是行星架的桿件，必為太陽齒輪。

## 旋轉對

1. 必須有 $N_L - 1$ 個旋轉對。
2. 每個桿至少有一個旋轉對與之附隨。
3. 與固定桿附隨的接頭必為旋轉對。
4. 行星齒輪與行星架所共同附隨的接頭必為旋轉對。
5. 一個行星齒輪只能有一個旋轉對。
6. 不能存在僅由旋轉對組成的迴路。

## 齒輪對

1. 必須有 $N_L - 3$ 個齒輪對。
2. 與行星齒輪和太陽齒輪均附隨的接頭必為齒輪對。
3. 不能有僅由齒輪對組成的三桿迴路。

設計需求與限制是有彈性的，可以依不同情況與期望加以變更。若設計工程師認為圖 13.4 所示的兩個 (5, 6) 一般化鏈，可產生大量潛在設計構想的空間有限，可以考慮應用具有兩個自由度與六個機件的行星齒輪系於無限變速器，以取代五個機件的行星齒輪系。在此情況下，對於二自由度的六桿行星齒輪系，根據方程式 (13.4)、(13.5)、及

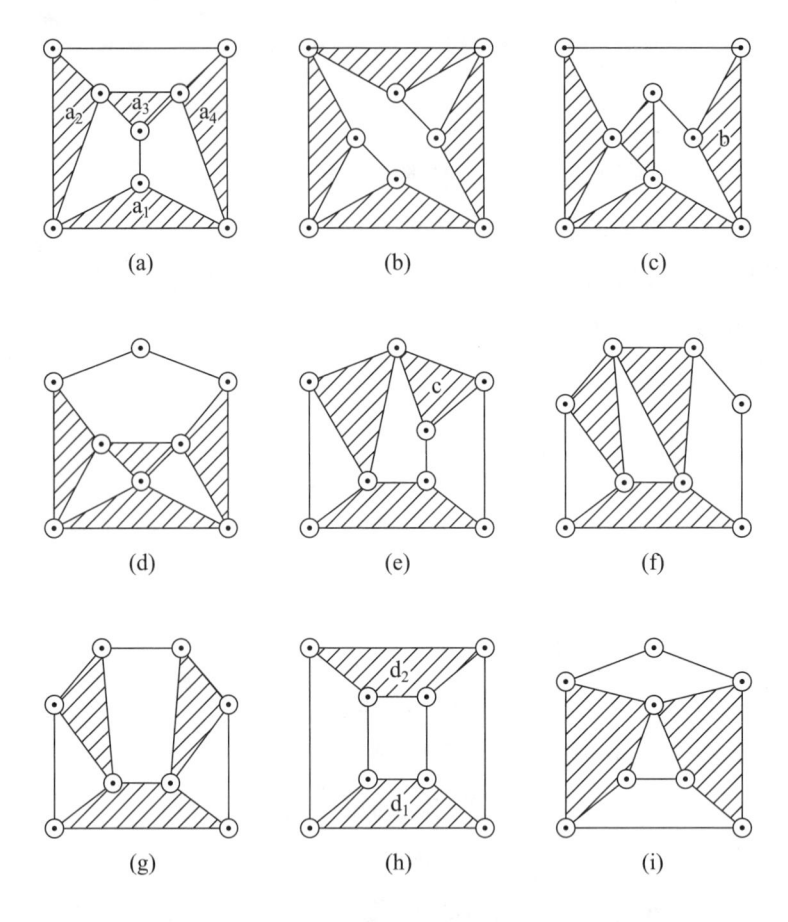

圖 13.5　無限變速器的 (6, 8) 一般化鏈圖譜

(13.6)，應有八個接頭，包括五個旋轉對與三個齒輪對。再者，由圖 8.14 可知，有九個 (6, 8) 一般化鏈可用於特殊化，如圖 13.5 所示。

## 13.5　特殊化 Specialization

創意性設計方法的下一個步驟，是根據必要的設計需求與限制，經由以下的步驟，從一般化鏈的可行圖譜中確定與其對應的可行特殊化鏈：

一、對於每一個一般化鏈，確認全部可能情形下的固定桿。
二、對於在步驟一中獲得的每一個情形，指定行星齒輪。
三、對於在步驟二中獲得的每一個情形，指定全部可能情形所對應的行星架。
四、對於在步驟三中獲得的每一個情形，指定太陽齒輪。
五、對於在步驟四中獲得的每一個情形，指定齒輪對。
六、對於在步驟五中獲得的每一個情形，指定旋轉對。

## 13.5.1 五桿行星齒輪系
### Planetary gear trains with five members

對於圖 13.4 所示的兩個 (5, 6) 一般化鏈，因為有固定桿必須是多接頭桿而且不可包含在一個三桿迴路中的限制，只有圖 13.4(a) 所示的一般化鏈能夠指定固定桿。它所對應的特殊化行星齒輪系，可以下列步驟確定：

1. 因為雙接頭桿 1 和桿 3 是對稱的，根據相似類的概念，桿 1 和桿 3 中只能有一個作為固定桿。
2. 若指定參接頭桿 1 為固定桿，則接頭 $a$、$b$、及 $c$ 是旋轉對，參接頭桿 3 是行星齒輪。
3. 由於雙接頭桿 2、桿 4、及桿 5 對稱並附隨於行星齒輪，根據相似類的概念，桿 2、桿 4、及桿 5 中只能有一個為行星架。
4. 若取雙接頭桿 2 作為行星架，則接頭 $d$ 是旋轉對，雙接頭桿 4 和桿 5 為太陽齒輪。
5. 由於必須有 4 個旋轉對與 2 個齒輪對，因此剩下的兩個接頭 $e$ 和 $f$ 是齒輪對。

因此，只得到一個可行特殊化五桿行星齒輪系，如圖 13.6 所示。

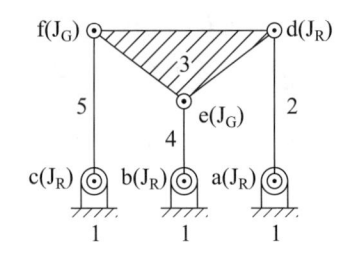

圖 13.6　可行特殊化五桿行星齒輪系

## 13.5.2 六桿行星齒輪系
### Planetary gear trains with six members

對於圖 13.5 所示的九個 (6, 8) 一般化鏈，其可行特殊化鏈可以經由下列步驟來確定：

**固定桿**

因為固定桿必須是多接頭桿，而且不可包含在一個三桿迴路中，所以只有圖 13.5 (a)、(c)、(e)、及 (h) 所示的一般化鏈能指定固定桿，其步驟如下：

1. 對於圖 13.5 (a) 所示的一般化鏈，根據相似類的概念，參接頭桿 $a_1$、$a_2$、$a_3$、及 $a_4$ 中的任一桿均可作為固定桿。圖 13.7(a) 所示為指定桿 $a_1$ 為固定桿的特殊化機構。在這種情形下，接頭 $a$、$b$、及 $c$ 是旋轉對。

2. 對於圖 13.5(c) 所示的一般化鏈，只有參接頭桿 $b$ 可以作為機架。圖 13.7 (b) 所示為與其對應的特殊化機構。在這種情形下，接頭 $a$、$b$、及 $c$ 是旋轉對。

3. 對於圖 13.5(e) 所示的一般化鏈，只有參接頭 $c$ 可以作為機架。圖 13.7(c) 所示為與其對應的特殊化機構。在這種情形下，接頭 $a$、$b$、及 $c$ 是旋轉對。

4. 對於圖 13.5 (h) 所示的一般化鏈，根據相似類的概念，肆接頭桿

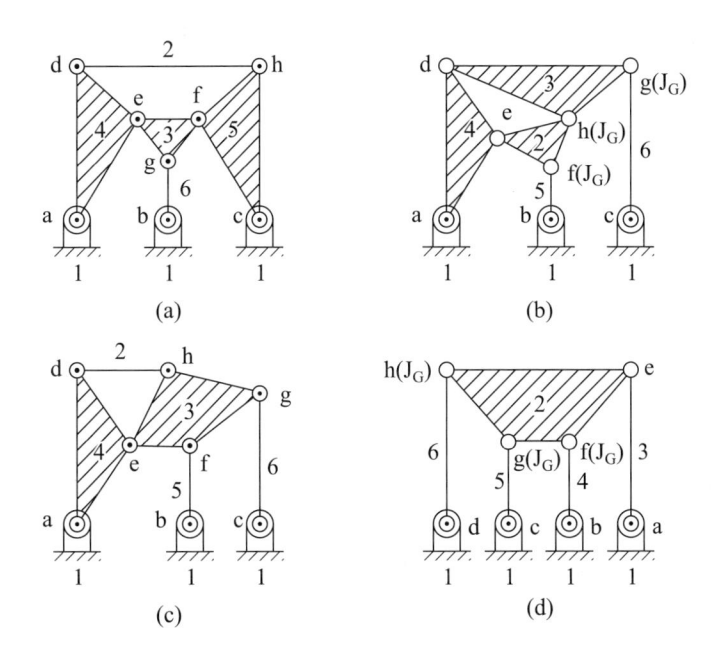

圖 13.7　可行特殊化六桿行星齒輪系

$d_1$ 或 $d_4$ 均可作為固定桿。圖 13.7 (d) 所示者為指定桿 $d_1$ 作為固定桿的特殊化機構。在這種情形下，接頭 $a$、$b$、$c$、及 $d$ 是旋轉對。

因此，固定桿確定後的特殊化機構有四個是可行的，如圖 13.7 (a) - (d) 所示。

### 行星齒輪

根據圖 13.7 (a) - (d) 所示的四個確定固定桿的特殊化機構，可以通過下列步驟確定行星齒輪：

1. 對於圖 13.7(a) 所示的特殊化機構，因為桿 2 不是多接頭桿，所以排除這種情形。
2. 對於圖 13.7(b) 所示的特殊化機構，因為桿 2 和桿 3 與固定桿不鄰接且為多接頭桿，所以是行星齒輪。

3. 對於圖 13.7(c) 所示的特殊化機構，因為桿 2 不是多接頭桿，所以排除這種情形。
4. 對於圖 13.7(d) 所示的特殊化機構，因為桿 2 與固定桿不鄰接且為多接頭桿，所以是行星齒輪。

### 行星架

因為每個行星齒輪必須有一個行星架與之對應，而且兩個串接的行星齒輪必須共用一個行星架，所以可以通過如下步驟，從圖 13.7(b) 和 (d) 所示的兩個特殊化鏈中確定行星架：

1. 對於圖 13.7(b) 所示的特殊化機構，參接頭桿 4 是行星齒輪 2 和行星齒輪 3 共用的行星架，接頭 $d$ 和 $e$ 是旋轉對。
2. 對於圖 13.7(d) 所示的特殊化機構，雙接頭桿 3 是行星齒輪 2 的行星架，接頭 $e$ 是旋轉對。

### 太陽齒輪

因為一個與固定桿鄰接但不是行星架的桿件必為太陽齒輪，所以可以通過如下步驟，從圖 13.7(b) 和 (d) 所示的兩個特殊化鏈中確定太陽齒輪：

1. 對於圖 13.7(b) 所示的特殊化機構，雙接頭桿 5 和桿 6 為太陽齒輪。
2. 對於圖 13.7(d) 所示的特殊化機構，雙接頭桿 4、桿 5、及桿 6 為太陽齒輪。

### 旋轉對

因為在每個設計中必須有五個旋轉對，所以對於圖 13.7 (b) 和 (d) 所示的兩個特殊化機構，全部旋轉對已經指定。

### 齒輪對

因為在每個設計中必須有三個齒輪對,所以在圖 13.7(b) 和 (d) 所示的兩個特殊化機構中,剩下的三個未指定的接頭 $f$、$g$、及 $h$ 為齒輪對。

因此,共合成出兩個滿足設計需求與限制的可行特殊化鏈,如圖 13.7(b) 和 (d) 所示。

## 13.6　具體化 Particularization

創意性設計方法的下一個步驟,是反用一般化規則,將每一個可行特殊化鏈具體化,以獲得所對應之行星齒輪系的構造簡圖。

在具體化的過程中,兩個鄰接的齒輪可為外齒輪或內齒輪。若考慮外齒輪與內齒輪全部可能的變化類型,則可以獲得很多的行星齒輪系為設計構形。在實際應用上,行星齒輪通常不為內齒輪。根據這個附加的限制,對於圖 13.6 所示的一個可行特殊化行星齒輪系,所獲得的五桿行星齒輪系圖譜如圖 13.8 所示;而對於圖 13.7(b) 和 (d) 所示的兩個可行特殊化行星齒輪系,所獲得的六桿行星齒輪系圖譜則如圖 13.9 所示。

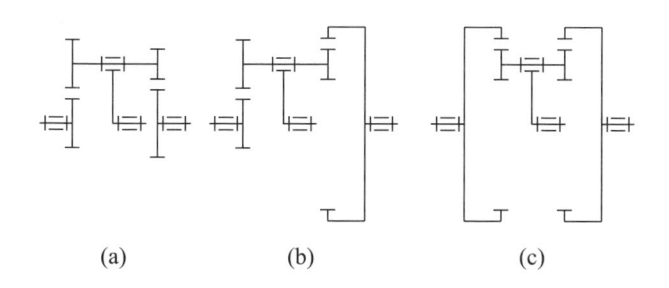

(a)　　　　　(b)　　　　　(c)

圖 13.8　無限變速器的五桿行星齒輪系圖譜

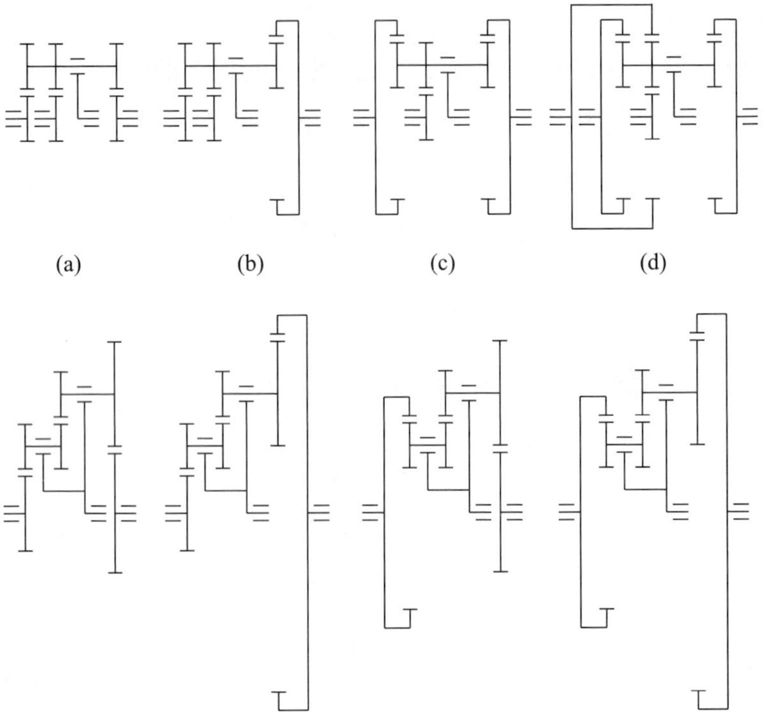

(a)　　　　(b)　　　　(c)　　　　(d)

(e)　　　　(f)　　　　(g)　　　　(h)

圖 13.9　無限變速器的六桿行星齒輪系圖譜

## 13.7　新型無限變速器的圖譜
## Atlas of New Infinitely Variable Transmissions

　　圖 13.8(b) 所示的設計構想，是原始的現有設計。因此，對於行星齒輪僅為外齒輪的構形而言，圖 13.8 和圖 13.9 所示的其它十個設計概念，即為具有五桿與六桿之無限變速器行星齒輪系的新設計。

## 13.8 討論 Remarks

儘管第六章中所介紹的創意性設計方法，為機械裝置的構形合成提供了一個可依步驟進行的系統化的方法，這個方法的實際運用依然具有相當的彈性。若有許多現有設計可用，則設計工程師可以通過研究這些現有設計來歸納出設計需求與限制。而若僅有有限的現有設計可用，設計工程師仍然可以根據現有設計來歸納出主要的設計需求與限制，再根據其工程判斷來修改這些需求與限制。再者，若根本沒有現有的設計可用，設計工程師還是能夠自己決定設計需求與限制，這也許要借助第五章中所介紹之問題解決的創意技法，或者利用**品質機能展開法** (Quality function development) 來訂定設計規格。

若圖 13.8 和圖 13.9 所示的所有設計構想，在進行運動設計或功流分析時均不可行，則應進一步考慮採用具有七桿與十接頭、甚至更多桿數與接頭數的一般化鏈，來進行特殊化與具體化。

## 習題 Problems

**13.1** 對於圖 13.8 所示的每一個五桿行星齒輪系，試找出與其對應的拓樸構造矩陣。

**13.2** 對於圖 13.9 所示的每一個六桿行星齒輪系，試找出與其對應的一般化鏈。

**13.3** 試詳盡檢索用於汽車自動變速器中具二自由度之六桿行星齒輪系的文獻。

**13.4** 對於確認固定桿的六桿行星齒輪系，如圖 13.5 所示的 (6, 8) 一般化鏈，試計算其特殊化鏈的數目。

**13.5** 試合成出與圖 13.9(f) 所示的行星齒輪系具有相同拓樸特性之全部可能的設計構想。

**13.6** 若加上應有七個機件的設計需求以及固定桿必須至少與四個接頭附隨的設計限制，試合成出與圖 13.1 所示的行星齒輪系具有相同拓樸特性之全部可能的設計構想。

**13.7** 若加上應有八個機件的設計需求以及固定桿必須至少與五個接頭附隨的設計限制，試合成出與圖 13.1 所示的行星齒輪系具有相同拓樸特性之全部可能的設計構想。

**13.8** 根據第五章中所介紹的創意技法，試定義用於汽車自動變速器具自由度為二的行星齒輪系拓樸構造設計概念之設計需求與限制。

**13.9** 試合成出具有與習題 13.8 中所歸納出，用於汽車自動變速器具自由度為二的行星齒輪系之設計需求與限制的全部可能設計構想。

## 參考文獻 References

Buchsbaum, F. and Freudenstein, F., "Synthesis of Kinematic Structure of Geared Kinematic Chains and Other Mechanisms," Journal of Mechanisms, Vol. 5, 1970, pp. 357-392.

Harary, F., Graph Theory, Addison-Wesley, 1969.

Yan, H. S., "A Methodology for Creative Mechanism Design," Mechanism and Machine Theory, Vol. 27, No. 3, 1992, pp. 235-242.

Yan, H. S. and Hsieh, L. C., "Concept Design of Planetary Gear Trains for Infinitely Variable Transmissions," Proceedings of 1989 International Conference on Engineering Design, Harrogate, United Kingdom, August 22-25, 1989, pp. 757-766.

# 第十四章

## CONFIGURATIONS OF MACHINING CENTERS
## 綜合加工機構形

綜合加工機 (Machining centers) 是一種工具機,由主軸、刀庫、換刀機構、及包括各種傳動軸的工具機結構件等四個基本元件所組成。工具機結構件是決定工具機加工面、剛度、及動態特性之品質的主要元件。主軸夾持並旋轉刀具,以在工件上加工出預期的表面。刀庫儲存刀具,並將其移動至適當的位置以備換刀。換刀機構在刀庫與主軸之間進行刀具的交換,一般包括一個送刀臂 ($T_a$)、一個擺刀站 ($P_s$)、及一個換刀臂 ($T_c$),分別執行刀具的運送、旋轉、及交換動作。

在綜合加工機的主軸與刀庫之間用以自動執行換刀功能的系統,稱為**自動換刀裝置** (Automatic tool changer, ATC)。最簡單的自動換刀裝置是刀庫與主軸平行,沒有換刀臂 (甚至也無擺刀站與送刀臂),通過刀庫與主軸之間的相對運動來完成換刀動作。圖 14.1(a) 和 (b) 所示者是兩個無換刀臂的三軸臥式綜合加工機,而圖 14.1(c) 所示者則是一臺具換刀臂的三軸臥式綜合加工機。

本章修改第六章中介紹的創意性設計方法,如圖 14.2 所示,以合成出滿足拓樸與動作需求的無換刀臂綜合加工機之全部可能的構形。

**240** 機械裝置的創意性設計

(a)

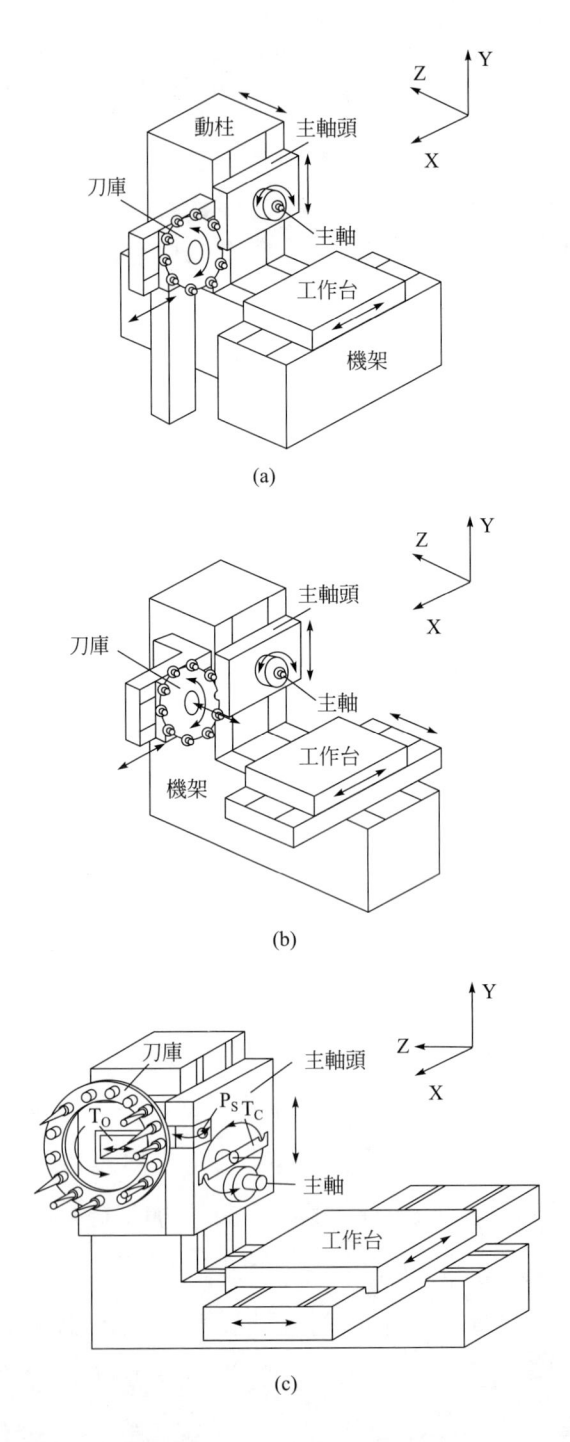

(b)

(c)

圖 14.1 三軸臥式綜合加工機

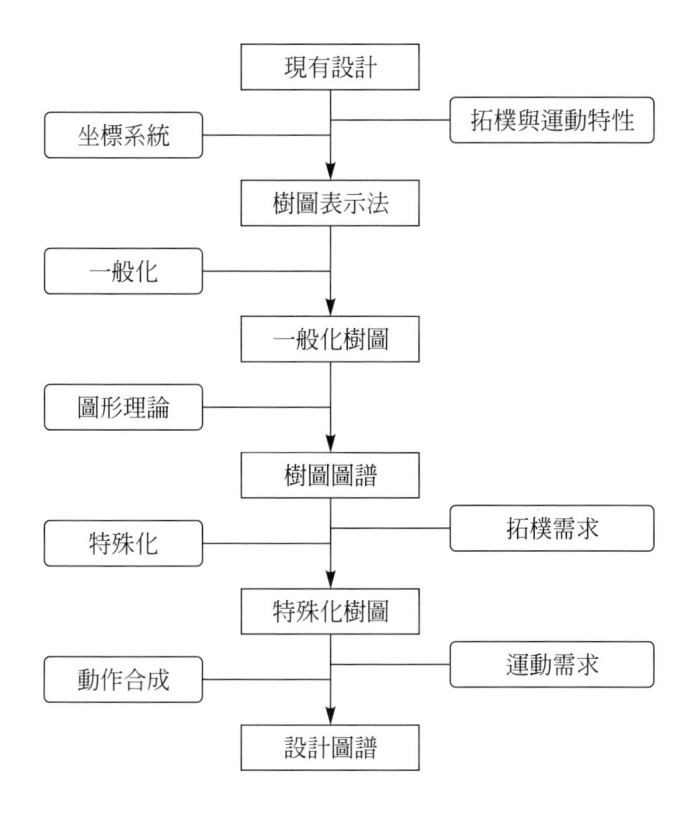

圖 14.2 綜合加工機構形合成的創意性設計方法

## 14.1　**現有設計** Existing Designs

　　創意性設計方法的第一個步驟，是研究可行的現有設計，以歸納出其拓樸與運動特性。

　　因為換刀機構的主要功能是成功地執行換刀動作，所以必須先分析拓樸構造與換刀動作之間的關係。以圖 14.1(a) 所示的換刀機構為例，其換刀動作的次序如下：

1. 刀庫沿負 $X$ 軸方向移動，以抓住主軸上的原刀具。
2. 動柱沿正 $Z$ 軸方向移動，以與原刀具分離。

3. 刀庫沿 Z 軸轉動，以使新刀具旋轉至主軸的正前方。

4. 動柱沿負 Z 軸方向移動，以將新刀具插入主軸。

5. 刀庫沿正 X 軸方向移動，以離開新刀具。

　　圖 14.1(b) 所示綜合加工機的換刀動作與圖 14.1(a) 所示者相似，不同之處是前者使用刀庫來拔出與插入刀具。這兩臺綜合加工機的換刀動作分別如圖 14.3(a) 和 (b) 所示，其中 $M$ 和 $S$ 分別表示刀庫與主軸。為簡便起見，分別以 $P$、$R$、及 $C$ 表示滑行對、旋轉對、及圓柱對，而圓圈內的數字則表示換刀動作的次序。

　　經過資料檢索，分析可行的現有設計、文獻與專利、甚至諮詢專家後，歸納出刀庫與主軸平行且無換刀臂之三軸臥式綜合加工機的拓樸與運動特性如下：

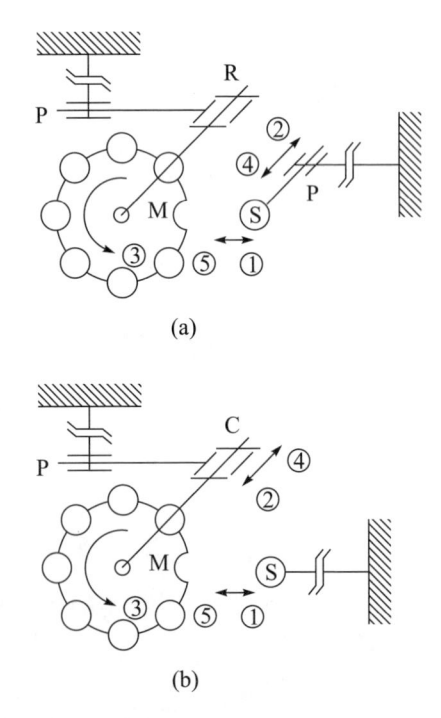

圖 14.3　換刀動作

**拓樸特性**

1. 是多自由度的空間開放鏈機構，即與其對應的鏈是不封閉的。
2. 有一個固定桿 (機架)。
3. 有一個主軸，是一末端機件。
4. 有一個工作臺，而主軸與工作臺之間的接頭數目為 4。
5. 有一個刀庫，是一末端機件，由位於機架至主軸頭的機件引伸而來。
6. 末端機件可以是主軸、刀庫、或工作臺，其最大數目必為 3。
7. 與主軸附隨的接頭必為旋轉對。
8. 主軸頭與工作臺之間的接頭必為滑行對。
9. 刀庫與引伸機件之間的接頭是旋轉對、滑行對、或圓柱對，且必須有一個旋轉對或圓柱對與刀庫附隨。

**運動特性**

1. 工作臺相對於主軸頭有三個相對運動，依序沿 $X$、$Z$、$Y$ 軸方向。
2. 自動換刀裝置利用刀庫與主軸之間的相對運動來換刀。換刀動作的次序為 $P_x \to P_z \to R_z \to P_z \to P_x$，其中 $P$ 和 $R$ 分別表示移動與轉動，下標 $x$、$y$、$z$ 表示動作的方向。
3. 為了完成換刀動作，刀庫與主軸頭之間必須至少有三個相對自由度。

## 14.2 樹圖表示
### Tree-graph Representations

創意性設計方法的第二個步驟，是將現有的設計以與其對應的樹圖表示。

為表示綜合加工機的拓樸構造，根據國際標準化組織 (ISO) 所定義的一套坐標系統，來描述綜合加工機各運動軸的位置關係。這一標準坐標系統是右手直角坐標系,與安裝在工具機上的工件有關,並根據工具機的主線性側面來排列。工具機元件的運動方向,以使工件尺寸呈增加趨勢的方向爲正方向。

依 ISO 標準所定義的坐標系統,亦表示在如圖 14.1 所示之臥式綜合加工機的圖示。

以此定義的坐標系統爲基礎,可以將機構的機件與接頭分別以點與邊來表示;其中,只要與其對應的機件 (接頭) 是鄰接的,則兩個點 (邊) 亦相鄰接。

據此,將綜合加工機的機件以點來表示,並附有機件的名稱,如表 14.1 所示;將綜合加工機的接頭以邊來表示,並附有接頭類型的名稱,如表 14.2 所示。接頭的名稱中還有一個下標,代表其運動軸的方

表 14.1　機件的圖示

| 機件 | 符號 |
|---|---|
| 機架 (固定桿) | ⊙$Fr$ |
| 主軸 | •$S$ |
| 工作臺 | •$T$ |
| 刀庫 | •$M$ |
| 連接桿 | •$L_1$　•$L_2$　... |

表 14.2　接頭的圖示

| 接頭 | 自由度 | 符號 |
|---|---|---|
| 旋轉對 | 1 | $R_x$　$R_y$　$R_z$　... |
| 滑行對 | 1 | $P_x$　$P_y$　$P_z$　... |
| 圓柱對 | 2 | $C_x$　$C_y$　$C_z$　... |

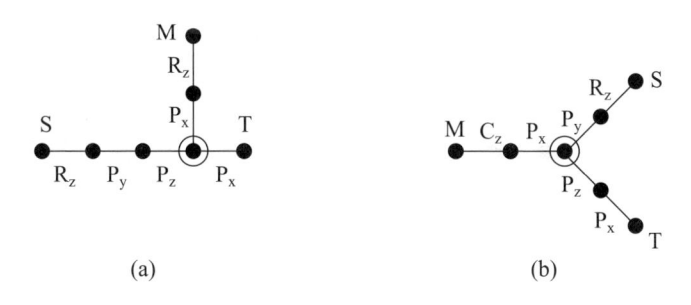

```
            M
            •
            R_z
            •
            P_x
   S        •      T
   •―•―•―•―⊙―•
     R_z P_y P_z   P_x
```

```
                        R_z   S
                         •―•
            M  C_z  P_x  P_y
            •―•―•―⊙―•
                      P_z
                      •
                      P_x
                      •
                         T
```

(a)                                (b)

圖 14.4　綜合加工機的樹圖表示

位。若一個旋轉對的運動軸與 X 軸平行，則將其表示爲 $R_x$；若一個旋轉對的運動軸與 Y 軸平行，則將其表示爲 $R_y$，依此類推。圖 14.4(a) 和 (b) 所示者分別是圖 14.1(a) 和 (b) 所示綜合加工機所對應的樹圖表示。

## 14.3　一般化樹圖
## Generalized Tree-graphs

　　創意性設計方法的第三個步驟是一般化。一般化的目的是將包含各類機件 (點) 與接頭 (邊) 的原始機構，轉化成爲一般化樹圖。一般化的過程是建立在一套一般化規則上，而一般化規則是根據所定義的一般化原則導出。關於一般化原則與規則的介紹，詳見第七章。

　　對於圖 14.4 所示之綜合加工機的樹圖，其一般化的步驟如下：

1. 將機架釋放並一般化爲參接頭桿，即一個有三條邊附隨的點。
2. 末端機件，如主軸、刀庫、及工作臺，均一般化爲單接頭桿，即一個只有一條邊附隨的點。
3. 其它機件一般化爲雙接頭桿，即一個有兩條邊附隨的點。
4. 滑行對一般化爲旋轉對。

　　對於圖 14.4(a) 和 (b) 所示的兩個設計，它們所對應的一般化樹圖具有七個點與六條邊，分別如圖 14.5(a) 和 (b) 所示。

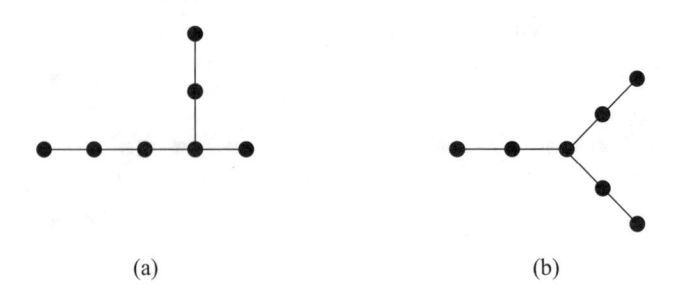

圖 14.5　綜合加工機的一般化樹圖

## 14.4　樹圖的圖譜 Atlas of Tree-Graphs

　　創意性設計方法的第四個步驟，是產生具有給定邊數與點數之全部可能的樹圖。對於開放鏈機構而言，接頭數比桿數少一。根據圖論，$p$ 點樹圖的詳盡數目可以從以下之多項式的係數得到：

$$T(x) = x + x^2 + x^3 + 2x^4 + 3x^5 + 6x^6 + 11x^7 + 23x^8 \\ + 47x^9 + 106x^{10} + 235x^{11} + 551x^{12} + \ldots \quad\quad (14.1)$$

方程式 (14.1) 說明具有 1、2、3、4、5、6、7、8、9、10、11、12 點之樹圖的數目，分別為 1、1、1、2、3、6、11、23、47、106、235、551。圖 14.6 所示者為 $p=2$ 至 $p=7$ 的樹圖圖譜。

## 14.5　特殊化樹圖 Specialized Tree-Graphs

　　創意性設計方法的第五個步驟是特殊化。特殊化的目的在於指定不同類型的機件與接頭至所得樹圖的圖譜，以獲得合乎拓樸特性之全部可能的非同構特殊化樹圖。首先，列出綜合加工機機件與接頭在與其對應之樹圖中的拓樸需求；然後，經由特殊化即可獲得全部可能的拓樸構造。有關特殊化的過程，詳見第十章。

P=2

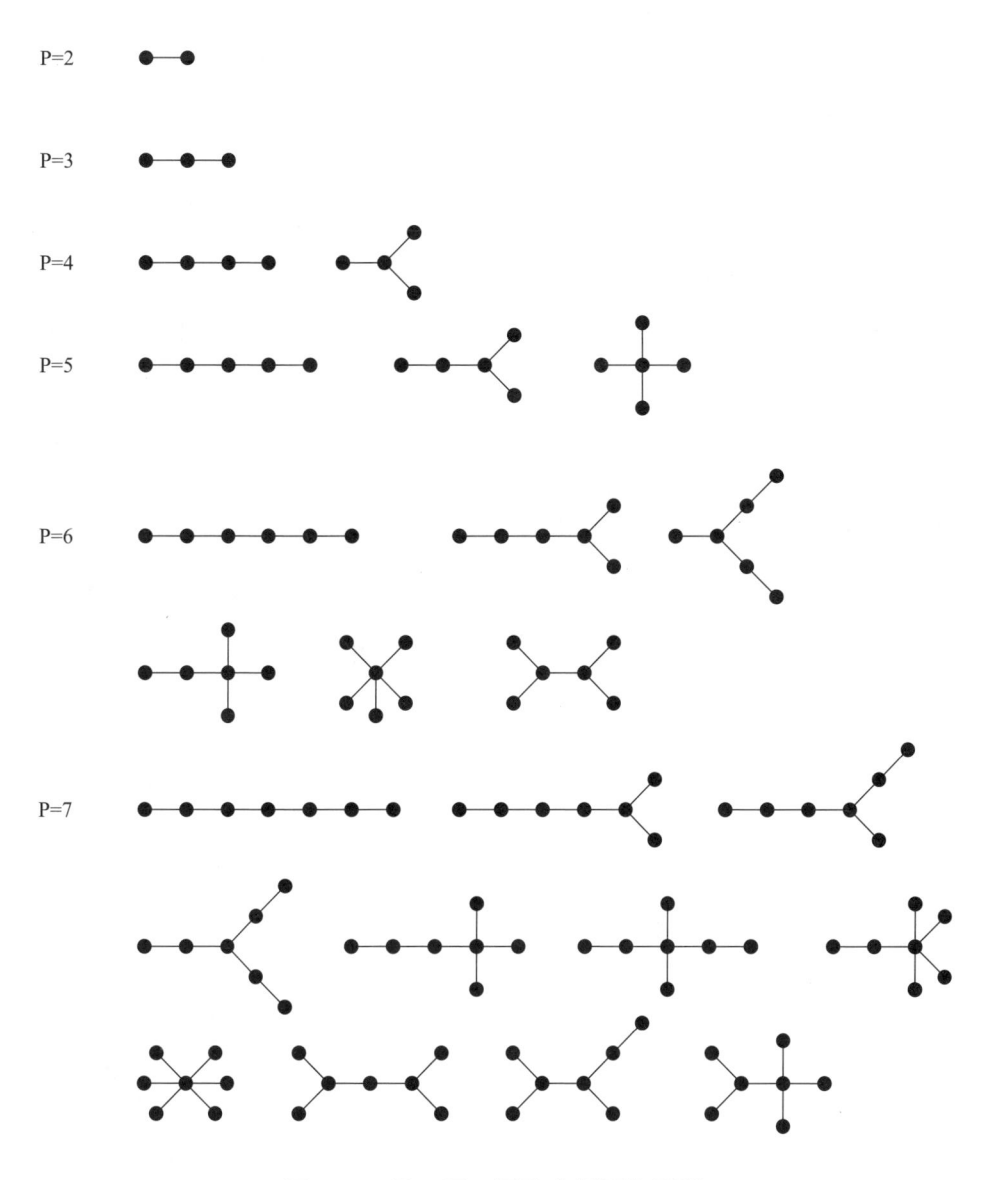

P=3

P=4

P=5

P=6

P=7

圖14.6　具2至7個點之樹圖的圖譜

## 拓樸構造需求

　　拓樸構造需求是根據現有設計的拓樸特性歸納出來的。在此，三軸臥式綜合加工機的機件和接頭在與其對應之樹圖中的設計需求為：

1. 三軸綜合加工機所對應的樹圖，必須至少有六個點。
2. 端點數最多為三。
3. 必須有一端點為主軸。
4. 必須有一點為工作臺，其至主軸的路徑長度為四。
5. 必須有一點為機架，並位於主軸頭至工作臺的路徑上。
6. 必須有一端點為刀庫，該端點是由位於機架至主軸頭的點引伸而來。
7. 端點必為主軸、刀庫、或工作臺。
8. 與主軸附隨的邊必須分配為旋轉對。
9. 主軸頭與工作臺之間的邊必須分配為滑行對。
10. 刀庫與分支點之間的邊必須分配為旋轉對、滑行對、或圓柱對，且必須有一個旋轉對或圓柱對與刀庫附隨。

**特殊化**

對於圖 14.6 所示的樹圖，只有那些至少具有六個點且至多有三個端點的圖合乎拓樸構造需求，如圖 14.7 所示。首先分配主軸、工作臺、機架、及刀庫等至圖 14.7 所示的樹圖，然後再根據拓樸構造需求分配不同類型的接頭至樹圖。

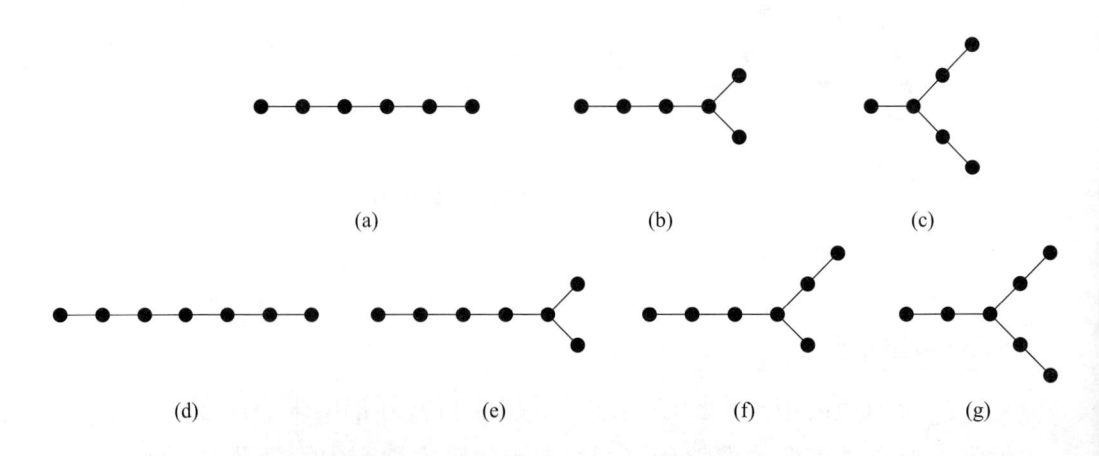

圖 14.7　綜合加工機的可行樹圖圖譜

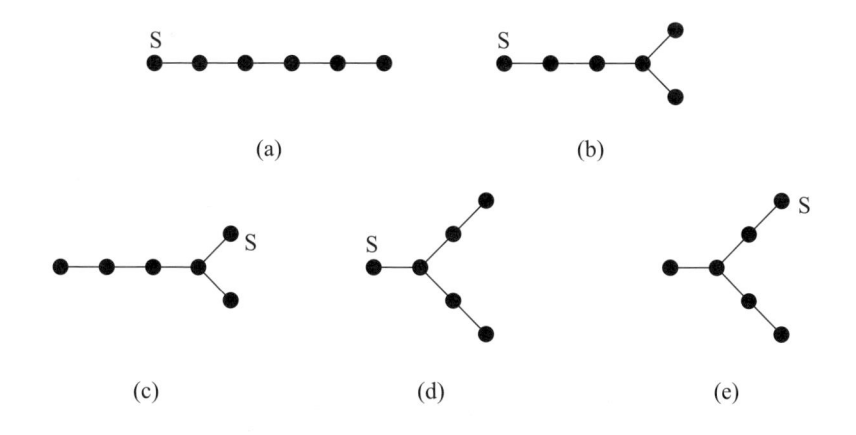

圖 14.8　主軸的指定

1. **主軸**：對於圖 14.7 (a) 所示的樹圖，因為只有端點可以分配為主軸，所以主軸 (S) 之分配只有一個非同構的結果，如圖 14.8 (a) 所示。同樣地，對於圖 14.7 (b) 和 (c) 所示的樹圖，主軸之分配有四個非同構的結果，如圖 14.8 (b) - (e) 所示。

2. **工作臺**：對於圖 14.8(a) 所示的樹圖，因為只有至主軸之路徑長度為四的點可以分配為工作臺 (T)，所以工作臺的分配結果只有一個，如圖 14.9(a) 所示。同樣地，圖 14.8(b)、(c)、及 (e) 所示的樹圖有三個分配結果，分別示於圖 14.9(b)、(c)、及 (d)。對於圖 14.8 (d) 所示的樹圖，因為沒有至主軸之路徑長度為四的點，所以沒有可行的工作臺。

3. **機架**：對於圖 14.9(a) 所示的樹圖，因為只有位於主軸頭至工作臺的路徑上的點可以分配為機架 (Fr)，所以機架的分配有四個結果，如圖 14.10(a) - (d) 所示。同樣地，對於圖 14.9(b) - (d) 所示的樹圖，機架的分配結果有十二個，如圖 14.10(e) - (p) 所示。

4. **刀庫**：對於圖 14.10 所示的樹圖，只有由位於機架至主軸頭之點引伸而來的端點可以分配為刀庫。對於圖 14.10 (d)、(g)、(h)、(i)、(j)、

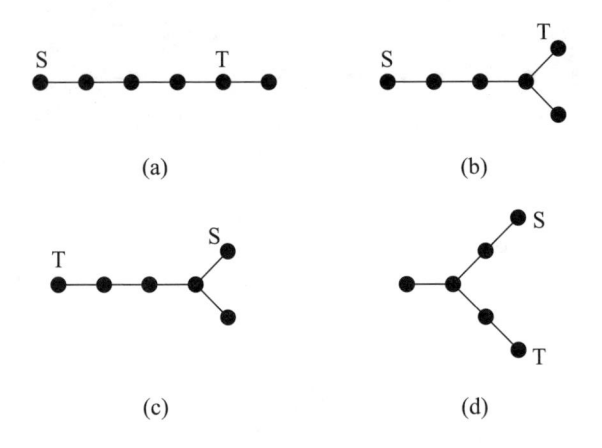

**250** 機械裝置的創意性設計

圖 14.9 工作臺的指定

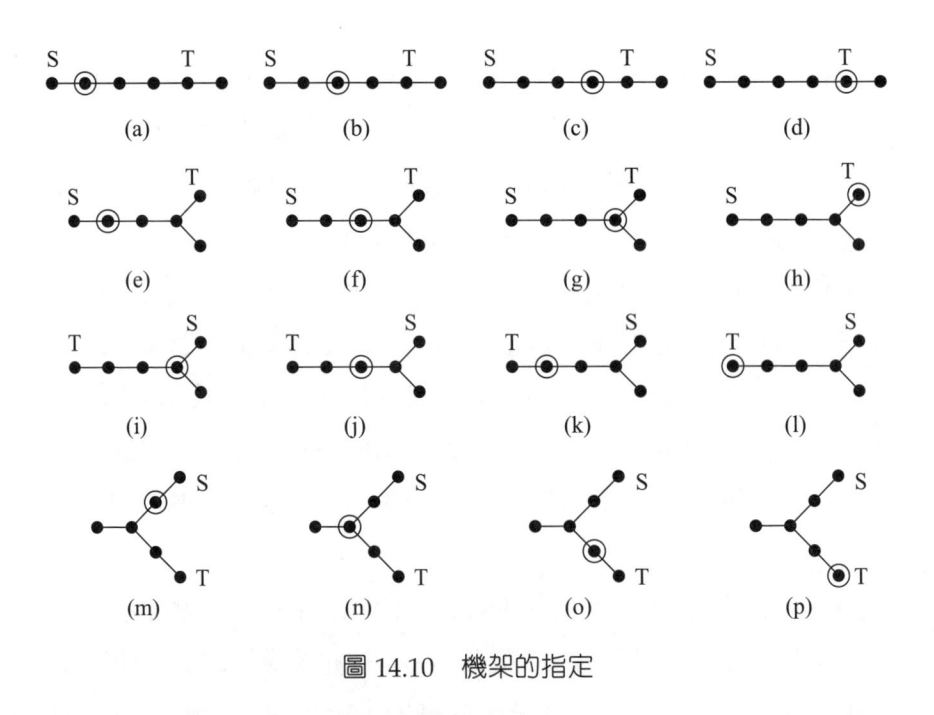

圖 14.10 機架的指定

　　(k)、(l)、(n)、(o)、及 (p) 所示的樹圖，刀庫的分配有十個結果，分別如圖 14.11(a) - (j) 所示。而圖 14.10(a)、(b)、(c)、(e)、(f)、及 (m) 所示的樹圖，則不滿足拓樸構造需求。

圖 14.11　刀庫的指定

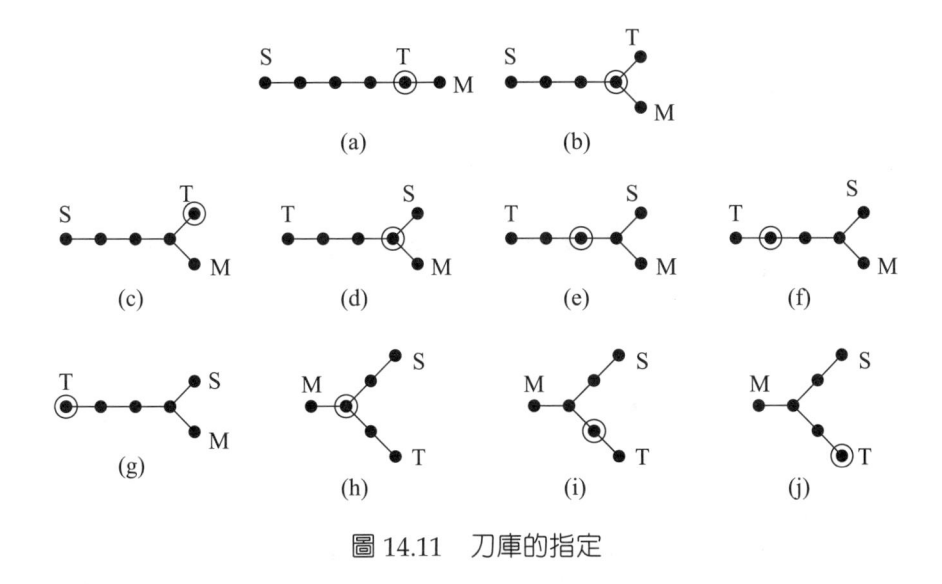

5. **接頭的特殊化**：根據拓樸構造需求，與主軸附隨的邊以及主軸頭與工作臺之間的邊必須分別分配為旋轉對與滑行對。然後，再將接頭排列分配至刀庫與分支頂點之間的邊。根據拓樸構造需求與接頭排列，將圖 14.11 所示的樹圖特殊化，可獲得三軸綜合加工機之所有的可行拓樸構造，如圖 14.12 所示。

## 14.6　綜合加工機圖譜
### Atlas of Machining Centers

創意性設計方法的最後一個步驟是動作合成。動作合成的目的在於指定接頭軸的方向至可行特殊化樹圖，以獲得合乎特定運動需求的可行機構。

運動需求是根據該設計之運動特性導出的。本三軸臥式綜合加工機的運動需求為：

1. 為了完成換刀動作，刀庫與主軸頭之間必須至少有三個相對自由度。

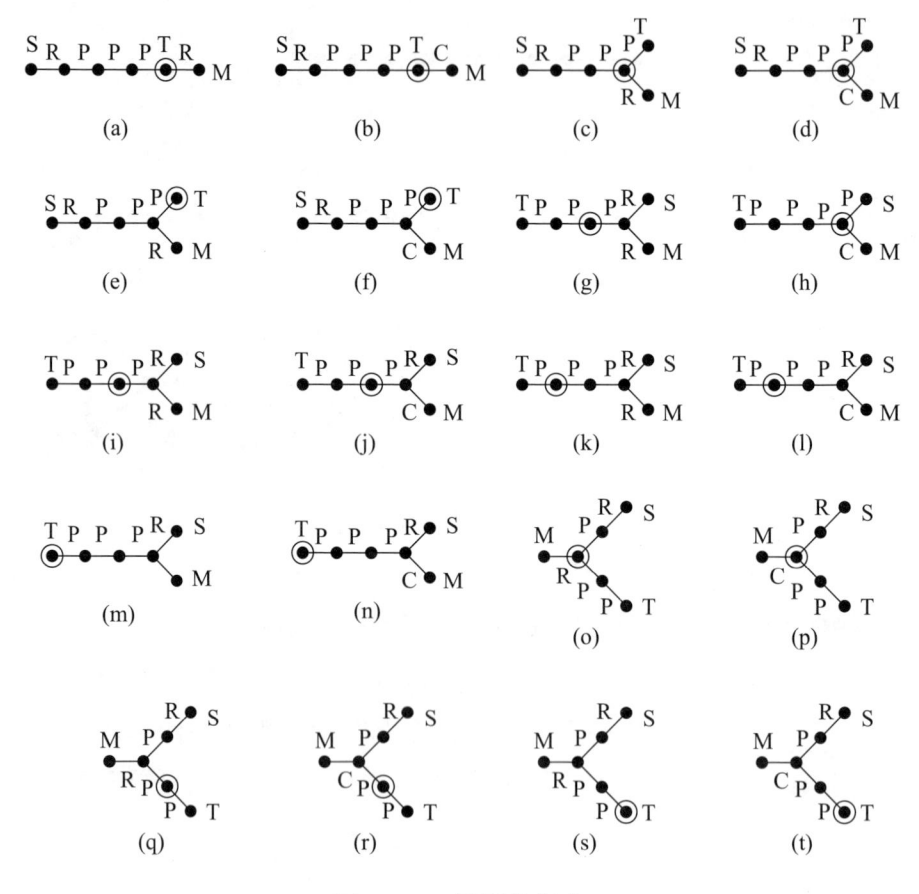

圖 14.12　接頭的指定

2. 根據工具機坐標系統，定義主軸方向為 Z 軸。
3. 從主軸頭至工作臺的運動軸，分別分配為 Y、Z、及 X 軸。
4. 歸納出圖 14.3 所示的換刀動作，其次序為 $P_x \rightarrow P_z \rightarrow R_z \rightarrow P_z \rightarrow P_x$。

因此，動作合成的第一個步驟，是檢查刀庫與主軸頭之間的相對自由度，再刪除不滿足設計需求的特殊化樹圖。第二個步驟是分配工具機結構之運動軸的方向至特殊化樹圖。第三個步驟是根據換刀動作之次序來配置換刀動作軸的方向。

根據運動需求，刀庫與主軸頭之間至少須有三個相對自由度，以完成換刀動作。對於圖 14.12 (g)、(h)、(i)、(j)、(k)、(l)、(m)、(n)、(o)、(q)、及 (s) 所示的樹圖，其刀庫與主軸頭之間的相對自由度少於三。

因此，只有圖 14.12 (a)、(b)、(c)、(d)、(e)、(f)、(p)、(r)、及 (t) 所示的樹圖，是滿足換刀動作設計需求的可行拓樸構造。

再者，若不考慮位移的方向性，換刀動作的次序是對稱的。因此，對於換刀機構的動作合成，只需考慮換刀動作的一半，即換刀動作可以分解為三個部份：抓取刀具、釋放刀具、及交換刀具。研究換刀動作次序，可歸納出以下幾點：

1. 對於抓取刀具的運動，在主軸頭與刀庫之間必有一個沿 $X$ 方向的相對平移自由度。
2. 對於釋放刀具的動作，在主軸頭與刀庫之間必有一個沿 $Z$ 方向的相對平移自由度。
3. 對於交換刀具的動作，在主軸頭與刀庫之間必有一個沿 $Z$ 方向的相對轉動自由度。

據此，將換刀動作合成的步驟總結如下：

**步驟一**：若刀庫與分支點之間沒有相對運動的自由度可指定為換刀動作，則至步驟四；否則繼續。

**步驟二**：若主軸頭與分支點之間沒有相對運動之自由度可指定為換刀動作的軸，則將分支點與刀庫之間的相對運動自由度指定為換刀動作，至步驟五；否則繼續。

**步驟三**：若主軸頭與分支點之間有一相對運動的自由度，則將分支點與刀庫之間或分支節與主軸頭之間的相對運動自由度指定為換刀動作，至步驟五。

**步驟四**：若分支點與主軸頭之間有一相對運動自由度可指定為換刀動作，則至步驟五；否則將此特殊化樹圖刪除。

**步驟五**：繼續完成動作合成，至步驟一；否則停止。

若分支點與刀庫之間有多餘的相對運動自由度未指定為換刀動作，則將此特殊化樹圖刪除。

以下說明合乎換刀動作設計需求之動作合成的執行步驟：

一、對於圖 14.12 (a)、(b)、(c)、(d)、(e)、(f)、(p)、(r)、及 (t) 所示的特殊化樹圖，將主軸與工具機軸分別指定為平行 $Z$、$Y$、$Z$、$X$ 軸，如圖 14.13 所示。

二、對於圖 14.13(a) 所示的樹圖，刀庫與分支點之間沒有相對運動的自由度可指定為換刀動作，至步驟四。

三、在主軸頭與分支點之間有一相對運動自由度與抓刀動作方向相同，因此可指定為換刀動作，至步驟五。

四、繼續換刀動作合成，至步驟一。

五、對於圖 14.13(a) 所示的樹圖，分支點與刀庫之間沒有相對運動的自由度可指定為釋放刀具動作，至步驟四。

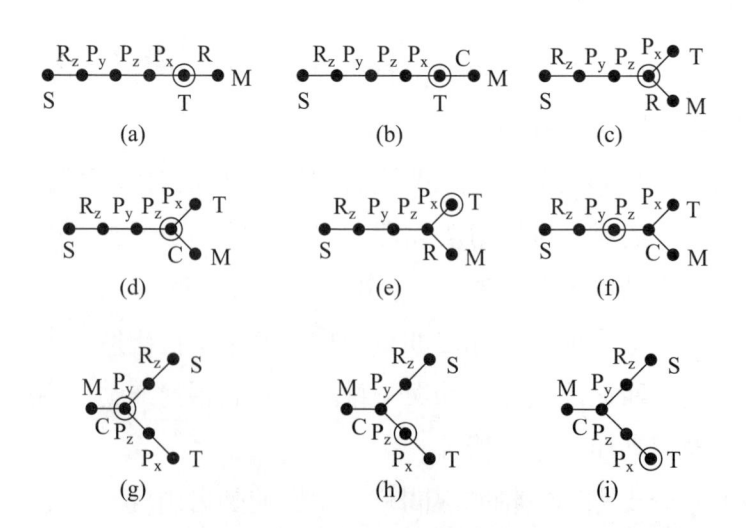

圖 14.13　工具機軸的配置

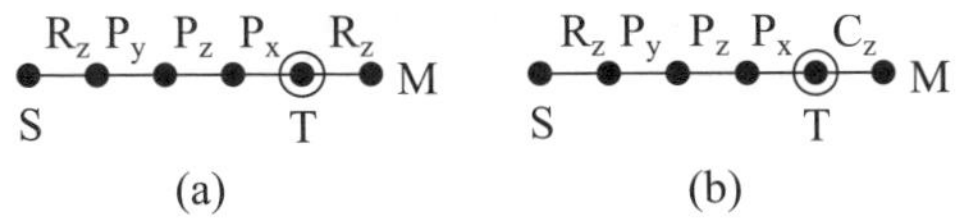

$R_z\ P_y\ P_z\ P_x\ R_z$
S　　　　T　　M
(a)

$R_z\ P_y\ P_z\ P_x\ C_z$
S　　　　T　　M
(b)

圖 14.14　六桿綜合加工機的樹圖

六、在主軸頭與分支點之間有一相對運動自由度與釋放刀具動作方向相同，因此可指定為換刀動作，至步驟五。

七、繼續換刀動作合成，至步驟一。

八、對於圖 14.13(a) 所示的樹圖，分支點與刀庫之間有一相對運動的自由度可指定為交換刀具動作，至步驟二。

九、因為在主軸頭與分支點之間沒有相對運動的自由度與釋放刀具動作方向相同，所以將此分支點與刀庫之間的相對運動之自由度指定為交換刀具動作，至步驟五。

十、完成動作合成，所獲得綜合加工機的拓樸構造如圖 14.14(a) 所示。

由於圖 14.14(a) 所示者在分支點與刀庫之間沒有多餘自由度，因此滿足換刀動作的設計需求。

對於綜合加工機的動作合成，樹圖的邊是指定為換刀動作之驅動接頭的類型。將特殊化樹圖指定為所對應的機構，是根據換刀動作的次序逐步來進行。不滿足換刀動作的一些拓樸構造，則將其移除。

對於圖 14.13 所示的特殊化樹圖，換刀動作的合成有兩個結果，如圖 14.14 所示。同理，可用相同方法來合成七桿綜合加工機的機構，計得十三種樹圖，如圖 14.15 所示。對於圖 14.14 和圖 14.15 所示之六桿與七桿綜合加工機的特殊化樹圖而言，其所對應的簡圖分別如圖 14.16 和圖 14.17 所示。

**256** 機械裝置的創意性設計

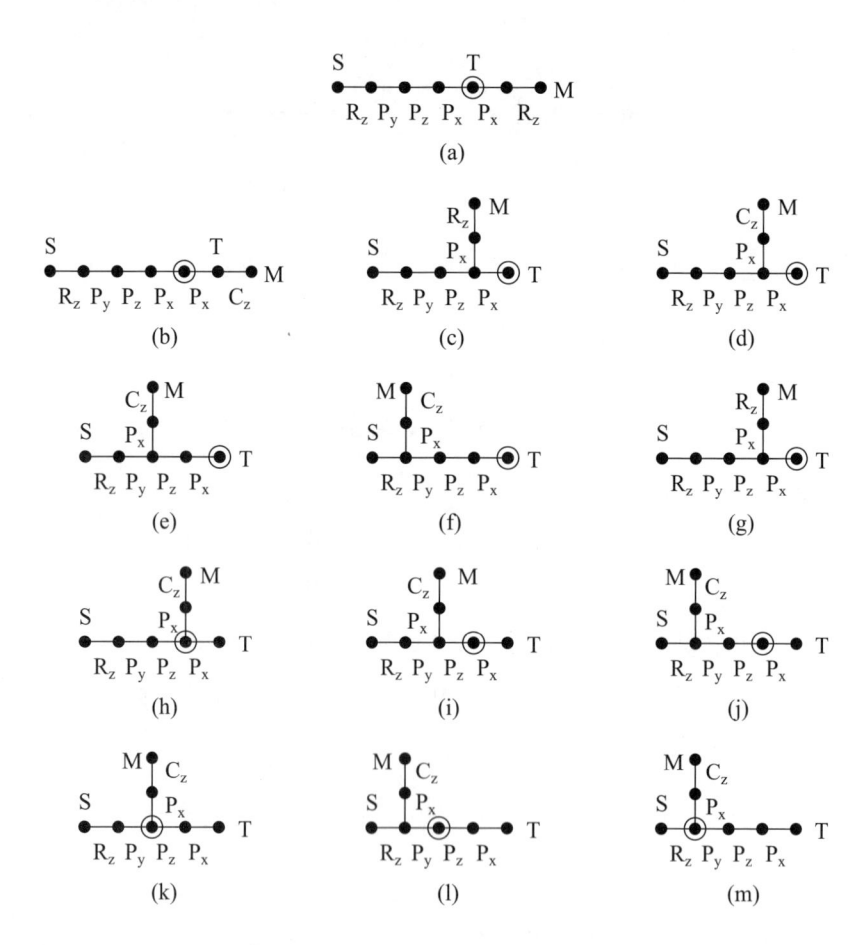

(a) S ● ● ● ◎ ● ● M
$R_z$ $P_y$ $P_z$ $P_x$ $P_x$ $R_z$    T

(b) S — $R_z$ $P_y$ $P_z$ $P_x$ $P_x$ $C_z$ — M, T

(c) $R_z$ M over $P_x$; S $R_z$ $P_y$ $P_z$ $P_x$ T

(d) $C_z$ M over $P_x$; S $R_z$ $P_y$ $P_z$ $P_x$ T

(e) $C_z$ M over $P_x$; S $R_z$ $P_y$ $P_z$ $P_x$ T

(f) M $C_z$ over $P_x$; S $R_z$ $P_y$ $P_z$ $P_x$ T

(g) $R_z$ M over $P_x$; S $R_z$ $P_y$ $P_z$ $P_x$ T

(h) $C_z$ M over $P_x$; S $R_z$ $P_y$ $P_z$ $P_x$ T

(i) $C_z$ M over $P_x$; S $R_z$ $P_y$ $P_z$ $P_x$ T

(j) M $C_z$ over $P_x$; S $R_z$ $P_y$ $P_z$ $P_x$ T

(k) M $C_z$ over $P_x$; S $R_z$ $P_y$ $P_z$ $P_x$ T

(l) M $C_z$ over $P_x$; S $R_z$ $P_y$ $P_z$ $P_x$ T

(m) M $C_z$ over $P_x$; S $R_z$ $P_y$ $P_z$ $P_x$ T

圖 14.15　七桿綜合加工機的樹圖

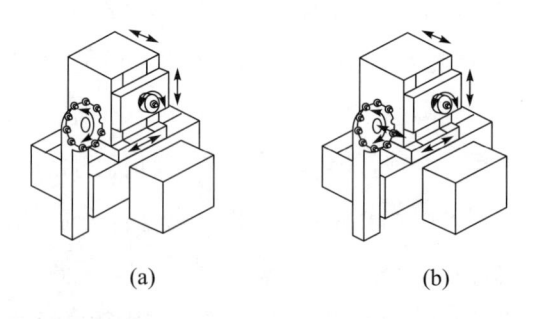

(a)　　　　(b)

圖 14.16　六桿綜合加工機的構形

第十四章 綜合加工機構形 257

(a)

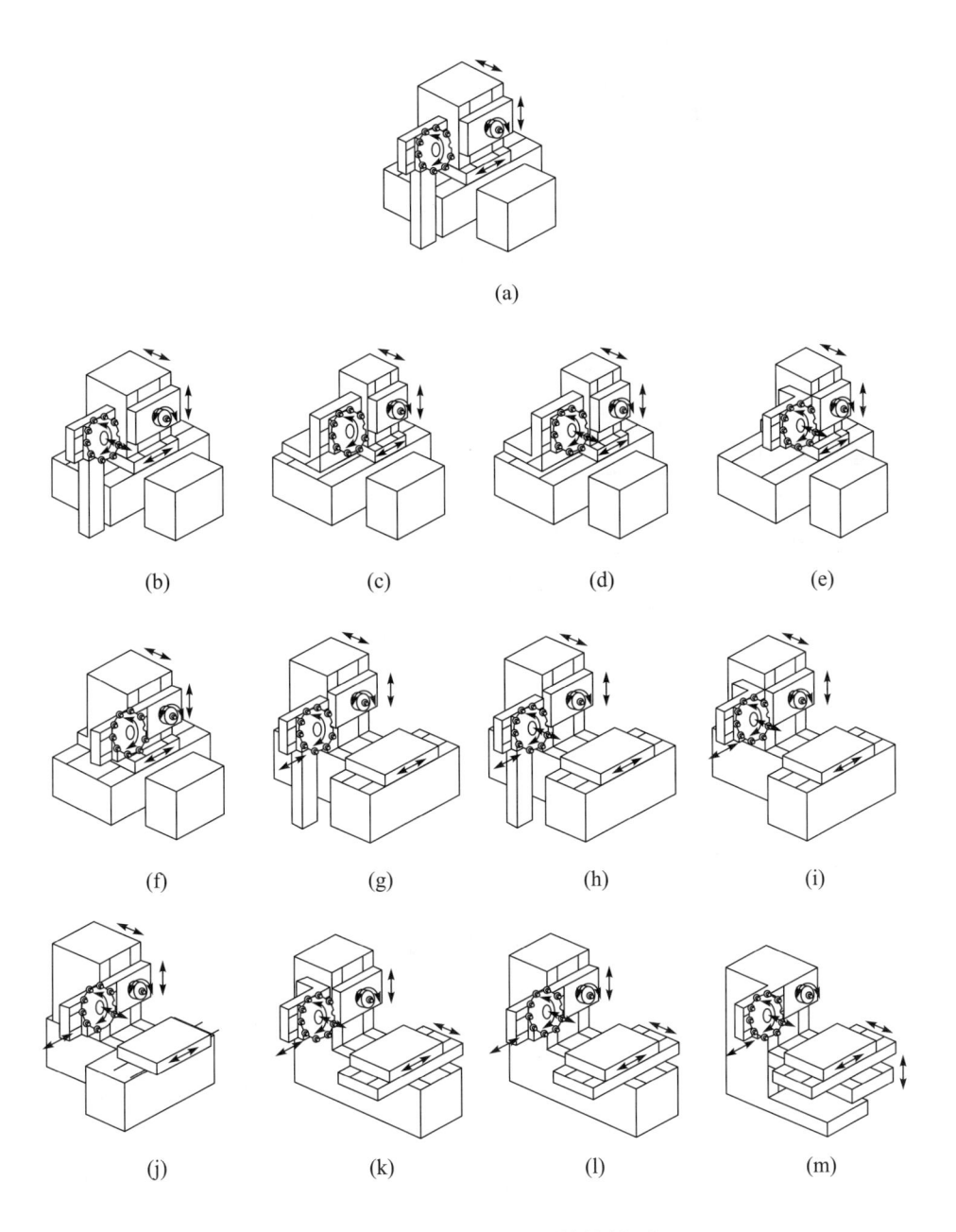

(b) (c) (d) (e)

(f) (g) (h) (i)

(j) (k) (l) (m)

圖 14.17 七桿綜合加工機的構形

## 14.7 討論 Remarks

在第六章中所介紹的創意性設計方法，是合成具有期望拓樸特性之全部可能設計構想的核心方法。設計者若考慮其它的需求與限制，例如本章所介紹的運動特性，則可將這一設計方法作進一步的修改或擴展。

## 習題 Problems

**14.1** 試檢索綜合加工機自動換刀裝置的相關文獻。

**14.2** 試檢索具換刀臂綜合加工機自動換刀裝置的專利。

**14.3** 試找出一個具換刀臂綜合加工機的自動換刀裝置，並以數學方法分析其性能。

**14.4** 試提出檢核表問題以改進習題 14.3 中之現有自動換刀裝置的性能。

**14.5** 根據解答習題 14.1-14.4 所獲得的知識，試列出具換刀臂自動換刀裝置的主要屬性。

**14.6** 根據解答習題 14.1-14.5 所獲得的知識，試舉行腦力激盪會議來歸納出具換刀臂自動換刀裝置的設計需求與限制。

**14.7** 對於圖 14.7 所示無換刀臂自動換刀裝置之樹圖的圖譜，試計算確認主軸之特殊化鏈的數目。

**14.8** 試合成出與圖 14.1 所示三軸臥式綜合加工機的拓樸與運動特性相同，但具有八桿之全部可能的設計構想。

**14.9** 根據習題 14.1-14.6，試合成具換刀臂自動換刀裝置的設計構想。

## 參考文獻 References

Chen, F. F., Mechanism Configuration Synthesis of Machining Centers, Ph.D. Dissertation, Department of Mechanical Engineering, National Cheng Kung University, Tainan, Taiwan, January 1997.

Den, N., Graph Theory with Application to Engineering and Computer Science, Prentice-Hall, 1974.

Harary, F., Graph Theory, Addison-Wesley, 1969.

ISO, Numerical Control Machines - Axis and Motion Nomenclature, ISO 841, International Organization for Standardization, Switzerland.

Shinno, H. and Ito, Y., "Generating Method for Structural Configuration of Machine Tools," JSME Transactions (C), Vol. 50, No. 449, 1983, pp. 213-221.

Shinno, H. and Ito, Y., "Computer Aided Concept Design for Structural Configuration of Machine Tools: Variant Design Using Directed Graph," ASME Transactions, Journal of Mechanisms, Transmissions, and Automation in Design, Vol. 109, 1987, pp. 372-376.

Yan, H. S., "A Methodology for Creative Mechanism Design," Mechanism and Machine Theory, Vol. 27, No. 3, 1992, pp. 235-242.

Yan, H. S. and F. C. Chen, "Configuration Synthesis of Machining Centers without Tool Change Arms," Mechanism and Machine Theory, Vol. 33, No. 1/2, 1998, pp. 197-212.

# 中文索引

## 一 劃

| 一般化 | generalization | **6.4/7/** 101, 109 |
| 一般化原則 | generalizing principle | **7.2/** 111 |
| 一般化接頭 | generalized joint | **7.1/** 109 |
| 一般化旋轉接頭 | generalized revolute joint | **7.3/** 115 |
| 一般化規則 | generalizing rule | **7.3/** 111 |
| 一般化連桿 | generalized link | **7.1/** 110 |
| 一般化單接頭 | simple generalized joint | **7.1/** 109 |
| 一般化運動鏈 | generalized kinematic chain | **7.4/** 118 |
| 一般化複接頭 | multiple generalized joint | **7.1/** 109 |
| 一般化樹圖 | generalized tree graph | **14.3/** 245 |
| 一般化機械裝置 | generalized mechanical device | **7.4/** 118 |
| 一般化鏈 | generalized chain | **7.4/ 8.1/** 118, 131 |

## 三 劃

| 工程 | engineering | **1.1/** 3 |
| 工程設計 | engineering design | **1.1/** 3, 5 |

## 四 劃

| 不連接 (鏈) | disconnected (chain) | **2.3/** 24 |
| 不變的數值性 | numerical invariant | **8.3/** 141 |
| 元素 | element | **2.2/** 21 |
| 分析 | analysis | **1.1/** 8 |

| 分析現有設計 | analysis of existing designs | **4.1**/ 53 |
| 分離桿 | bridge-link | **2.3**/ 24 |
| 分離循環 | disjoint cycle | **10.3**/ 189 |
| 分離點 | bridge-node | **8.3**/ 138 |
| 反轉 | reverse | **4.3.2**/ 66 |
| 引用 | adapt | **4.3.2**/ 62 |
| 文化障礙 | cultural barrier | **3.3.2**/ 45 |
| 文獻檢索 | literature search | **4.2.1**/ 59 |
| 方法論 | methodology | **6.1**/ 97 |
| 瓦特型鏈 | Watt-chain | **8.2**/ 138 |

## 五 劃

| 可行特殊化鏈 | feasible specialized chain | **10.1**/ 183 |
| 史蒂芬生型鏈 | Stephenson-chain | **8.2**/ 138 |
| 平面塊圖 | planar block | **8.3**/ 138 |
| 平面對 | flat pair | **2.2**/ 23 |
| 皮帶 | belt | **2.1**/ 20 |
| 皮帶輪 | pulley | **2.1**/ 20 |
| 目錄 | inventory | **10.3**/ 190 |

## 六 劃

| 凸輪 | cam | **2.1**/ 20 |
| 凸輪對 | cam pair | **2.2**/ 22 |
| 同構性 | isomorphism | **2.5**/ 30 |
| 同構的 | isomorphic | **2.5**/ 30 |
| 合成 | synthesis | **1.1**/ 5 |
| 自由度 | degrees of freedom | **2.4**/ 26 |
| 自動換刀裝置 | automatic tool changer | **14**/ 239 |
| 自構的 | automorphic | **9.4**/ 159 |
| 行星齒輪系 | planetary gear train (PGT) | **13**/ 223 |

## 七 劃

| 作用力 | applied force | **2.1**/ 21 |
| 呆鏈 | rigid chain | **2.3**/ **8.1**/ **9.2**/ 25, 131, 154 |
| 夾緊裝置 | clamping device | **11**/ 197 |
| 改為其它用途 | put to other uses | **4.3.2**/ 67 |

中文索引　263

| 汽缸 | cylinder | 2.1/ 21 |
| 直接接觸 | direct contact | 2.2/ 24 |

## 八　劃

| 具體化 | particularization | 6.7/11.5/12.5/13.6/ 104, 206, 219, 235 |
| 拓樸構造 | topological structure | 2.5/ 30 |
| 拓樸構造矩陣 | topology matrix | 2.5/ 30 |
| 拘束度 | degrees of constraint | 2.4.1/ 27 |
| 拘束運動 | constrained motion | 2.4/ 26 |
| 波利亞定理 | Polya theory | 10.3/ 189 |
| 知覺障礙 | perceptual barrier | 3.3.2/ 45 |
| 附隨接頭序列 | incidence joint sequence | 9.5.4/ 164 |

## 九　劃

| 孤立點 | isolated node | 8.3/ 139 |
| 型態分析 | morphological analysis | 5.3/ 75 |
| 型態表分析法 | morphological chart analysis | 5.3/ 75 |
| 型態學 | morphology | 5.3/ 75 |
| 封閉 (圖畫) | closed (graph) | 8.3/ 138 |
| 封閉鏈 | closed chain | 2.3/ 24 |
| 後懸吊機構 | rear suspension mechanism | 12.1/ 211 |
| 活塞 | piston | 2.1/ 21 |
| 相似 | similar | 9.4/ 160 |
| 相似類 | similar class | 9.4/ 160 |
| 相容性限制 | compatibility constraint | 9.5.4/ 166 |
| 重新配置 | rearrange | 4.3.2/ 66 |
| 迴繞對 | wrapping pair | 2.2/ 22 |

## 十　劃

| 致動器 | actuator | 2.1/ 21 |
| 特殊化 | specialization | 6.6/10.1/11.4/12.4/ 102, 183, 199, 214 |
| 特殊化演算法 | specialized algorithm | 10.2/ 184 |
| 特殊化樹圖 | specialized tree-graph | 14.5/ 246 |
| 特殊化鏈 | specialized chain | 10.1/ 183 |
| 矩陣方法 | matrix technique | 5.5/ 90 |
| 退化運動鏈 | degenerate kinematic chain | 9.2/ 154 |

## 十一劃

| | | |
|---|---|---|
| 修改 | modify | 4.3.2/ 65 |
| 動力螺桿 | power screw | 2.1/ 20 |
| 基本呆鏈 | basic rigid chain | 9.2/ 154 |
| 執行期 | execution phase | 3.2.4/ 41 |
| 專利檢索 | patent search | 4.2.2/ 59 |
| 專家檔案 | file of experts | 4.2.3/ 60 |
| 從動件 | follower | 2.1/ 20 |
| 情感障礙 | emotional barrier | 3.3.2/ 44 |
| 接頭 | joint | 2.2/ 21 |
| 接頭元素 | joint element | 9.3/ 157 |
| 接頭群 | joint-group | 9.4/ 159 |
| 排列 | permutation | 9.4/ 158 |
| 排列的循環構造項 | cycle structure representation of a permutation | 10.3/ 189 |
| 排列群 | permutation group | 9.2/9.4/ 155, 158 |
| 旋轉對 | revolute pair/ turning pair | 2.2/ 21 |
| 球面對 | spherical pair | 2.2/ 22 |
| 規格 | specification | 6.3/ 99 |
| 設計 | design | 1.1/ 3, 5 |
| 設計程序 | design process | 1.2/ 6.2/ 9, 98 |
| 通路 | walk | 2.3/ 24 |
| 連接 (圖畫) | connected (graph) | 8.3/ 138 |
| 連接 (鏈) | connected (chain) | 2.3/ 24 |
| 連桿 | link | 2.1/ 18 |
| 連桿元素 | link element | 9.3/ 157 |
| 連桿群 | link-group | 9.4/ 159 |
| 連桿鄰接矩陣 | link adjacency matrix | 9.3/ 155 |
| 連桿-鏈 | link-chain | 2.3/ 24 |
| 連桿類配 | link assortment | 8.2/ 134 |
| 連續變速單元 | continuous variable unit | 13.1/ 223 |
| 麥花臣氏 | MacPherson | 2.4.2/ 29 |

## 十二劃

| | | |
|---|---|---|
| 組合 | combine | 4.3.2/ 63 |
| 凱勒定理 | Cayler theory | 7.4/ 120 |
| 創造 | creation | 1.3/ 11 |
| 創造力 | creativity | 3.1/ 37 |

| 創造力的增強 | creative enhancement | 3.3.3/ 48 |
| 創造力特質 | creativity's characteristics | 3.3/ 43 |
| 創意性設計方法 | creative design methodology | 6.2/ 98 |
| 創意過程 | creative process | 3.2/ 38 |
| 創新 | innovation | 3.1/ 37 |
| 單接頭桿 | singular link | 2.1/ 18 |
| 循環 | cycle | 9.4/ 158 |
| 循環指數 | cycle index | 10.3/ 189 |
| 替代 | substitute | 4.3.2/ 67 |
| 減震器 | shock absorber | 2.1/ 21 |
| 無限變速器 | infinitely variable transmission | 13.1/ 223 |
| 發明 | invention | 3.1/ 38 |
| 越野摩托車懸吊機構 | motorcross suspension mechanism | 12.1/ 209 |
| 超圖畫 | hypergraph | 8.3/ 140 |
| 開放鏈 | open chain | 2.3/ 24 |
| 集合 | set | 8.3/ 138 |

## 十三劃

| 結構 | structure | 2.1/2.3/ 2.4/ 17, 25, 27 |
| 圓柱對 | cylindric pair | 2.2/ 22 |
| 塊圖 | block | 8.3/ 138 |
| 滑件 | slider | 2.1/ 19 |
| 滑行對 | sliding pair/ prismatic pair | 2.2/ 21 |
| 準備期 | preparation phase | 3.2.1/ 39 |
| 萬向接頭 | universal joint | 2.2/ 23 |
| 肆接頭桿 | quaternary link | 2.1/ 18 |
| 腦力激盪術 | brainstorming | 5.4/ 79 |
| 資料檢索 | information search | 4.2/ 59 |
| 運動矩陣 | kinematic matrix | 9.3/ 155 |
| 運動連桿 | kinematic link | 2.1/ 18 |
| 運動對 | kinematic pair | 2.2/ 21 |
| 運動鏈 | kinematic chain | 2.3/ 8.1/ 9.1/ 25, 131, 153 |

## 十四劃

| 參接頭桿 | ternary link | 2.1/ 18 |
| 路徑 | path | 2.3/8.3/ 24, 138 |
| 圖畫 | graph | 8.3/ 138 |

| 圖（畫理）論 | graph theory | 8.3/ 138 |
| 構想 | concept | 1.3/ 11 |
| 構想設計 | conceptual design | 1.3/ 11 |
| 滾子 | roller | 2.1/ 19 |
| 滾動對 | rolling pair | 2.2/ 22 |
| 數目合成 | number synthesis | 6.5/11.3/12.3/ 102, 199, 214 |
| 數學分析 | mathematical analysis | 4.1.1/ 54 |

## 十五劃

| 實驗測試與測量 | experimental tests and measurements | 4.1.2/ 56 |
| 綜合加工機 | machining center | 14/ 239 |
| 彈簧 | spring | 2.1/ 21 |
| 標號連桿鄰接矩陣 | labeled link adjacency matrix | 9.3/ 156 |
| 標號樹 | labeled tree | 7.4/ 120 |
| 標號鏈 | labeled chain | 9.3/ 156 |
| 齒輪 | gear | 2.1/ 20 |
| 齒輪對 | gear pair | 2.2/ 22 |

## 十六劃

| 線圖畫 | line graph | 8.3/ 139 |
| 樹圖表示 | tree-graph representation | 14.2/ 243 |
| 獨立桿 | separated link | 2.1/ 18 |

## 十七劃

| 檢核表 | checklist | 4.3/ 61 |
| 檢核表法 | checklist method | 4.3/ 61 |
| 檢核表法問題 | checklist question | 4.3.1/ 61 |
| 檢核表法轉換 | checklist transformation | 4.3.2/ 62 |
| 豁朗期 | illumination phase | 3.2.3/ 40 |
| 醞釀期 | incubation phase | 3.2.2/ 39 |
| 點 | node | 8.3/ 138 |

## 十八劃

| 機件 | mechanical member | 2.1/ 17 |
| 機架 | ground link | 2.3/ 25 |

| 機械工程設計 | mechanical engineering design | **1.1/** 4, 5 |
| 機械設計 | mechanical design | **1.1/** 4 |
| 機械裝置 | mechanical device | **2/** 17 |
| 機構 | mechanism | **2.1/2.3/** 17, 25 |
| 機構設計 | mechanism design | **1.1/** 4, 5 |
| 機器設計 | machine design | **1.1/** 4, 5 |
| 縮小 | minify | **4.3.2/** 65 |
| 縮桿 | contracted link | **9.3/** 156 |
| 縮桿鄰接矩陣 | contracted link adjacency matrix | **9.3/** 156 |
| 縮桿類配 | contracted link assortment | **9.5.3/** 165 |
| 螺旋對 | helical pair/ screw pair | **2.2/** 22 |
| 擴大 | magnify | **4.3.2/** 64 |
| 簡單運動鏈 | simple kinematic chain | **9.1/** 153 |
| 雙接頭桿 | binary link | **2.1/** 18 |

## 十九劃

| 邊 | edge | **8.3/** 138 |
| 鏈 (連桿) | chain (link) | **2.3/** 24 |
| 鏈條 (鏈輪) | chain (sprocket) | **2.1/** 20 |
| 鏈群 | chain group | **9.4/** 160 |
| 鏈輪 | sprocket | **2.1/** 20 |

## 二十三劃

| 屬性 | attribute | **5.2/** 73 |
| 屬性列舉法 | attribute listing | **5.2/** 73 |

# 英文索引

## A

| | | |
|---|---|---|
| actuator | 致動器 | **2.1**/ 21 |
| adapt | 引用 | **4.3.2**/ 62 |
| analysis | 分析 | **1.1**/ 8 |
| analysis of existing designs | 分析現有設計 | **4.1**/ 53 |
| applied force | 作用力 | **2.1**/ 21 |
| attribute | 屬性 | **5.2**/ 73 |
| attribute listing | 屬性列舉法 | **5.2**/ 73 |
| automatic tool changer | 自動換刀裝置 | **14**/ 239 |
| automorphic | 自構的 | **9.4**/ 159 |

## B

| | | |
|---|---|---|
| basic rigid chain | 基本呆鏈 | **9.2**/ 154 |
| belt | 皮帶 | **2.1**/ 20 |
| binary link | 雙接頭桿 | **2.1**/ 18 |
| block | 塊圖 | **8.3**/ 138 |
| brainstorming | 腦力激盪術 | **5.4**/ 79 |
| bridge-link | 分離桿 | **2.3**/ 24 |
| bridge-node | 分離點 | **8.3**/ 138 |

## C

| | | |
|---|---|---|
| cam | 凸輪 | **2.1**/ 20 |
| cam pair | 凸輪對 | **2.2**/ 22 |
| Cayler theory | 凱勒定理 | **7.4**/ 120 |

| | | |
|---|---|---|
| chain (link) | 鏈 (連桿) | 2.3/ 24 |
| chain (sprocket) | 鏈條 (鏈輪) | 2.1/ 20 |
| chain group | 鏈群 | 9.4/ 160 |
| checklist | 檢核表 | 4.3/ 61 |
| checklist method | 檢核表法 | 4.3/ 61 |
| checklist question | 檢核表法問題 | 4.3.1/ 61 |
| checklist transformation | 檢核表法轉換 | 4.3.2/ 62 |
| clamping device | 夾緊裝置 | 11/ 197 |
| closed (graph) | 封閉 (圖畫) | 8.3/ 138 |
| closed chain | 封閉鏈 | 2.3/ 24 |
| combine | 組合 | 4.3.2/ 63 |
| compatibility constraint | 相容性限制 | 9.5.4/ 166 |
| concept | 構想 | 1.3/ 11 |
| conceptual design | 構想設計 | 1.3/ 11 |
| connected (chain) | 連接 (鏈) | 2.3/ 24 |
| connected (graph) | 連續 (圖畫) | 8.3/ 138 |
| constrained motion | 拘束運動 | 2.4/ 26 |
| continuous variable unit | 連續變速單元 | 13.1/ 223 |
| contracted link adjacency matrix | 縮桿鄰接矩陣 | 9.3/ 156 |
| contracted link assortment | 縮桿類配 | 9.5.3/ 165 |
| creation | 創造 | 1.3/ 11 |
| creative design methodology | 創意性設計方法 | 6.2/ 98 |
| creative enhancement | 創造力的增強 | 3.3.3/ 48 |
| creative process | 創意過程 | 3.2/ 38 |
| creativity | 創造力 | 3.1/ 37 |
| creativity's characteristics | 創造力特質 | 3.3/ 43 |
| cultural barrier | 文化障礙 | 3.3.2/ 45 |
| cycle | 循環 | 9.4/ 158 |
| cycle index | 循環指數 | 10.3/ 189 |
| cycle structure representation of a permutation | 排列的循環構造項 | 10.3/ 189 |
| cylinder | 汽缸 | 2.1/ 21 |
| cylindric pair | 圓柱對 | 2.2/ 22 |

**D**

| | | |
|---|---|---|
| degenerate kinematic chain | 退化運動鏈 | 9.2/ 154 |
| degrees of constraint | 拘束度 | 2.4.1/ 27 |
| degrees of freedom | 自由度 | 2.4/ 26 |
| design | 設計 | 1.1/ 3, 5 |

| | | |
|---|---|---|
| design process | 設計程序 | **1.2/6.2/** 9, 98 |
| direct contact | 直接接觸 | **2.2/** 24 |
| disconnected (chain) | 不連接 (鏈) | **2.3/** 24 |
| disjoint cycle | 分離循環 | **10.3/** 189 |

## E

| | | |
|---|---|---|
| edge | 邊 | **8.3/** 138 |
| element | 元素 | **2.2/** 21 |
| emotional barrier | 情感障礙 | **3.3.2/** 44 |
| engineering | 工程 | **1.1/** 3 |
| engineering design | 工程設計 | **1.1/** 3, 5 |
| execution phase | 執行期 | **3.2.4/** 41 |
| experimental tests and measurements | 實驗測試與測量 | **4.1.2/** 56 |

## F

| | | |
|---|---|---|
| feasible specialized chain | 可行特殊化鏈 | **10.1/** 183 |
| file of experts | 專家檔案 | **4.2.3/** 60 |
| flat pair | 平面對 | **2.2/** 23 |
| follower | 從動件 | **2.1/** 20 |

## G

| | | |
|---|---|---|
| gear | 齒輪 | **2.1/** 20 |
| gear pair | 齒輪對 | **2.2/** 22 |
| generalization | 一般化 | **6.4/7/** 101, 109 |
| generalized chain | 一般化鏈 | **7.4/ 8.1/** 118, 131 |
| generalized joint | 一般化接頭 | **7.1/** 109 |
| generalized kinematic chain | 一般化運動鏈 | **7.4/** 118 |
| generalized link | 一般化連桿 | **7.1/** 110 |
| generalized mechanical device | 一般化機械裝置 | **7.4/** 118 |
| generalized revolute joint | 一般化旋轉接頭 | **7.3/** 115 |
| generalized tree graph | 一般化樹圖 | **14.3/** 245 |
| generalizing principle | 一般化原則 | **7.2/** 111 |
| generalizing rule | 一般化規則 | **7.3/** 111 |
| graph | 圖畫 | **8.3/** 138 |
| graph theory | 圖 (畫理) 論 | **8.3/** 138 |
| ground link | 機架 | **2.3/** 25 |

## H

| helical pair | 螺旋對 | **2.2/** 22 |
| hypergraph | 超圖畫 | **8.3/** 140 |

## I

| illumination phase | 豁朗期 | **3.2.3/** 40 |
| incidence joint sequence | 附隨接頭序列 | **9.5.4/** 164 |
| incubation phase | 醞釀期 | **3.2.2/** 39 |
| infinitely variable transmission | 無限變速器 | **13.1/** 223 |
| information search | 資料檢索 | **4.2/** 59 |
| innovation | 創新 | **3.1/** 37 |
| invention | 發明 | **3.1/** 38 |
| inventory | 目錄 | **10.3/** 193 |
| isolated node | 孤立點 | **8.3/** 139 |
| isomorphic | 同構的 | **2.5/** 30 |
| isomorphism | 同構性 | **2.5/** 30 |

## J

| joint | 接頭 | **2.2/** 21 |
| joint element | 接頭元素 | **9.3/** 157 |
| joint-group | 接頭群 | **9.4/** 159 |

## K

| kinematic chain | 運動鏈 | **2.3/ 8.1/ 9.1/** 25, 131, 153 |
| kinematic link | 運動連桿 | **2.1/** 18 |
| kinematic matrix | 運動矩陣 | **9.3/** 155 |
| kinematic pair | 運動對 | **2.2/** 21 |

## L

| labeled chain | 標號鏈 | **9.3/** 156 |
| labeled link adjacency matrix | 標號連桿鄰接矩陣 | **9.3/** 156 |
| labeled tree | 標號樹 | **7.4/** 120 |
| line graph | 線圖畫 | **8.3/** 139 |
| link | 連桿 | **2.1/** 18 |
| link adjacency matrix | 連桿鄰接矩陣 | **9.3/** 155 |
| link assortment | 連桿類配 | **8.2/** 134 |

| | | |
|---|---|---|
| link element | 連桿元素 | 9.3/ 157 |
| link-chain | 連桿-鏈 | 2.3/ 24 |
| link-group | 連桿群 | 9.4/ 159 |
| literature search | 文獻檢索 | 4.2.1/ 59 |

## M

| | | |
|---|---|---|
| machine design | 機器設計 | 1.1/ 4, 5 |
| machining center | 綜合加工機 | 14/ 239 |
| macPherson | 麥花臣氏 | 2.4.2/ 29 |
| magnify | 擴大 | 4.3.2/ 64 |
| mathematical analysis | 數學分析 | 4.1.1/ 54 |
| matrix technique | 矩陣方法 | 5.5/ 90 |
| mechanical design | 機械設計 | 1.1/ 4 |
| mechanical device | 機械裝置 | 2/ 17 |
| mechanical engineering design | 機械工程設計 | 1.1/ 4, 5 |
| mechanical member | 機件 | 2.1/ 17 |
| mechanism | 機構 | 2.3/ 25 |
| mechanism design | 機構設計 | 1.1/ 4, 5 |
| methodology | 方法論 | 6.1/ 97 |
| minify | 縮小 | 4.3.2/ 65 |
| modify | 修改 | 4.3.2/ 65 |
| morphological analysis | 型態分析 | 5.3/ 75 |
| morphological chart analysis | 型態表分析法 | 5.3/ 75 |
| morphology | 型態學 | 5.3/ 75 |
| motorcross suspension mechanism | 越野摩托車懸吊機構 | 12.1/ 209 |
| multiple generalized joint | 一般化複接頭 | 7.1/ 109 |

## N

| | | |
|---|---|---|
| node | 點 | 8.3/ 138 |
| number synthesis | 數目合成 | 6.5/11.3/12.3/ 102, 199, 214 |
| numerical invariant | 不變的數值性 | 8.3/ 141 |

## O

| | | |
|---|---|---|
| open chain | 開放鏈 | 2.3/ 24 |

## P

| | | |
|---|---|---|
| particularization | 具體化 | **6.7/ 11.5 /12.5/ 13.6/** 104, 206, 219, 235 |
| patent search | 專利檢索 | **4.2.2/** 59 |
| path | 路徑 | **2.3/8.3/** 24, 138 |
| perceptual barrier | 知覺障礙 | **3.3.2/** 45 |
| permutation | 排列 | **9.4/** 158 |
| permutation group | 排列群 | **9.2/9.4/** 155, 158 |
| piston | 活塞 | **2.1/** 21 |
| planar block | 平面塊圖 | **8.3/** 138 |
| planetary gear train (PGT) | 行星齒輪系 | **13/** 223 |
| Polya theory | 波利亞定理 | **10.3/** 189 |
| power screw | 動力螺桿 | **2.1/** 20 |
| preparation phase | 準備期 | **3.2.1/** 39 |
| pulley | 皮帶輪 | **2.1/** 20 |
| put to other uses | 改為其它用途 | **4.3.2/** 67 |

## Q

| | | |
|---|---|---|
| quaternary link | 肆接頭桿 | **2.1/** 18 |

## R

| | | |
|---|---|---|
| rearrange | 重新配置 | **4.3.2/** 66 |
| rear suspension mechanism | 後懸吊機構 | **12.1/** 211 |
| reverse | 反轉 | **4.3.2/** 66 |
| revolute pair/ turning pair | 旋轉對 | **2.2/** 21 |
| rigid chain | 呆鏈 | **2.3/ 8.1/ 9.2/** 25, 131, 154 |
| roller | 滾子 | **2.1/** 19 |
| rolling pair | 滾動對 | **2.2/** 22 |

## S

| | | |
|---|---|---|
| separated link | 獨立桿 | **2.1/** 18 |
| set | 集合 | **8.3/**138 |
| shock absorber | 減震器 | **2.1/** 21 |
| similar | 相似 | **9.4/** 160 |
| similar class | 相似類 | **9.4/** 160 |
| simple generalized joint | 一般化單接頭 | **7.1/** 109 |
| simple kinematic chain | 簡單運動鏈 | **9.1/** 153 |

| | | |
|---|---|---|
| singular link | 單接頭桿 | **2.1/** 18 |
| slider | 滑件 | **2.1/** 19 |
| sliding pair/ prismatic pair | 滑行對 | **2.2/** 21 |
| specialization | 特殊化 | **6.6/ 10.1/11.4/12.4/** 102, 183, 199, 214 |
| specialized algorithm | 特殊化演算法 | **10.2/** 184 |
| specialized chain | 特殊化鏈 | **10.1/** 183 |
| specialized tree-graph | 特殊化樹圖 | **14.5/** 246 |
| specification | 規格 | **6.3/** 99 |
| spherical pair | 球面對 | **2.2/** 22 |
| spring | 彈簧 | **2.1/** 21 |
| sprocket | 鏈輪 | **2.1/** 20 |
| Stephenson-Chain | 史蒂芬生型鏈 | **8.2/** 138 |
| structure | 結構 | **2.3/ 2.4/** 25, 27 |
| substitute | 替代 | **4.3.2/** 67 |
| synthesis | 合成 | **1.1/** 5 |

## T

| | | |
|---|---|---|
| ternary link | 參接頭桿 | **2.1/** 18 |
| topological structure | 拓樸構造 | **2.5/** 30 |
| topology matrix | 拓樸構造矩陣 | **2.5/** 30 |
| tree-graph representation | 樹圖表示 | **14.2/** 243 |

## U

| | | |
|---|---|---|
| universal joint | 萬向接頭 | **2.2/** 23 |

## W

| | | |
|---|---|---|
| walk | 通路 | **2.3/** 24 |
| Watt-chain | 瓦特型鏈 | **8.2/** 138 |
| wrapping pair | 迴繞對 | **2.2/** 22 |